高职高专水利类规划教材

工程地质与土力学

叶火炎　龙立华　主编

化学工业出版社

·北京·

本书为全国高职高专水利水电建筑工程、水利工程施工技术与水利工程等水利类专业规划教材。全书共分12章，包括岩石及其工程地质性质、地质构造、自然地质作用、地下水、水工建筑物主要工程地质问题、土的物理性质与工程分类、土的渗透性、土中应力及地基变形计算、土的抗剪强度与地基承载力、土压力、浅基础设计与地基处理简介、水利水电工程地质勘察。每章正文之前有本章提要，每章正文之后有本章小结和习题。

　　本教材的编写得到中央财政项目的支持，突出了当前职业教育关于课程改革的新理念，增强了应用性和实用性。本书参照我国现行的《水利水电工程地质勘察规范》（GB 50487—2008）和《建筑地基基础设计规范》（GB 50007—2011）及其他有关新规范、新规程和新标准编写，内容精炼，实用性强。本书除用作高职高专水利水电建筑工程、水利工程施工技术与水利工程专业的课程教材外，也可供从事水利行业工程勘察、设计和施工人员参考。

图书在版编目（CIP）数据

工程地质与土力学/叶火炎，龙立华主编. —北京：化学工业出版社，2013.7（2019.5重印）
　高职高专水利类规划教材
　ISBN 978-7-122-17713-1

　Ⅰ.①工…　Ⅱ.①叶…②龙…　Ⅲ.①工程地质-高等职业教育-教材②土力学-高等职业教育-教材　Ⅳ.①P642②TU43

　　中国版本图书馆 CIP 数据核字（2013）第 137612 号

责任编辑：吕佳丽　　　　　　　　　　装帧设计：韩　飞
责任校对：吴　静

出版发行：化学工业出版社（北京市东城区青年湖南街13号　邮政编码100011）
印　　装：三河市延风印装有限公司
787mm×1092mm　1/16　印张17　插页4　字数428千字　　2019 年 5 月北京第 1 版第 3 次印刷

购书咨询：010-64518888　　　　　售后服务：010-64518899
网　　址：http://www.cip.com.cn
凡购买本书，如有缺损质量问题，本社销售中心负责调换。

定　　价：35.00元

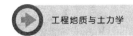

前 言

　　《工程地质与土力学》是全国高职高专水利水电建筑工程、水利工程施工技术与水利工程等水利类专业规划教材，是根据水利水电建筑工程、水利工程施工技术与水利工程专业"工学结合"人才培养的基本要求，并结合目前教学改革发展的需要，以及在实际工程中专业的最新动态编写的。

　　本书共分 12 章，主要内容包括岩石及其工程地质性质、地质构造、自然地质作用、地下水、水工建筑物主要工程地质问题、土的物理性质与工程分类、土的渗透性、土中应力及地基变形计算、土的抗剪强度与地基承载力、土压力、浅基础设计与地基处理简介、水利水电工程地质勘察。本书采用了《水利水电工程地质勘察规范》（GB 50487—2008）、《建筑地基基础设计规范》（GB 50007—2011）及其他有关新规范、新规程和新标准，结合高职高专教学的特点，强调实用性与应用性。

　　本书由叶火炎担任第一主编，龙立华担任第二主编，孙其龙、杨艳、余周武担任副主编。湖北水利水电职业技术学院叶火炎编写绪论及第 8 章、第 10 章；龙立华编写第 11 章和第 12 章；余周武编写第 3章；泮伟编写第 1 章和第 2 章；白金霞编写第 5 章；黄河水利职业技术学院孙其龙编写第 4 章和第 7 章；长江工程职业技术学院杨艳编写第 6章和第 9 章。全书由叶火炎统稿。

　　本书在编写过程中参考了相关单位的资料及已出版的相关教材，在此表示衷心的感谢！同时也对本书付出辛勤劳动的编辑同志表示深切谢意！

　　由于编者的水平有限，加之时间仓促，书中缺点及不妥之处在所难免，恳请广大读者批评指正。

编　者

2013 年 6 月

3 自然地质作用   53

0 绪 论

0.1 工程地质与土力学的作用和任务

工程地质学与土力学是研究地表及一定深度范围内岩石和土的工程性质的一门学科，它实际上是两门不同性质、不同研究方法的学科。工程地质学是专门研究与工程设计、施工和正常运用有关的地质问题的科学，它是地质学的一个分支。而土力学则是主要研究与工程建设有关的土的应力、变形、强度、渗流及长期稳定性的学科，它是力学的一个分支。然而它们的研究目的又相同，即都是为了保证建筑物地基岩土体稳定和建筑物正常使用提供可靠地质论证和力学计算的依据。因此，这两门学科在工程实践中也是相互依存、相互渗透、相互结合的。

0.1.1 工程地质学的作用和任务

一切的水工建筑物，如水库、坝闸、隧洞、水电站厂房等，都是建造在地壳的表层，在兴建和使用过程中必然会遇到各种各样的地质问题。如修建水库时，要选择地形适宜的河谷地段作库址、坝址；查明坝基和坝肩岩体是否稳定；坝区和库区是否存在有渗漏通道；水库蓄水后岸坡是否会发生坍塌；水库周围地区是否存在水库浸没问题等。因此，在工程设计之前，必须查明工程建筑区的工程地质条件和工程地质问题。

实践证明，如果对地质条件未事先查明或对工程地质问题重视不够，将会给工程带来严重后果。如西班牙的蒙特哈水库，建成后不能蓄水，库水通过库岸石灰岩溶隙和溶洞而漏光，使72m高的大坝起不到挡水作用，耸立在干枯的河谷上。国际大坝委员会曾于1973年对世界110个国家和地区已建大坝（坝高15m以上的约12900余座）进行了调查，从统计资料看，发生过事故的589座中，大多数与不良地质条件有关。如美国的圣·法兰西混凝土重力坝，坝高62.6m，建于1927年，由于坝基中含石膏黏土质砾岩，被水浸后软化溶解，引起坝基漏水，于1928年失稳破坏。类似的例子还有很多。1949年新中国成立以来，我国修建了许多水库、水电站和灌溉工程，由于重视了地质勘察工作，充分利用了有利的地质条件，避开或改善了不利的地质条件，解决了许多复杂的工程地质问题，从而使工程的设计和施工得以顺利进行，并保证了工程建成后的正常运行。但是，也有少数工程，由于对地质条件研究不够，或工程地质问题处理不当，致使工程施工中遇到了很大的困难，造成水库或坝区漏水，水库淤积、库岸坍塌和隧洞塌方等工程事故，浪费了人力、物力，延期了工程，或遗留后患需要处理，使工程不能发挥应有效益。如北京的十三陵水库，因坝基和库区存在有深厚的渗透性较强的古河道冲积层，建坝时又未做好防渗处理，致使水库渗漏较严重，水库至今仍不能满库运行，没能发挥设计预期的效益。我们应该从上述实例中吸取经验教训，认真做好工程地质工作。

由此可见，在水利工程中工程地质工作是十分重要的。为了解决上述问题，工程地质工作的任务是：查明建筑区的工程地质条件，预测可能出现的工程地质问题，并提出解决这些问题的方案和建议，为工程设计、施工和正常运用提供可靠的地质资料，以保证建筑物修建得既安全可靠，又经济合理。所谓工程地质条件是指地形地貌、地层岩性、地质构造、自然地质作用、水文地质条件和天然建筑材料等与工程建设有关的地质条件。

0.1.2 土力学的作用和任务

土力学的研究对象是土，是专门解决工程中与土有关问题的学科。土是岩石风化以后形成的碎屑和矿物颗粒——土粒，经过各种介质（如水、风等）的搬运或残留在原地堆积而形

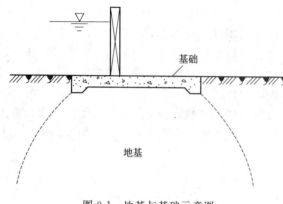

图 0-1 地基与基础示意图

成的松散堆积物。因此，土具有多孔性、松散性和易变性的基本特征。

在工程建设中，土的主要作用有发下三个方面：

（1）土可广泛地用作各种建筑物的地基。如在土层上修建房屋、堤坝、水闸、路桥等。地基是指基础底面以下，受建筑物影响的那一部分地层（土层或岩层）。而建筑物的下部承重结构则称为基础（见图 0-1）。地基基础是保证建筑物安全和满足使用要求的关键之一。

（2）土可广泛地用作各种天然建筑物材料。如修筑堤坝、路基等土工建筑物时，土是一种廉价的天然建筑材料，图 0-2 就是用土料修筑的土坝。

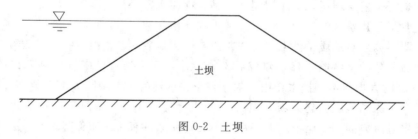

图 0-2 土坝

（3）土可作为某些建筑物的周围介质。如在天然土层中修建隧洞及各种地下洞室，修建渠道时，土便构成这些建筑物的周围介质（见图 0-3）。

为了保证建筑物的安全与正常使用，土力学需要解决工程中的两大问题。一是土体的稳定问题，当土体的强度不足，将导致建筑物失稳破坏。如加拿大特朗斯康谷仓的失稳破坏就是地基土体的强度不足造成。该谷仓高 31m，平面尺寸 60m×23m，钢筋混凝土结构，由于设计时未查明地基下部存在软弱土层，致使该谷仓建成后在首次装粮时，就因地基失稳而发生严重倾斜，谷仓一侧陷入土中达 8.8m，而另一侧则上升了 1.5m，整个谷仓倾斜达 27°之多（见图 0-4）。二是土体的变形问题，土体的变形将导致地基沉降，过大的地基沉降，特

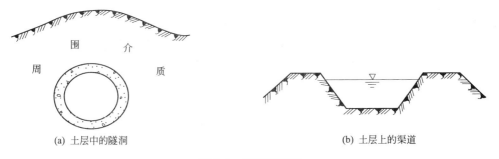

图 0-3　隧洞和渠道

（a）土层中的隧洞　　　　　　　　　　　　（b）土层上的渠道

别是不均匀沉降将使建筑物倾斜、开裂或影响其正常使用。如世界著名的意大利比萨斜塔。该塔 1173 年动工兴建，当建至 24m 高时，发现塔身严重倾斜而被迫停工，至 1273 年续建完工，塔高约 55m。该塔因建造在不均匀的高压缩性地基上，导致其产生严重的不均匀沉降，其中北侧下沉 1m 多，南侧下沉了近 3m，沉降差达 1.8m。1932 年曾对该塔地基灌注了 1000 t 水泥，也未能奏效，现在该塔仍以每年约 1mm 的速度下沉，目前正在处理之中。此外，对于水工建筑物来说，除了要满足稳定和变形的要求外，还要研究渗流对土体的稳定和变形的影响。为了解决工程中与土有关工程问题，土力学的任务是：研究土的物理性质及应力变形性质、强度性质和渗透性质等力学性质，找到它们的内在规律，作为解决土体稳定和变形问题的基本依据。

图 0-4　加拿大特朗斯康谷仓的地基破坏情况

0.2　本课程的基本内容和学习要求

　　本课程是水利水电建筑工程、水利工程施工技术与水利工程等水利类专业的一门专业课程，是一门理论性和实践性较强的课程。

0.2.1 本课程的基本内容

本课程的基本内容包括：工程地质学和土力学两大部分，具体包括以下内容：
(1) 岩石及其工程地质性；
(2) 地质构造；
(3) 自然地质作用；
(4) 地下水；
(5) 水工建筑物主要工程地质问题；
(6) 土的物理性质与工程分类；
(7) 土渗透性；
(8) 土中应力与地基变形计算；
(9) 土的抗剪强度与地基承载力；
(10) 土压力；
(11) 浅基础设计与地基处理简介；
(12) 工程地质勘察。

0.2.2 本课程的学习要求

(1) 了解岩石、地质构造、自然地质作用和地下水的基本知识及其对水利工程建设的影响；了解水利工程的工程地质条件和主要工程地质问题。
(2) 了解土的基本物理、力学性质，熟悉土的物理、力学性质指标的试验方法。
(3) 掌握土中应力、地基变形、地基承载力以及土压力的计算方法。
(4) 熟悉天然地基上浅基础的设计与地基处理的常用方法。
(5) 熟悉中小型水利水电工程地质勘察的阶段划分、常用勘察方法、勘察报告内容以及勘察报告的阅读分析。

0.3 工程地质与土力学的发展概况

工程地质学与土力学是与工程建设紧密联系的两门工程学科，是随着国家经济建设的发展而发展的。

工程地质学是一门年轻的工程学科，比较完整、系统的工程地质学理论直到 20 世纪 30 年代才由前苏联地质学家提出。1932 年，前苏联莫斯科地质勘探学院成立了世界上第一个工程地质教研室，并创立了比较完善的工程地质学体系，这标志着工程地质学的诞生。

1949 年新中国成立后，为了适应国家建设的需要，在水利水电、工业与民用建筑、铁路、公路及国防工程等部门都积极开展了大量的工程地质工作。特别是在水利建设方面，如举世瞩目的三峡工程、南水北调工程，地质工作者解决了许多极其复杂的工程地质问题，可以说近 30 年来，是我国工程地质学高速发展的时期，研究水平与世界同步，并有自己的特色。

1925 年美国土力学家太沙基发表了第一部土力学专著，使土力学成为一门独立的学科。从 1925 年至今，时间虽短，但土力学的发展速度是惊人的。目前土力学又发展了许多分支，如土动力学、冻土力学、海洋土力学等。特别是近年来世界各国在超高土坝（坝高超过200m）、超高层建筑与核电站等巨型工程的设计与兴建中，运用计算机技术，进一步发展和完善了土力学理论，使土力学的理论和实际工程的结合又产生了新的飞跃，对土力学的发展又向前推动了一步。

新中国成立后的60多年来，围绕着解决工程建设中出现的问题，工程地质与土力学学科在我国得到了广泛的传播和发展。尤其是改革开放以后，国家大规模的建设促进了本学科的发展，工程地质与土力学理论、工程实践方面均取得了令世人瞩目的划时代进步，为国民经济发展作出了贡献。许多大型水利工程、核电站工程、青藏铁路、大型桥梁、林立的高楼大厦、地下空间的开发利用、全国各地的高速公路与高速铁路等，都呈现了本学科理论和实践的巨大成就。工程建设需要学科理论，工程学科理论的发展离不开工程建设。21世纪人类将面对资源和环境这一严酷生存问题的挑战，各种各样岩土工程问题需要解决，这必将进一步推动本学科的更大发展。

1　岩石及其工程地质性质

本章提要

　　地壳是地球表面的一层坚硬的固体外壳，是各种工程建筑的场所。组成地壳的基本物质是各种化学元素，化学元素在一定的地质条件下聚集形成矿物，矿物的自然集合体构成岩石。矿物和岩石是在各种地质作用下形成。岩石是建造各种工程建筑物的地基、环境和天然建筑材料，因此了解矿物、岩石的工程地质性质对工程设计、施工等都十分重要。本章将介绍地壳与地质作用、矿物、岩石及岩石的工程地质性质指标。

　　本章的重点是：常见岩石的主要特征及其工程地质性质。

1.1　地壳与地质作用

1.1.1　地壳

　　地球是太阳系九大行星之一，它绕太阳公转并绕地轴自转。地球包括外部圈层，即大气圈、水圈及生物圈和固体地球两部分。固体地球的形状为旋转椭球体，赤道半径约为6378km，极地半径约为6365km，平均半径约为6371km。地球的表面积约5亿平方千米，其中陆地约占29.3%，海洋约占70.7%。

　　大气圈是地球的最外圈层，其上界可达1800km或更高的空间。自地表到10~17km的高空为对流层，所有的风、云、雨等天气现象均发生在这一层。水圈由地球表层分布于海洋和陆地上的水和冰所构成。水的总体积约14亿立方千米，其中海洋水占总体积的98%。地球上的生物存在于水圈、大气圈下层和地壳表层的范围之中。

　　固体地球内部也是分层的，从地心到地表可分为地核、地幔和地壳3个圈层，如图1-1所示。

　　地壳是地球表面的一层坚硬的固体外壳。地壳以下至大约2900km深处为地幔；地幔以下直到地心的部分称为地核。研究表明：在地幔顶部（约50~250km）存在一个软流圈，约有5%的物质处于熔融状态，易于发生塑性流动。软流圈以上的物质均为固态，称为岩石圈。岩石圈具有较强的刚性，分裂成许多块体，称为板块。板块驮在软流圈上随之运动，这就是板块运动，也是地壳运动的根源。

地壳是各种工程建筑的场所，也是人类生存和活动的地方。因此，了解地壳的物质组成、结构及性质具有重要的意义。

地壳的厚度很不均匀，各地有很大的差异，位于陆地的地壳厚度较大，平均35km，高山区可达70～80km。位于大洋底部的地壳厚度较小，平均7～8km。组成地壳的基本物质是各种化学元素，其中以O、Si、Al、Fe、Ca、Na、K、Mg、Ti为主，这9种元素占地壳总质量的99.96%。化学元素在一定的地质条件下聚集形成矿物，矿物的自然集合体构成岩石。

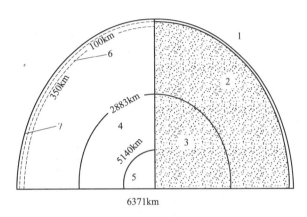

图 1-1　固体地球内部圈层
1—地壳；2—地幔；3—地核；4—液态外部地核；
5—固态内部地核；6—软流圈；7—岩石圈

1.1.2　地质作用

地球形成至今，经历了大约46亿年的发展历史，在这漫长的地质历史中，地球一直处于不停的运动、变化和发展中。例如，有些时候一些地方遭受挤压褶皱形成高山，而另一些地方就会凹陷形成海洋；高山不断遭受剥蚀被夷为平地，沧海被泥土充填变成桑田；坚硬岩石破碎成为松软泥沙，而松软泥沙不断沉积形成新的岩石。所谓地质作用是指使地壳的组成物质、内部结构和地表形态等发生变化的各种作用。地质作用按其动力来源部位可分为内力地质作用与外力地质作用两大类。地质作用常常引发地质灾害，按地质灾害成因的不同，工程地质学把地质作用分为物理地质作用和工程地质作用两种。物理地质作用即自然地质作用，包括内力地质作用和外力地质作用。工程地质作用即人为地质作用。

1.1.2.1　物理地质作用

（1）内力地质作用。是指主要由地球内部能量引起地球发生变化的地质作用，它一般起源和发生于地球内部，但常常可以影响到地球的表层，对地球的演化起着主导作用。它通过地壳运动、岩浆作用、变质作用和地震等不断地改造地壳，并使地表产生大陆、海洋、山脉、平原等大型的地形起伏。

① 地壳运动：是一种机械运动，是由地球内动力引起的地壳变形与变位。地壳运动按其运动方向可分为水平运动与垂直运动，以水平运动为主。

② 岩浆作用：指岩浆的形成、演化直至冷却成岩石的地质过程。

③ 变质作用：地壳的先成岩石由于构造运动和岩浆活动等原因所造成的物理、化学条件的变化，原来岩石的成分、结构、构造等发生一系列改变而形成新岩石的过程。

④ 地震：指由地震引起的岩石圈物质成分、结构和地表形态变化的地质作用。

（2）外力地质作用。是由地球外部动力引起地壳形态发生变化的地质作用。外力地质作用是对地球的进一步加工塑造，起着削高补低的作用。外力地质作用可分为：风化作用、剥蚀作用、搬运作用、沉积作用、成岩作用、负荷地质作用。

① 风化作用：岩石在太阳能、大气、水和生物等各种外力作用下不断发生物理和化学变化的过程。

② 剥蚀作用：指流水、风、冰川等在运动过程中对地表岩石产生破坏并将它们搬离原地作用。

③ 搬运作用：经过流水、风、冰川等剥蚀作用的产物被上述介质搬运到他处的过程。

④ 沉积作用：上述搬运介质动能减少或物理化学条件发生改变以及在生物的作用下，被搬运的物质在新的场所堆积下来的作用。

⑤ 成岩作用：由松散状态的沉积物转变成为硬结的沉积岩的过程。

⑥ 负荷地质作用：指松散堆积物、岩块等由于自身的重量并在其他动力的地质作用触发下崩塌或沿斜坡滑动的过程。

综上所述，内力地质作用和外力地质作用的特征，如图 1-2 所示。

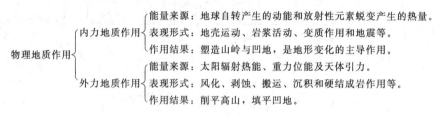

图 1-2 物理地质作用特征图

1.1.2.2 工程地质作用（人为地质作用）

工程地质作用或人为地质作用是指由人类活动引起的地质效应。例如：采矿特别是开采移动大量岩体引起地表变形、崩塌、滑坡；开挖深基坑引起基坑周边地表变形，原有建筑物产生附加沉降；开采石油、天然气和地下水造成地面沉降；兴建水利工程造成土地淹没、浸没、库岸坍塌或引起水库地震等。

1.2 矿 物

1.2.1 矿物与造岩矿物

矿物是地壳中的化学元素在地质作用下形成的，具有一定物理性质和化学成分的单质或化合物。自然界中只有少数矿物质是以单质的形式出现的，如金刚石（C）、自然金（Au）、硫磺（S）等；绝大多数的矿物是由两种或两种以上的元素组成的化合物，如石英（SiO_2）、方解石（$CaCO_3$）、石膏（$CaSiO_4 \cdot 2H_2O$）等。

矿物通常以固态存在地壳之中，极少数呈液态（如石油、汞）和气态（如天然气）。固体矿物绝大多数是结晶质，具有确定的内部结构，即内部的原子或离子在三维空间成周期性排列，常形成具有规则几何外形的晶体，如溶液中生长的石盐晶体就是由钠离子和氯离子按立方体结晶格子构造排列而成的立方体（见图1-3）。但是，岩石中大多数矿物结晶时，受到许多条件和因素的控制，晶体常呈不规则形状，但其内部构造仍不失其结晶的实质。地壳中有少量矿物为非结晶质，即内部的原子或离子无规则，因此其外表就不具有固定的几何外形，如蛋白石（$SiO_2 \cdot nH_2O$）等。

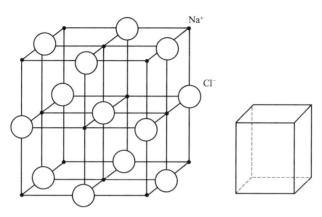

图1-3　石盐的晶体构造

自然界的矿物按其成因可分为以下三大类型：

（1）原生矿物。是在成岩或成矿的时期内，从岩浆熔融体中经冷凝结晶过程形成的矿物，如石英、长石等。

（2）次生矿物。是原生矿物遭受化学风化而形成的新矿物，如正长石经过水解作用后形成的高岭石。

（3）变质矿物。是在变质作用过程中形成的矿物，如红柱石、绿泥石等。

目前已发现的矿物有3000多种，而组成岩石的主要矿物仅30多种，最常见的有石英、斜长石、正长石、白云母、黑云母、角闪石、辉石、方解石、白云石、高岭石、绿泥石、石膏、赤铁矿、黄铁矿等。它们占岩石中所有矿物的90%以上，这些组成岩石的主要矿物，称为造岩矿物。

1.2.2　矿物的形态

矿物形态是指单个矿物和群体矿物的形态。矿物的形态是矿物的重要特征之一，它可以是单体，也可以是多单体组成的集合体。

1.2.2.1　矿物单体的形态

矿物单体（晶体）的形态，常见的有：柱状（正长石）、板状（斜长石）、片状（云母）、菱面体（方解石）、纤维状（石膏）等（见图1-4）。

1.2.2.2　矿物集合体的形态

同一种矿物多个单体聚集在一起的整体就是矿物集合体。矿物集合体的形态取决于其单体的形态和它们的集合方式。常见的矿物集合体形态有：粒状（橄榄石）、土状（高岭石）、鳞片状（绿泥石）、鲕状（赤铁矿）、纤维状（石棉、纤维石膏）和钟乳状（方解石）等。

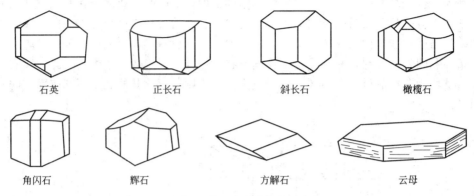

| 石英 | 正长石 | 斜长石 | 橄榄石 |

| 角闪石 | 辉石 | 方解石 | 云母 |

图 1-4 常见造岩矿物的形态

1.2.3 矿物的物理性质

1.2.3.1 颜色与条痕

颜色是矿物最直观的一种性质，根据颜色成因，矿物颜色可分为自色和他色。

自色是矿物本身固有的颜色，是由矿物化学成分和晶体结构所决定的，颜色大体上固定不变，因此自色是一种重要的鉴定特征。如黄铜矿具铜黄色，孔雀石具翠绿色等。

他色是矿物混入某些杂质而染成的颜色。如纯净石英为无色透明，但含碳微粒时呈烟灰色（烟水晶），含锰时呈紫色（紫水晶），含氧化铁则是玫瑰色（玫瑰水晶）等。

条痕是矿物粉末的颜色。通常将矿物在无釉瓷板上刻画后进行观察。矿物的条痕比较固定，它对于某些金属矿物具有重要鉴定意义。如赤铁矿呈赤红、铁黑或钢灰色等，但条痕均为樱红色；金的条痕为金黄色，而黄铜矿的条痕为绿黑色。

1.2.3.2 光泽

光泽是指矿物对可见光的反射能力。根据反光程度分为金属光泽、半金属光泽和非金属光泽。金属光泽，如黄铁矿、黄铜矿；半金属光泽，如赤铁矿、磁铁矿等；非金属光泽又分为玻璃光泽（长石、方解石）、油脂光泽（石英）、珍珠光泽（云母）、丝绢光泽（石棉）、金刚光泽（金刚石）。

1.2.3.3 硬度

硬度是矿物抵抗外来机械力作用（如刻划、压入、研磨）的能力，通常采用莫氏硬度计作标准。它是以十种矿物的硬度表示十个相对硬度等级，见表 1-1。

表 1-1 莫氏硬度计

硬度	1	2	3	4	5	6	7	8	9	10
矿物	滑石	石膏	方解石	萤石	磷灰石	正长石	石英	黄玉	刚玉	金刚石

莫氏硬度计只代表矿物硬度的相对顺序，而不是绝对硬度的等级，根据力学性质指标，滑石硬度为石英的 1/3500，而金刚石硬度则为石英的 1150 倍。

测定某矿物硬度时，只需将待定矿物同硬度计中的标准矿物相互刻划比较即可。比如，某待鉴定矿物被磷灰石刻伤，又可将萤石刻伤，说明其硬度介于萤石与磷灰石之间，即 4~5 之间，可定为 4.5。野外工作中，常用指甲（2~2.5）、小钢刀（5.5~6.0）和玻璃（5.0~5.5）鉴别矿物的硬度。

1.2.3.4　解理与断口

解理是指矿物受外力作用时，能裂开成光滑面的性质。根据解理面的大小和平整光滑度，将解理分成极完全、完全、中等和不完全等级别。例如：云母沿解理面可剥离呈极薄的薄片，为极完全解理；方解石沿解理面破裂呈菱面体，具有完全解理。另外，根据解理面方向数目多少，可分为一组解理（云母）、两组解理（长石）、三组解理（方解石等），如图1-5所示。

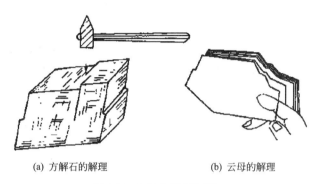

(a) 方解石的解理　　　　　(b) 云母的解理

图1-5　矿物的解理与断口

断口是指矿物受敲击后所形成的凹凸不平的断裂面。常见的断口有贝壳状断口（见图1-6）、参差状断口、锯齿状断口和平坦状断口等。

1.2.3.5　其他性质

如弹性、挠性与延展性。弹性是指矿物受外力作用后发生弯曲变形，外力解除后仍恢复原状的性质（如云母）。挠性是指矿物受外力作用后发生弯曲变形，当外力解除后不能恢复原状的性质（如绿泥石）。延展性是指矿物能锤击成薄片或拉长成细丝的特性（如自然金）。

图1-6　石英的贝壳状断口

另外，利用与稀盐酸反应的强烈程度，对于鉴定方解石、白云石等矿物是有效的手段之一。方解石遇冷稀盐酸强烈起泡，放出二氧化碳气体；白云石仅其粉末遇热稀盐酸微弱起泡。

1.2.4　主要造岩矿物的鉴定特征

主要造岩矿物有石英、正长石、斜长石、白云母、黑云母、橄榄石、辉石、角闪石、方解石、白云石、石膏、绿泥石、滑石、石榴子石、红柱石、高岭石、蒙脱石、赤铁矿、褐铁矿、黄铁矿等。

1.2.4.1　石英

常发育成单晶并形成晶簇，或成致密状或粒状集合体。纯净的石英无色透明，称为水晶。含杂质时颜色各异。石英晶面为玻璃光泽，断口为油脂光泽，硬度为7，无解理。贝壳状断口，相对密度2.65。石英化学稳定性好，抗风化能力强，含石英越多的岩石岩性越坚硬，广泛分布于各种岩土之中。

1.2.4.2　正长石

晶体常为柱状或板柱状。常为肉红色、浅黄色、浅黄白色，玻璃光泽，硬度为6，有两组相互垂直的解理，相对密度 2.5～2.6。较易风化，完全风化后形成高岭石、绢云母、方解石和铝土矿等次生矿物，广泛分布于各种岩土之中。

1.2.4.3 斜长石

晶体为板状或板柱状。常为白色或灰白色，玻璃光泽，硬度 6～6.5，两组中等解理近于正交，相对密度 2.6～2.7，最常见聚片双晶。主要性质同正长石，是构成岩浆岩的最主要造岩矿物。

1.2.4.4 白云母

多呈片状或鳞片状集合体，有平行片状方向的一组极完全解理，薄片为无色透明，具有珍珠光泽，硬度 2.5～3，薄片有弹性，相对密度 2.8～3.0，较黑云母抗风化能力强。

1.2.4.5 黑云母

多呈片状或鳞片状集合体，棕褐色或黑色，相对密度 2.8～3.2，透明或半透明。其形态及其他光学力学性质同白云母。黑云母易风化，风化后可变为蛭石，失去弹性。当岩石中含云母较多，且成定向排列时，则沿层状方向易产生滑动，直接影响水工建筑地基稳定。广泛分布在岩浆岩和变质岩中。

1.2.4.6 橄榄石

晶体常呈粒状或致密块状集合体。浅黄、黄绿到橄榄绿色，随含铁量增高，颜色逐渐加深。玻璃光泽，硬度 6～7，解理不完全，贝壳状断口，相对密度为 3.2～4.4。易风化，风化后呈暗褐色。主要产于基性或超基性岩浆岩中。

1.2.4.7 辉石

晶体呈短柱状，集合体为粒状。黑绿色或黑色，玻璃光泽，硬度 5.5～6，有平行柱面的两组解理，其交角为 87°，相对密度 3.2～2.4。较易风化，风化后可形成黏土矿物、褐铁矿等。多产于基性或超基性岩浆岩中。

1.2.4.8 角闪石

晶体为长柱状，常见针状。绿黑色或黑色，玻璃光泽，硬度 5～6。有平行柱面两组解理，交角 124°，相对密度 3.2～3.6，且含铁量越高，相对密度越大，是许多岩浆岩和变质岩的主要造岩矿物。

1.2.4.9 方解石

常发育成单晶或晶簇。粒状、块状、纤维状或钟乳状集合体。纯净的方解石无色透明，因杂质渗入而常呈白、灰、黄、浅红、绿、蓝色等。玻璃光泽，硬度 3，具有三组完全解理，相对密度 2.6～2.8，遇冷稀盐酸强烈起泡，放出二氧化碳气体。

1.2.4.10 白云石

单晶为菱面体，通常为块状或粒状集合体。一般为白色，因含铁常呈褐色，玻璃光泽，硬度 3.5～4，解理与方解石相同，相对密度 2.8～2.9。白云石粉末与盐酸只产生微弱反应，以此与方解石相区别。

1.2.4.11 石膏

单晶体常为板状，集合体为块状、粒状及纤维状等。为无色或白色，有的透明，玻璃光泽，纤维状石膏为丝绢光泽。硬度 2，指甲能刻划；易沿解理面劈开成薄片；薄片具挠性，相对密度 2.3～2.4，易溶于水。由于石膏分布广泛，对建筑工程具有重要意义，许多建筑物建造在含有石膏的岩层上而因石膏的溶解发生工程事故。

1.2.4.12　绿泥石

常呈鳞片状集合体。绿色，深浅随含铁量的变化而不同。解理面上为珍珠光泽。有平行片状方向的解理，硬度 2～3，相对密度 2.6～3.3，薄片具挠性，但无弹性（与云母相区别）。绿泥石属于变质矿物。

1.2.4.13　滑石

晶体为片状，通常为鳞片状或致密块状集合体。浅绿色、白色、浅黄色，具油脂光泽（片状或鳞片状呈珍珠光泽），硬度 1，平行片状方向有一组极完全解理，薄片具挠性，相对密度为 2.7～2.8，触之有滑腻感，是一种变质矿物。

1.2.4.14　石榴子石

常形成等轴状单晶体，集合体呈粒状和块状。浅黄白、深褐到黑色，含铁量增高而加深。玻璃光泽，断口油脂光泽，硬度 6～7.5，无解理，为贝壳状或参差状断口，是一种变质矿物。

1.2.4.15　红柱石

晶体呈柱状，集合体常呈放射状。常呈灰白色或肉红色，玻璃光泽，有两组解理，参差状断口，硬度 6.5～7.5，是一种变质矿物。

1.2.4.16　高岭石

土状或块状集合体。白色，常因含杂质而呈其他颜色，土状或蜡状光泽，硬度 2，相对密度 2.6～2.7，具有粗糙感，干燥时有吸水性，湿高岭石具有可塑性。

1.2.4.17　蒙脱石

土状或显微鳞片状集合体。白色或灰白色，因含杂质染有黄、浅玫瑰红、蓝或绿色。土状者光泽暗淡。硬度 1～2，相对密度 2～3，一般颗粒极细，肉眼不易鉴定，但吸水性强，吸水后体积膨胀，这是与高岭石的重要区别。

1.2.4.18　赤铁矿

常为致密块状及土状集合体。铁黑色或暗红色，条痕呈樱红色。金属、半金属到土状光泽，不透明，硬度 5～6，无解理，相对密度 4.0～5.3。

1.2.4.19　褐铁矿

常呈块状、土状或钟乳状。颜色为黄、褐至黑色，条痕为黄褐色，光泽暗淡。硬度 4.0～4.5，相对密度 3.3～4.0，可染手。

1.2.4.20　黄铁矿

大部分呈块状集合体，部分发育为立方体单晶，立方体晶面上常有平行的细密纹。颜色为浅铜黄色，条痕为绿黑色，硬度 6～6.5，性脆，参差状断口，相对密度 5。黄铁矿易风化形成硫酸，对钢筋混凝土有腐蚀作用。因此，当岩石中有较多的黄铁矿时，不宜作为水工建筑物的地基或建筑材料（如混凝土粗骨料）。

1.3 岩　石

岩石是矿物的自然集合体，它由地质作用形成，是组成地壳的基本物质。岩石是建造各种工程建筑物的地基、环境和天然建筑材料，因此了解岩石的工程地质性质对工程设计、施工等都十分重要。

岩石按成因可分为三大类，即岩浆岩、沉积岩和变质岩。岩石的基本特征主要包括矿物成分、结构与构造。岩石结构是指岩石中矿物的结晶程度、颗粒大小、颗粒形状及彼此间的结合关系。岩石构造是指岩石中矿物集合体之间或矿物集合体与岩石其他组成部分之间的排列和充填方式。

1.3.1 岩浆岩

岩浆岩又称为火成岩，是地壳中占比最多的一种岩石，其占地壳岩石体积的 64.7%。在大陆或海洋，在地表或地下，岩浆岩都有广泛的分布。

1.3.1.1 岩浆岩的成因与产状

（1）岩浆岩的成因。岩浆岩是由岩浆冷凝而形成的岩石。火山喷发时，大量炽热的气体和熔融物质从地壳深部喷出，这些熔融物质（主要成分为硅酸盐）就是岩浆。岩浆存在于地下深处，具有很高的温度（800～1300℃）和很大的压力（约几百兆帕以上）。当地壳运动时，岩浆就会沿地壳薄弱地带和压力较低的部位侵入上升，当岩浆上升喷出地表，冷凝所形成的岩石，称为喷出岩；如果岩浆侵入到地表以下周围岩层中冷凝所形成的岩石，称为侵入岩。侵入岩按形成部位深浅，分为深成侵入岩（深度大于 5km）和浅成侵入岩（深度约小于 3km）。

（2）岩浆岩的产状。岩浆岩体是以一定形态产出的，其产状是指岩浆岩体的大小、形状及其与周围岩石的接触关系和分布特点。岩浆岩体产状的确定主要是在野外进行，也可以在地质图上分析出来。岩浆岩的产状大致有以下几种（见图 1-7）。

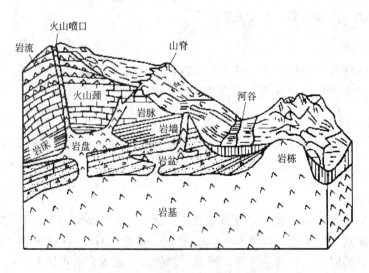

图 1-7　岩浆岩体产状示意图

①岩基。是一种规模巨大岩浆侵入体，面积大于 60 平方千米，与围岩接触面不规则。构成岩基的岩石大都是花岗岩或花岗闪长岩等，岩性均匀稳定，是良好的建筑物地基。

②岩株。岩株是一种规模较岩基小的岩体，常常是岩基边缘的分枝或是独立的侵入体，平面上呈圆形或不规则状，分布面积小于 60 平方千米，是良好的建筑物地基。

③岩盖和岩盆。岩盖是一种中心较大，底部较平，顶部弯隆状的层间侵入体。分布范围可达数平方公里，多由酸性、中性岩石组成。中心下凹形如碟或浅盆的层间侵入体叫作岩盆。

④岩床。岩床是一种沿原有岩层层面侵入、延伸分布且厚度稳定的层状侵入体。常见的厚度多为几十厘米至几米，延伸长度多为几百米至几千米。岩石以基性岩为主。

⑤岩脉。岩脉是沿岩层裂隙侵入形成的狭长形的岩体，与围岩层理或片理斜交。

⑥火山锥。火山锥是熔岩和火山碎屑围绕火山通道堆积形成的锥状体。

⑦熔岩流。从火山或火山裂隙喷出到地表墙失了部分气体的流动岩浆（见图 1-8）。

图 1-8　熔岩流

1.3.1.2　岩浆岩的物质成分

岩浆岩的物质成分包括化学成分和矿物成分。岩浆岩的种类繁多，但总结各种岩浆岩的化学分析结果，占岩石 99% 以上的是 O、Si、Al、Fe、Ca、Na、K、Mg、Ti 9 种元素，其中 O、Si 占岩石总质量的 75%、体积的 93%，其次是 Al 和 Fe。

在常见的岩浆岩中，分布最广泛的矿物只有 6～7 种，它们是石英、正长石（钾长石）、斜长石、角闪石、辉石、橄榄石、黑云母等。前三种矿物 SiO_2 和 Al_2O_3 含量高，颜色较浅，也称为浅色矿物；后几种矿物中 FeO、MgO 含量高，硅、铝含量少，颜色较深，也称为暗色矿物。

1.3.1.3　岩浆岩的结构

岩浆岩的结构是指组成岩浆岩中矿物的结晶程度、颗粒大小及颗粒之间的结合关系。最常见的有以下几种结构。

（1）显晶质结构。岩石中的矿物全部为肉眼或放大镜能分辨的晶体颗粒（见图 1-9）。这种结构是在温度和压力较高、岩浆温度缓慢下降的条件下形成的，主要是深成侵入岩所具有的结构。按矿物颗粒粗细分为粗粒，（晶粒直径大于 5mm）、中粒（5～2mm）、细粒（2～0.2mm）三种。

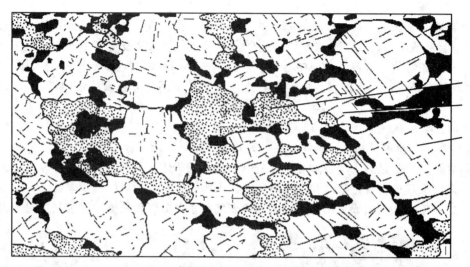

图 1-9　具等粒结构的花岗岩

（2）隐晶质结构。矿物颗粒细小（晶粒直径小于 0.2mm），肉眼或放大镜都不能分辨，只能在显微镜下才能分辨。常为喷出岩及浅成岩所具有的结构。

（3）斑状结构。岩石中较粗大的晶体（称斑晶）散布在较细的物质（隐晶质或玻璃质）之间的结构，较细的物质也称为基质。斑晶是在地下深处高温高压条件下先结晶形成的晶粒，随着携带斑晶的岩浆上升到浅处或喷出地表，而迅速冷却形成肉眼或放大镜不能分辨的细小晶体或未结晶的玻璃质（基质）。斑状结构是浅成岩或喷出岩所具有的结构。

（4）玻璃质结构。岩石由没有结晶的玻璃质组成，岩石断口光滑，具玻璃光泽。这是喷出岩所具有的结构，反映当时岩浆的急剧冷凝，来不及结晶。

1.3.1.4　岩浆岩的构造

岩浆岩的构造是指岩石中矿物集合体之间或矿物集合体与岩石其他组成部分之间的排列和充填方式。岩浆岩的常见构造有以下几种。

（1）块状构造。矿物在岩石中均匀分布，无定向排列。它是侵入岩所具有的构造。

（2）气孔状和杏仁状构造。岩石中分布着大小不等、圆形或椭圆形的空洞，称为气孔状构造。它是岩浆中的气体逸出后留下的孔洞。当气孔被后来的物质（硅质、钙质等）所充填便形成杏仁构造。气孔状和杏仁状构造为喷出岩所特有的构造。

（3）流纹状构造。岩石中由不同成分和不同颜色的条纹或拉长的气孔，长条状矿物沿一定方向排列，显示的流动形迹。它是黏度较大的火山熔岩流的流动构造。

1.3.1.5　岩浆岩的分类

岩浆岩的种类很多，既存在差别又有内在的联系。现行的岩浆岩分类方案通常是从岩浆的成分和成岩环境两方面考虑。首先根据岩浆岩的化学成分（主要是 SiO_2 的含量），分成超基性岩、基性岩、中性岩及酸性岩。其次根据岩浆岩的形成条件分为喷出岩与侵入岩等。侵入岩又分为深成岩和浅成岩，见表 1-2。

表 1-2　岩浆岩分类表

岩石类型		酸性岩	中性岩		基性岩	超基性岩
SiO$_2$含量/%		>65	65～52		52～45	<45
主要矿物		石英 正长石	正长石	角闪石 斜长石	辉石 斜长石	橄榄石 辉石
喷出岩		流纹岩	粗面岩	安山岩	玄武岩	少见
侵入岩	浅成岩	花岗斑岩	正长斑岩	正长斑岩	辉绿岩	少见
	深成岩	花岗岩	正长岩	闪长岩	辉长岩	橄榄岩、辉岩

1.3.1.6　常见的岩浆岩

（1）花岗岩。花岗岩是地球上分布最广的结晶粒状深成岩，由石英、长石和云母组成，石英通常呈粒状、无色透明。长石有肉红色的正长石和灰白色的斜长石，可见到发育良好的解理。云母为片状的黑云母，有时也有白云母，以及少量黑色长柱状普通角闪石。花岗岩具有多种颜色，如灰白色、灰色、肉红色等，主要由长石的种类和颜色而定。根据组成花岗岩矿物粒径的大小分成粗粒、中粒和细粒花岗岩，长石与石英晶体特别粗大的称为伟晶岩。花岗岩常呈规模巨大的岩基或岩株产出。花岗岩密度 2.7，致密坚硬、强度高，是人们喜爱的建筑材料，尤其细粒均匀的花岗岩是良好的坝基，我国长江三峡、湖南东江、四川龚嘴等水电工程均建在花岗岩上。

（2）闪长岩。闪长岩是一种中性深成侵入岩，主要由斜长石和普通角闪石组成，其次为辉石可有少量黑云母。由于含有较多的暗色矿物，所以颜色较深，为深灰色及灰绿色，全晶质粒状结构。闪长岩在自然界大多与花岗岩、辉长岩伴生。单独构成岩体时多为岩株、岩盖和小型侵入体。结构致密，强度高，具有较高的韧性和抗风化能力，是良好的建筑材料，也是大型工程的良好地基。

（3）正长岩。常呈浅灰、浅肉红、浅灰红等色，其主要矿物成分为正长石，次要矿物有角闪石、黑云母等，不含石英或含量极少。呈等粒状结构，块状构造。其物理力学性质与花岗岩类似，但不如花岗岩坚硬，且易风化，常呈岩株产出。

（4）辉长岩。辉长岩是一种基性深成侵入岩。颜色深，呈灰色至灰黑色，矿物成分以普通辉石和斜长石为主，有时含少量橄榄石、角闪石，极少有石英。一般为中粗粒全晶质等粒结构。辉长岩体以岩株、岩盆、岩盖为常见。岩石坚硬，强度高，是良好的地基和建筑材料。

（5）辉绿岩。辉绿岩是一种常见的浅成侵入岩。常呈岩株、岩床、岩墙产出。颜色为灰黑至灰色，矿物成分与辉长岩、玄武岩相当，主要由斜长石、辉石组成。辉绿岩常呈中粒至粗粒全晶质结构。与辉长岩不同的是，辉绿岩中辉石的粒径大于斜长石。辉绿岩力学强度高，是良好的地基，并可作建筑材料。

（6）流纹岩。流纹岩是酸性喷出岩，一般为灰红色，有时为灰黑色和紫色。矿物成分为石英、正长石和斜长石。通常为斑状结构，常发育有流纹状构造，也常见气孔构造和杏仁构造。流纹岩含有较多的火山玻璃，性脆。工程地质性质不如深成侵入岩。

（7）安山岩。安山岩是一种中性喷出岩，颜色为灰、灰褐、紫色。矿物成分与深成岩中的闪长岩相同。多呈斑状结构，斑晶多为斜长石、角闪石、辉石、黑云母，基质多为隐晶质或玻璃质。岩石的抗压强度较高，可用作建筑材料。

（8）玄武岩。玄武岩是地球上分布最广泛的岩浆岩。玄武岩呈暗灰至黑色、褐色或深灰色，主要由斜长石和辉石组成，有时含橄榄石和火山玻璃，常呈隐晶质结构或斑状结构、气孔状和杏仁状构造，具多边形柱状节理。玄武岩熔岩流喷出后常覆盖地表形成高原和熔岩台地，大洋地壳均由玄武岩组成。玄武岩的抗压强度高，是良好的地基和建筑材料。

1.3.2 沉积岩

沉积岩是地表分布最广的岩石，占地壳表面积的 75%。因此研究沉积岩特征对工程建筑具有主要意义。

1.3.2.1 沉积岩的形成

沉积岩是指在地表或接近地表的条件下，由先成岩石风化而成的松散堆积物，经搬运、沉积及成岩作用而形成的岩石。沉积岩的形成，一般可分为四个阶段。

（1）风化、剥蚀阶段。地壳表面原来的各种岩石，长期遭受自然界的风化、剥蚀作用，如风吹、雨淋、日晒、冰冻、水流冲刷及生物等机械作用和化学作用，使原来坚硬的岩石逐渐破碎，形成大小不同的松散物质，甚至改变原来的物质和化学成分，形成新的风化物。

（2）搬运阶段。风化、剥蚀的松散物质除小部分残积在原地外，大多数物质在流水、风、冰川、海水和重力作用下，被搬运到其他地方。搬运过程中，棱角分明的碎屑物质不断磨蚀，颗粒逐渐变细磨圆。溶解物质则随水流入湖、海之中。

（3）沉积阶段。当搬运力减弱时，携带的物质逐渐沉积下来。根据沉积的原理不同，有机械沉积、化学沉积和生物化学沉积。沉积具有明显的分选性，从河流的上游到下游，沉积颗粒由粗到细。碎屑物是碎屑岩的物质来源，黏土矿物是泥质岩的主要物质来源，这些呈松散状态的物质，称为松散沉积物。

（4）硬结成岩阶段。最初沉积的松散物质，被后来的沉积物所覆盖，在上覆压力和胶结物质的作用下，原物质孔隙减少，逐渐被压密，经脱水固结或重结晶作用而形成较坚硬的岩层。这种作用称为硬结作用或石化作用。

1.3.2.2 沉积岩的物质组成

沉积岩主要由矿物颗粒和胶结物质组成。

沉积岩的物质来源很多，一是地表条件下由原岩经风化后的产物，主要有碎屑物质、新生成的矿物。二是火山喷出的碎屑物质，如火山弹、火山灰、熔岩等。三是在地表常温、常压条件下由水溶液沉淀的化学物质及生物遗体物质，如化学矿物、介壳、煤、石油等。

由于风化作用和环境的改变，这些矿物颗粒与原岩物质既有相同之处，也有不同之处。按照成因类型可分为：

（1）碎屑矿物。主要来自原生矿物碎屑，如石英、长石、云母等一些耐磨抗风化性强、较稳定的矿物。

（2）黏土矿物。原岩经风化分解后生成的次生矿物，如高岭石、蒙脱石、水云母等。

（3）化学沉积矿物。是经化学沉积或生物化学沉积作用形成的矿物，如方解石、白云石、石膏、石盐、铁和锰氧化物或氢氧化物等。

（4）有机质及生物残骸。是由生物残骸或经有机化学变化形成的矿物，如贝壳、泥炭、石油等。

在沉积的矿物颗粒之间，还有胶结物质，它的性质对岩石的颜色、强度有很大的影响，主要有以下几种胶结物质。

（1）硅质胶结。成分为 SiO_2，岩石呈灰色、灰白色、黄色等，岩石坚固，抗压强度高，抗水及抗风化能力强。

（2）铁质胶结。成分为 Fe_2O_3 或 FeO，多呈红色或棕色，岩石强度高。含 FeO 时岩石呈黄色或黄褐色，岩石软弱、易风化。

（3）钙质胶结。成分为 Ca、Mg 的碳酸盐，呈白灰、青灰等色，岩石较坚固，强度较大，但性脆，具有可溶性，与盐酸作用起泡。

（4）泥质胶结。成分为黏土，多呈黄褐色，性质松软易破碎，遇水后易软化松散。

（5）石膏质胶结。成分 $CaSO_4$，硬度小，强度低，具有很大的可溶性。

同一种胶结物胶结岩石，若胶结方式不同，岩石强度差异也很大。所谓的胶结方式是指胶结物与碎屑颗粒之间的联结形式，常见的胶结方式有基底胶结、孔隙胶结和接触胶结三种类型，见图 1-10。在其他条件相同的情况下，基底胶结最为牢固，孔隙胶结次之，接触胶结岩石中碎屑颗粒联结不牢固。

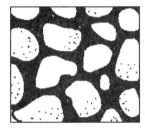 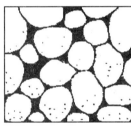 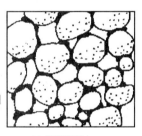

(a) 基底胶结　　　　　　　(b) 孔隙胶结　　　　　　　(c) 接触胶结

图 1-10　沉积岩的胶结方式

在地壳中，沉积岩成层状产出（称为岩层），岩层是沉积岩的重要特征之一（见图 1-11）。

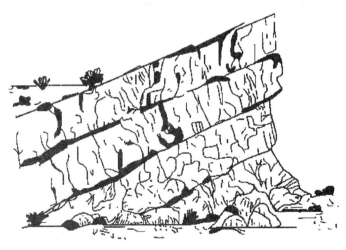

图 1-11　沉积岩成层状产出

1.3.2.3　沉积岩的结构

沉积岩的结构是指沉积岩颗粒的性质、大小、形状及其相互关系。主要有：

（1）碎屑结构。是碎屑颗粒被胶结物所胶结的一种结构。碎屑颗粒包括岩石碎屑、矿物碎屑、石化的生物遗体及碎片和火山碎屑等。按碎屑粒经大小分为：砾状结构（粒径大于

2mm）；砂状结构（粒径 2～0.05mm）；粉砂状结构（粒径 0.05～0.005mm）。组成岩石中的碎屑颗粒粗细大致均匀者称为分选性好，大小悬殊者称为分选性差。碎屑颗粒棱角分明称为磨圆度差，反之称为磨圆度好。

（2）泥质结构。由粒径小于 0.005mm 的黏土等胶结组成的结构。具这种结构的岩石，只有借助电子显微镜才能分辨其矿物颗粒。

（3）结晶粒状结构。是由化学沉淀或胶体结晶形成的结构，是一些化学岩或生物化学岩所特有的结构。

（4）生物结构。是指主要由生物遗体组成的结构，如贝壳结构、珊瑚结构等。

1.3.2.4 沉积的构造

沉积岩构造是指沉积岩的各个组成部分的空间分布和排列方式，层理构造和层面构造是沉积岩最重要的构造特征。

（1）层理构造。层理是沉积岩在形成的过程中，由于沉积环境的改变，所引起沉积物质的成分、颗粒大小、形状或颜色沿垂直方向发生变化而显示出的成层现象。

当沉积物连续不断沉积，在成分上基本均匀一致的沉积组合称为层，相邻两个层之间的界面叫层面。两层面之间的垂直距离称为岩层厚度。岩层分为块状层（厚度大小 1m）、厚层（1～0.5m）、中厚层（0.5～0.1m）、薄层（0.1～0.01m）。

大多数层理和层面的方向并不一致，根据两者的关系，可对层理形态进行分类。当层理与层面互相平行时，称为平行层理；当层理与层面斜交时，称为斜层理；若是多组不同的斜交层理相互交错时，则称为交错层理（见图 1-12）。

有些岩层一端较厚，而另一端逐渐变薄以至消失，这种现象称为尖灭层。若在不大的距离内中间较厚而两端尖灭，则称为透镜体。

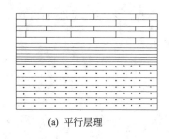 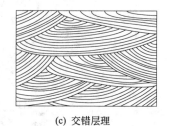

(a) 平行层理   (b) 斜层理   (c) 交错层理

图 1-12 沉积岩层理类型

（2）层面构造。沉积层的层面上常保留有形成时外力作用的痕迹，如波痕、雨痕、泥裂等。

（3）结核。在沉积岩中含有一些与围岩有明显差别的物质团块，称为结核。如石灰岩中的燧石结核、黏土中的石膏结核等。

（4）化石。是指经石化交代作用，保存于沉积岩中生物遗体或遗迹。沉积岩中常常含有古生物化石，这是沉积岩的重要特征。根据沉积岩中所含古生物化石的种类，可确定其形成环境和地质年代。

1.3.2.5 沉积岩的分类

沉积岩根据沉积岩的成因、组成物质及结构可分为：碎屑岩、黏土岩、化学岩及生物化学岩类。沉积岩分类表见表 1-3。

表 1-3　沉积岩分类表

岩类	结构		主要矿物成分	主要岩石	
				松散	胶结
碎屑岩	砾状结构		岩石碎屑或岩块	角砾、碎石、块石	角砾岩
				卵石、砾石	砾岩
	砂状结构		多为耐风化的矿物,如石英、长石、白云母及部分岩石碎屑	砂土	石英砂岩
					长石砂岩
					岩屑砂岩
	粉砂状结构		多为石英,次为长石、白云母,很少岩石碎屑	粉砂	粉砂岩
黏土岩	泥质结构		黏土矿物为主,含少量石英、云母等	黏土	泥岩
					页岩
化学岩及生物化学岩	化学结构及生物结构	致密状粒状鲕状	方解石为主,白云石次之		泥灰岩
					石灰岩
			白云石、方解石		白云质灰岩
					白云岩
		结核鲕状块状纤维状致密状	石英、蛋白石、硅胶	硅藻土	燧石岩
					硅藻岩
			钾钠镁的硫酸盐及氧化物		石膏
					岩盐、钾盐
			碳、碳氢化合物、有机质	泥炭	煤、油页岩

1.3.2.6　常见的沉积岩

(1) 砾石 (角砾岩)。砾岩是由大于 2mm 的各种砾石被胶结物所胶结而形成的岩石;角砾岩是由大于 2mm 的各种角砾被胶结物所胶结而形成的岩石。胶结物质通常有硅质、铁质、钙质及泥质。砾石呈圆形是长距离流水搬运或海浪冲击的结果。胶结物成分与胶结类型对砾岩的物理力学性质有很大影响,如硅质基底胶结的石英砾岩非常坚硬,难以风化,而泥质胶结的砾岩则相反。

(2) 砂岩。是由各种成分的砂粒 (直径在 2～0.05mm 之间) 被胶结物所胶结而形成的岩石。按颗粒大小可分为粗粒、中粒、细粒。砂岩的颜色与胶结物成分有关,通常硅质与钙质胶结者颜色较浅,铁质胶结常呈黄色、红色或棕色。硅质胶结者最为坚硬。砂岩按成分又可分为:石英砂岩 (石英含量在 90% 以上,其余为少量长石及岩屑等);长石砂岩 (石英占 30%～60%、长石＞25%,其余为岩屑);岩屑砂岩 (岩屑含量＞25%、石英占 40%～60%,其余为长石等)。砂岩的强度较高,但遇水浸泡后强度则会降低,尤其是泥质胶结的砂岩,性能较差。钙质胶结的砂岩易被酸性水溶蚀。

(3) 粉砂岩。是由直径为 0.05～0.005mm 的砂粒被胶结物所胶结而形成的岩石。粉砂岩的成分以石英为主,其次为长石、云母和岩石碎屑等。粉砂岩的性质介于砂岩和黏土岩之间。

(4) 黏土岩。黏土岩是沉积岩中分布最广的一类。岩石主要由直径小于 0.005mm 的黏土矿物 (高岭石、蒙脱石、水云母等) 及少量极细小的石英、长石、云母和碳酸盐 (方解石、白云石等),以及有机质 (煤、石油等) 组成。大多数黏土岩属于母岩风化产物 (细碎屑) 经机械搬运沉积而生成。常见的黏土岩有页岩和泥岩两类,页岩和泥岩都是已固结成岩的岩石。两者的区别是页岩具有很发育的薄片状层理,又称页理,沿此面易裂开,而泥岩层理较厚呈块状。黏土岩遇水后强度将会明显降低,一旦受压后便会发生塑性变形。

(5) 化学岩和生物化学岩。这类岩石是沉积盆地中化学或生物化学作用的产物,主要有石灰岩、白云岩、泥灰岩和硅质岩等。以石灰岩分布最广,其次为白云岩。

① 石灰岩。主要由方解石组成，质纯者呈灰白色、含杂质呈灰色或灰黑色，具有粒状结晶结构或生物碎屑结构。遇稀盐酸剧烈起泡等重要鉴别标志，常含有大量生物介壳、骨骼的碎片。石灰岩易被富含 CO_2 的水所溶解，尤其在温暖湿润地区常沿岩石中的裂隙发生溶解侵蚀形成岩溶洞穴。

② 白云岩。主要由白云石组成，含方解石。与石灰岩的区别是遇加热的稀盐酸起泡，通常为浅灰色、灰白色。断口呈粒状，硬度稍大于石灰岩等。

③ 泥灰岩。石灰岩中泥质成分增加到 25％～50％ 的称泥灰岩。它是黏土岩和石灰岩之间的过渡类型。颜色有浅灰色、灰色、淡黄、紫红色等。

1.3.3　变质岩

1.3.3.1　变质岩的形成与变质作用的类型

变质岩是先成岩石（岩浆岩、沉积岩）经变质作用而形成的新岩石。

地壳中的原岩受构造运动、岩浆活动、高温、高压及化学活动性很强的气体和液体影响，其矿物成分、结构、构造等将会发生一系列的变化，这些变化称为变质作用。根据引起岩石变质的地质条件和主导原因，变质作用可分为接触变质作用、区域变质作用和动力变质作用三种类型。

（1）接触变质作用。接触变质作用发生在岩浆侵入体与围岩接触带上，是由于温度升高及来自岩浆的化学活动成分的作用使岩石变质。接触变质在靠近侵入体处温度较高，远离处温度降低，岩石变质程度也随之降低。这样变质程度不同的岩石围绕侵入体呈环带状分布。如果围岩仅受高温的烘烤而使矿物重新结晶，物质成分重新结合等，称热接触变质作用。如果围岩除受热影响外，还与岩浆中分泌的挥发成分产生交代作用，从而引起大量新生矿物产生，岩石化学成分发生显著变化，则称接触交代变质作用。

（2）区域变质作用。这是由地壳运动和岩浆活动使广大区域范围内的岩石发生变质的作用。经区域变质作用形成的变质岩，由于受到定向压力作用，将会使岩石中片状或柱状矿物产生定向排列，而具有明显的片理构造。

（3）动力变质作用。是由于断层两盘的互相挤压、错动而使断层带附近的岩石发生变质。它与断裂构造有关，常与较大的断层带伴生。由于构造运动，使原岩挤压破碎、变形并发生重结晶。在岩石以脆性破裂为主的部位常形成角砾岩和碎裂岩。在热力与压力较高的条件下，岩石以塑性变形为主，常使矿物重结晶形成糜棱岩。原岩在变质过程中基本上是在固态下进行的，所以变质岩的产状仍然保留了原岩的产状。

1.3.3.2　变质岩的矿物成分

变质岩的矿物种类很多，有些是从原岩中继承下来的，在岩浆岩和沉积岩中都存在的矿物，如长石、石英、云母、方解石、黏土矿物等。一些是在变质作用过程中新产生矿物，称为变质矿物。常见的变质矿物有红柱石、蓝晶石、硅线石、硅灰石、滑石、石榴子石、绿泥石、绿帘石、绢云母、蛇纹石、石墨等。变质矿物是在特定环境下产生的，可作为鉴别变质岩的重要标志。

1.3.3.3　变质岩的结构

变质岩的结构是指变质岩的变质程度、颗粒大小和连接方式，按照变质作用的成因及变质程度的不同，可分为下列几种结构。

（1）变晶结构。即原岩在固态条件下发生重结晶形成的结构，它是变质岩最主要的结构。变晶结构和岩浆岩中的结晶结构类似，但因重结晶在固态条件下进行，因此变晶结构与岩浆岩结晶结构相比，有些不同。如变晶结构的岩石均为全晶质，没有玻璃质和非晶质成分；矿物结晶没有先后顺序，矿物颗粒排列紧密；变质成因的斑晶中，常有大量基质矿物包裹体，表明其结晶生长时间与基质同时或更晚，这与岩浆岩中斑晶形成较早相反。

根据变质矿物的形态又分为：①粒状变晶结构（分等粒、不等粒、斑状），如大理岩、石英岩常具有该结构。②鳞片状变晶结构，常见于结晶片岩、片麻岩。③纤维状变晶结构，多见于角闪片岩中。

（2）变余结构。是重结晶作用不完全，从原岩中保留下来的结构。如泥质砂岩变质以后，泥质胶结变质成绢云母和绿泥石，而其中碎屑矿物如石英不发生变化，被保留下来，形成变余砂状结构。其他类型如变余砾状结构、变余斑状结构、变余泥质结构等。

（3）碎裂结构。即岩石在动力变质作用下被挤压弯曲、破碎，甚至成碎块或粉末状后，又被黏结在一起形成的结构。碎裂结构具有明显的条带和片理，是动力变质中常见的结构，如糜棱结构、碎斑结构等。

1.3.3.4　变质岩的构造

岩石经变质作用后常形成一些新的构造特征，尤其是区域变质作用，在定向压力作用下将会使岩石中片状、柱状或长条状矿物产生定向排列，形成区域变质岩所特有构造特征，如片麻状构造、片状构造、千枚状构造和板状构造等。它们是变质岩区别于其他两类岩石的特有标志，也是这类变质岩最重要的特征。

（1）片麻状构造。是岩石中的矿物以粒状浅色的石英、长石为主，并伴随有平行排列的暗色片状、柱状矿物相间排列的构造（如片麻岩）。具有该构造的岩石，其矿物颗粒比较粗大，肉眼易于观察。

（2）片状构造。是由片状（云母、绿泥石、滑石等）或柱状矿物平行排列，呈薄片状的构造（如片岩）。

（3）千枚状构造。是由细小的片状矿物平行排列，片理面上具有丝绢光泽的构造（如千枚岩）。

（4）板状构造。是由极细小的片状矿物平行排列形成密集而平坦的板面，沿此面岩石易劈开成板状的构造（如板岩）。

（5）块状构造。岩石呈坚硬块体，颗粒分布较均匀、无定向排列，是粒状矿物结晶的岩石所特有的构造，如大理岩、石英岩。

1.3.3.5　变质岩的分类

大多数变质岩与其他类型岩石最明显的区别是具有特殊的构造和变质矿物。因此，变质岩的分类首先是考虑岩石的构造特征、再按其矿物组成进行分类和命名。主要变质岩分类及肉眼鉴定表见表1-4。

表1-4　变质岩分类表

构造	岩石名称	主要矿物成分	其 他 特 征
片麻状	片麻岩	长石、石英、云母、角闪石等	矿物一般肉眼可以辨认，浅色粒状的长石或石英同片状的云母或柱状的角闪石呈定向交错排列，端面粗糙，颜色大都同花岗岩

续表

构造	岩石名称	主要矿物成分	其 他 特 征
片状	云母片岩	云母、石英	黑云母含量多时色深,白云母则色浅;石英肉眼难辨认;片理明显,多可剥离成片
	绿泥石片岩	绿泥石	深绿色,鳞片状或叶片状块体,小刀可刻划
	滑石片岩	滑石、绢云母	白、灰白色或微绿色,具滑感,用指甲可刻划
	角闪石片岩	角闪石、石英	深绿、暗绿或黑色,片理不明显,较坚硬,矿物颗粒较细
千枚状	千枚岩	绢云母、石英及一些黏土矿物	片理发育,矿物颗粒极小,肉眼不能识别,具丝绢光泽
板状	板岩	石英、绢云母及黏土矿物	易剥成板状,非常致密,击之发声清脆,有时具丝绢光泽
块状	大理岩	方解石(或白云石)	可呈红、橙、黄、绿、白、灰等色及各种花纹,遇盐酸起泡,小刀易刻划
	石英岩	石英	多为细粒、致密状;白色或灰色,油脂光泽,钢刀刻划不动
	蛇纹岩	蛇纹石	可呈白、黄、绿等色及各种花纹,致密块状,表面较平滑,形同蜡状

1.3.3.6 常见变质岩的主要特征

(1)片麻岩。片麻岩具有典型的片麻状构造、变晶结构,有各种岩浆岩、沉积岩及变质岩经变质形成。矿物成分以石英、长石为主,其次为云母、角闪石;结晶颗粒粗大,可加工劈成石板做建筑材料。它在垂直片麻理方向上的强度要比其他方向上大得多。

(2)片岩。典型的片状构造,主要由云母、石英组成,其次为绿泥石、滑石、角闪石、石墨、石榴子石等。以不含长石区别于片麻岩。片岩的强度较低,且易风化,由于片理发育,易沿片理裂开。

(3)千枚岩。其变质程度较低,多由黏土质岩石变质而成,原岩的泥状结构一般不易观察到,矿物基本上已全部重结晶。主要由细小的绢云母、绿泥石和石英等矿物组成。岩石具鳞片变晶结构、千枚状构造。由于含有较多的绢云母,使片里面上常具有微弱的丝绢光泽,构成特有的千枚状构造,可作为鉴定标志。千枚岩性质软弱且易风化破碎。

(4)板岩。板岩是由泥质岩石经较浅的区域变质作用而形成。多为深灰至黑灰色,也有绿色及紫色。主要成分为硅质和泥质矿物,肉眼一般无法分辨,致密均匀,具有板状构造,沿板状构造易于裂开成薄板状。敲击发出清脆声。广泛用作建筑石材。

(5)石英岩。石英岩是一种极致密坚硬的岩石,由较纯的石英砂岩和硅质岩变质而生成。主要矿物成分是石英,少量长石、云母、绿泥石等。质纯的石英岩为白色,因含有杂质而呈黄色、灰色和红色等。岩石具变余粒状结构、块状构造。石英岩是一种极坚硬、抗风化能力很强的岩石,可作为良好的工程建筑地基及建筑石料。

(6)大理岩。大理岩是由石灰岩或白云岩经区域变质或接触热变质作用而生成,主要矿物成分是方解石、白云石,具粒状变晶结构、块状构造。纯大理岩是白色,又称"汉白玉"。因含杂质而显示出不同颜色的条带,呈美丽花纹,是贵重的雕刻和建筑材料。

1.4 岩石的工程地质性质指标

岩石的工程地质是指岩石与工程建筑有关的各种特征和性质。主要有岩石的物理性质、水理性质和力学性质。岩石的这些性质,直接关系到建筑物是否经济合理与安全可靠。因此对岩石的工程性质进行研究时,既要从岩石的属性特征进行定性分析,同时也要考虑岩石的各种试验指标进行定量分析,最后对岩石的工程性质作出评价。

1.4.1　岩石的物理性质指标

岩石的物理性质指标主要有比重（相对密度）、重度、空隙率、吸水率等。

1.4.1.1　比重

岩石的比重是指固体岩石的质量与4℃时同体积纯水质量的比值，用 G_s 表示（也称岩石的相对密度），即

$$G_s = \frac{m_s}{V_s \rho_w} \tag{1-1}$$

式中　G_s——岩石的比重；

　　　m_s——固体岩石部分的质量，g；

　　　V_s——固体岩石的体积，cm^3；

　　　ρ_w——4℃时水的密度，g/cm^3。

岩石的比重取决于组成岩石的矿物比重及其在岩石中的含量。组成岩石的矿物比重愈大、含量多，则岩石的比重也愈大；反之，则小。大多数岩石的比重在2.7左右。

1.4.1.2　重度

岩石单位体积（包括空隙体积在内）的重力，即试样重力与试样体积之比值，称为重度，用 γ 表示，即

$$\gamma = \frac{W}{V} \tag{1-2}$$

式中　γ——岩石重度，kN/m^3；

　　　W——岩石的重力，kN；

　　　V——岩石的体积，m^3。

岩石的天然重度取决于组成岩石的矿物成分、空隙发育程度及含水情况。大多数岩石的重度为 $23\sim28kN/m^3$。

1.4.1.3　空隙率

空隙率（或空隙度）是指岩石中空隙的体积与岩石总体积的百分比值，用 n 表示，即

$$n = \frac{V_v}{V} \times 100\% \tag{1-3}$$

式中　n——岩石空隙率；

　　　V_v——岩石中空隙的体积，cm^3；

一般坚硬岩石空隙率小于 $2\%\sim3\%$，疏松多孔的岩石空隙率较高，大于 $10\%\sim30\%$。

1.4.1.4　吸水率和饱和吸水率

岩石的吸水率（ω_a）是指岩石在常温常压条件下能吸入水的质量（m_{w1}）与固体岩石质量（m_s）之比，用百分数表示，即

$$\omega_a = \frac{m_{w1}}{m_s} \times 100\% \tag{1-4}$$

岩石吸水率的多少，取决于岩石中空隙的数量、大小及其连通情况。在一般情况下，水不容易渗入封闭的小空隙中去。根据吸水率的大小可以概略地评价岩石的抗冻性。通常认为吸水率小于 0.5%，岩石是抗冻的。

岩石的饱和吸水率（ω_{sa}）是指岩石在高压（一般压力为 15MPa）或真空条件下能吸入水的质量（m_{w2}）与固体岩石质量之比，用百分数表示，即

$$\omega_{sa} = \frac{m_{w2}}{m_s} \times 100\%$$ (1-5)

1.4.2 岩石的主要力学性质指标

岩石在外荷载作用下，产生变形，并随着荷载的不断增加，变形也不断增大，当荷载达到或超过某一限度时，将导致岩石破坏。

1.4.2.1 岩石的变形指标

岩石的变形指标主要有弹性模量（E）、变形模量（E_0）和泊松比（μ）。变形指标可通过试验确定。常采用对岩石试样直接加荷（静力法）的试验方法测定。

1.4.2.2 岩石的强度指标

岩石受力作用后，有压碎、拉断及剪断等破坏形式，所以岩石的强度指标可分为抗压、抗拉和抗剪强度。

（1）岩石的抗压强度。是指岩石在单向压力作用下，抵抗压碎破坏的能力，用岩石达到破坏时的极限压应力来表示，即

$$R = \frac{P}{A}$$ (1-6)

式中　R——岩石的单轴抗压强度，MPa；

　　　P——岩石开始破坏时的荷载，MN；

　　　A——垂直荷载的岩石试件的受压面积，m^2。

各类岩石的抗压强度值差别很大，它主要决定于岩石颗粒之间的联结情况，而这又和岩石的矿物成分、生成条件有关。一般牢固联结的岩浆岩、变质岩和胶结的沉积岩抗压强度可达 100～200MPa，甚至更大。部分岩浆岩、云母片岩、绿泥石片岩、千枚岩及胶结弱的沉积岩，抗压强度较低，只有 50～100MPa，或更小。

岩石的抗压强度可分为干抗压强度和湿抗压强度两种。一般在天然状态下测定的抗压强度为干抗压强度，在饱水状态下测定的抗压强度为湿抗压强度，湿抗压强度一般小于干抗压强度。在水利工程建筑中，考虑建筑物与水的作用，一般采用湿抗压强度指标来评价岩体的稳定性。

（2）岩石的抗剪强度。是指岩石抵抗剪切破坏的能力，以岩石被剪破时的极限剪应力表示。根据岩石不同的剪切破坏形式，岩石的抗剪强度试验可分为抗剪断试验、抗剪试验和抗切试验三种（见图 1-13）。试验后将分别得出抗剪断强度、抗剪强度和抗切强度。

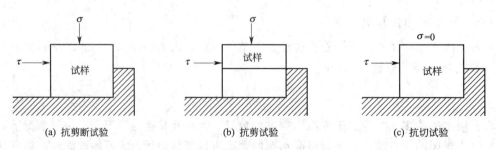

(a) 抗剪断试验　　　　　　(b) 抗剪试验　　　　　　(c) 抗切试验

图 1-13　岩石抗剪强度试验原理图

① 抗剪断强度（τ_s）。是指在一定的法向应力（σ）作用下完整岩石被剪断时的抗剪强度，岩石的抗剪强度可用公式(1-7)表示，即

$$\tau_s = \sigma \tan\varphi' + c' \qquad (1\text{-}7)$$

式中　φ'——岩石的抗断内摩擦角，(°)，$\tan\varphi' = f'$ 称为岩石的抗剪断摩擦系数；

　　　c'——岩石的抗剪断内聚力，MPa。

当法向应力一定时，岩石抗剪断强度主要取决于岩石的抗剪断摩擦系数和抗剪断内聚力。坚硬新鲜岩石有牢固的结晶联结和胶结联结，故其抗剪断强度很高。一般抗剪断内摩擦角在 $30°\sim40°$，抗剪断内聚力可达兆帕以上。

② 抗剪强度（τ_f）。是指在一定的法向应力作用下，沿岩石已有的破裂面剪切时的抗剪强度。也叫摩擦强度，此强度与法相应力成正比，即

$$\tau_f = \sigma \tan\varphi \qquad (1\text{-}8)$$

式中　φ——岩石的内摩擦角，(°)，$\tan\varphi = f$ 称为岩石的摩擦系数。

显然，抗剪强度是沿着岩石破裂面或软弱面等发生剪切滑动的指标，它大大低于该岩石抗剪断强度。一般坚硬岩石的内摩擦角值为 $27°\sim35°$。

③ 抗切强度（τ_c）。是指无法向应力（$\sigma=0$）时岩石的抗剪断强度，实际上就是抗剪断内聚力 c'，即 $\tau_c = c'$。

抗切强度 τ_c 常用来校核抗剪断试验的岩石抗剪断内聚力 c' 的值。岩石的抗剪强度和抗压强度常用来衡量岩石（体）稳定性的指标，是水工建筑物设计中较为重要的定量分析依据。

（3）抗拉强度。岩石的抗拉强度是指岩石在单向拉伸时，抵抗拉断破坏的能力，以拉断破坏时的最大拉应力来表示。岩石的抗拉强度甚低。由于岩石的抗拉强度远低于抗压强度，它在水工建筑中不是控制值，故一般很少测定岩石的抗拉强度。

一些常见岩石的物理力学性质指标见表1-5。

表 1-5　常见岩石的物理力学性质指标

岩石名称	相对密度	重度/(kN/m³)	孔隙率/%	吸水率/%	抗压强度/MPa	软化系数	弹性模量/GPa	内摩擦角/(°)
花岗岩	2.50~2.84	22.6~27.5	0.04~3.5	0.10~0.70	110~210	0.72~0.95	33~69	28~37
闪长岩	2.60~3.10	24.7~29.0	0.20~3.0	0.11~0.40	150~270	0.60~0.90	22~114	28~35
辉绿岩	2.60~3.10	24.8~29.1	0.3~6.38	0.20~5.0	123~287	0.60~0.90	69~79	34~42
流纹岩	2.50~2.73	25.5~26.0	0.9~2.3	0.14~1.97	120~250	0.75~0.95	22~114	27~35
安山岩	2.60~2.80	22.6~27.0	1.1~4.15	0.3~4.5	110~240	0.75~0.91	20~106	27~40
玄武岩	2.60~3.10	24.8~30.4	0.35~3.0	0.3~3.0	110~200	0.8~0.95	34~106	29~36
凝灰岩	2.56~2.78	22.9~25.0	1.5~7.5	0.5~7.5	100~250	0.52~0.86	22~114	24~35
砾岩	2.67~2.71	24.0~26.6	0.4~10.0	0.3~2.4	40~200	0.5~0.96	10~114	33~39
砂岩	2.60~2.75	21.6~27.1	1.0~20.0	0.2~9.0	20~180	0.21~0.97	13~54	25~39
页岩	2.57~2.77	22.6~26.5	0.4~7.6	0.5~6.0	10~100	0.24~0.74	10~35	19~28
石灰岩	2.48~2.85	23.0~27.2	0.5~3.5	0.1~4.5	70~160	0.70~0.94	10~80	28~35
泥灰岩	2.70~2.80	23.0~27.0	1.0~10.0	0.5~8.2	35~60	0.44~0.54	13~53	19~32
板岩	2.68~2.81	22.7~27.0	6.3~13.5	0.5~0.82	60~200	0.39~0.79	22~34	27~0
千枚岩	2.71~2.96	26.6~28.0	0.4~3.6	0.5~6.0	30~140	0.67~0.96	22~34	26~54
片岩	2.72~3.02	26.3~28.6	0.7~3.0	0.1~0.6	60~220	0.70~0.93	2~80	27~48
片麻岩	2.69~2.82	26.0~27.4	0.7~2.2	0.1~0.7	80~180	0.75~0.97	15~70	33~43
石英岩	2.70~2.75	26.0~27.0	0.1~2.8	0.1~0.6	150~240	0.94~0.96	45~142	32~60

1.4.3 岩石的水理性质

岩石的水理性质是指水对岩石作用和影响的有关性质。主要有岩石的透水性、可溶性、软化性、崩解性。

1.4.3.1 透水性及渗透系数

岩石允许水通过的性能，称为岩石的透水性或渗透性。岩石透水性的强弱主要取决于岩石中空隙的大小及其相互间的连通情况，并常用渗透系数 k（m/d、cm/s）和透水率（q）来衡量。它们分别采用钻孔抽水试验和压水试验方法来测定。

1.4.3.2 可溶性及溶解度、相对溶解速度

岩石的可溶性是指岩石可以溶解于水的性质，用溶解度和相对溶解速度表示。溶解度是指可溶岩石水溶液的饱和浓度（mg/L）；相对溶解速度是指单位时间内可溶岩溶解量与标准试样（大理岩粉）溶解量之比值。在自然界中常见的可溶性岩石有石膏、岩盐、石灰岩、白云岩及大理岩等。岩石的可溶性不但与岩石成分有关，而且与水的性质有很大关系，如一般淡水溶解能力小，含二氧化碳的水具有较强的溶解能力。

1.4.3.3 软化性及软化系数

岩石浸水后其强度降低的性质称为岩石的软化性。岩石软化性主要与岩石的空隙率、风化程度、组成岩石的矿物成分及颗粒间的结合强度有关。一般裂隙发育、风化严重、含大量黏土矿物的岩石（如黏土质岩石等）极易软化。表征岩石软化性的指标称为软化系数（K_d），即指同种岩石的饱和极限抗压强度（R_b）与干抗压强度（R_c）之比，即

$$K_d = \frac{R_b}{R_c} \tag{1-9}$$

岩石的软化性是评价岩石抗风化和抗冻性的间接指标。一般认为软化系数大于 0.75 的岩石是软化性弱，抗风化、抗冻性强的岩石。

 本章小结

（1）地壳是地球表面的一层坚硬的固体外壳，是各种工程建筑的场所。组成地壳的基本物质是各种化学元素，化学元素在一定的地质条件下聚集形成矿物，矿物的自然集合体构成岩石。

（2）地质作用是指使地壳的组成物质、内部结构和地表形态等发生变化的各种作用。工程地质学把地质作用分为物理地质作用（即自然地质作用包括内力地质作用和外力地质作用）和工程地质作用即人为地质作用。

（3）矿物是地壳中的化学元素在地质作用下形成的，具有一定物理性质和化学成分的单质或化合物。造岩矿物是指组成岩石的主要矿物，主要造岩矿物有石英、正长石、斜长石、白云母、黑云母、橄榄石、辉石、角闪石、方解石、白云石、石膏、绿泥石、滑石、石榴子石、红柱石、高岭石、蒙脱石、赤铁矿、褐铁矿、黄铁矿等。

（4）岩石是矿物的自然集合体，它由地质作用形成，是组成地壳的基本物质。岩石按成

因可分为三大类，即岩浆岩、沉积岩和变质岩。岩石的基本特征主要包括矿物成分、结构与构造。岩石结构是指岩石中矿物的结晶程度、颗粒大小、颗粒形状及彼此间的结合关系。岩石构造是指岩石中矿物集合体之间或矿物集合体与岩石其他组成部分之间的排列和充填方式。

（5）常见的岩浆岩主要有：花岗岩、闪长岩、正长岩、辉长岩、辉绿岩、流纹岩、安山岩和玄武岩等；常见的沉积岩主要有：砾石或角砾岩、砂岩、粉砂岩、黏土岩、石灰岩、白云岩、泥灰岩和硅质岩等；常见的变质岩主要有：片麻岩、片岩、千枚岩、板岩、石英岩和大理岩等。

（6）岩石的工程地质是指岩石与工程建筑有关的各种特征和性质。主要有岩石的物理性质、水理性质和力学性质。表示岩石物理性质的指标主要有：比重（相对密度）、重度、空隙率、吸水率等；岩石的水理性质主要有：透水性、可溶性、软化性和崩解性；表示岩石力学性质的指标主要有：弹性模量、变形模量、泊松比、抗压强度、抗拉强度和抗剪强度。

思考题

[1-1] 何谓地壳？其组成物质是什么？

[1-2] 何谓地质作用？内力与外力地质作用有哪些表现形式？

[1-3] 何谓矿物？矿物有哪些鉴定特征？常见的造岩矿物有哪几种？

[1-4] 对比下列矿物，指出它们的异同点。

 （1）正长石—斜长石—石英；（2）角闪石—斜长石—黑云母。

[1-5] 简述岩浆岩的成因、矿物成分、结构和构造等方面的特点。

[1-6] 简述沉积岩的成因、矿物成分、结构和构造等方面的特点。

[1-7] 简述变质岩的成因、矿物成分、结构和构造等方面的特点。

[1-8] 表征岩石工程地质性质的指标有哪些？

2 地质构造

本章提要

　　在地球的演变历史中，地壳每时每刻都处于运动、发展和变化状态中，如地震、火山喷发、山脉隆起、大陆板块的漂移、岩层的倾斜、弯曲和破裂等，这些变化都是由地壳运动引起的。地壳运动（又称为构造运动），是指由地球内动力引起的地壳变形与变位，它是一种机械运动，范围包括地壳及其上地幔上部（即岩石圈）。地壳运动按其运动方向可分为水平运动与垂直运动，以水平运动为主。

　　地壳运动使地壳中的岩层发生变形、变位，形成褶皱构造、断裂构造和倾斜构造等，将这些构造行迹统称为地质构造。地质构造改变了岩层的原始产状，破坏了岩层或岩体的连续性和完整性，使工程建筑场地的地质环境复杂化，因此研究地质构造对工程建筑有着重要意义。

　　本章将介绍地质年代、岩层产状与地层接触关系、褶皱构造、断裂构造及地震。

2.1　地 质 年 代

　　地球形成至今已有 46 亿年的历史，地球的发展演变及地质事件的记述需要一套相应的时间概念，即地质年代。地质年代分为相对年代和绝对年代，相对年代是表示地质事件发生的先后顺序；绝对年代是表示地质事件发生至今的年龄（同位素年龄）。在工程上主要是确定地层年代。

2.1.1　地层相对地质年代的确定

　　地层是指在一定地质时期内先后形成的具有一定层位的层状和非层状岩石的总称，它与岩层的区别主要是地层含有时间概念，同时一个地层单位可以包含几种岩性不同的岩层。野外工作确定地层相对年代，即新老关系，有下列三种方法。

　　(1)地层层序律(地层层序法)。根据沉积岩的形成原理，未经构造变动时的层状大都是水平岩层，且老岩层在下，新岩层在上[见图 2-1(a)]。当岩层因构造运动而发生倾斜但未倒转时，同样的下部地层老，上部地层新[见图 2-1(b)]。

(2)生物层序律(古生物化石法)。沉积岩中常保存着地质历史时期生物遗体和遗迹——化石。其中可作为确定地质年代的已灭绝的古生物化石称为标准化石。标准化石一般延续时间较短,主要特征明显,分布较广,并容易采集到。在漫长的地质历史时期内,生物从无到有,从简单到复杂,从低级到高级发生不可逆转的演化。不同时代形成的地层含有不同类型的化石,据此可确定地层的相对年代。

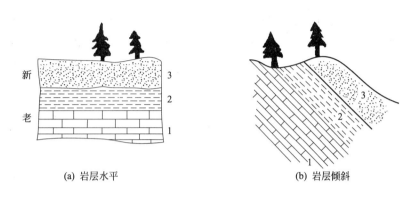

(a) 岩层水平　　　　　　　　　(b) 岩层倾斜

图 2-1　岩层层序律(岩层层序正常时)

注:1、2、3 依次从老到新。

(3)切割律。不同时代的岩层或岩体常被侵入穿插,侵入者年代新,被侵入者年代老,切割者年代新,被切割者年代老(见图 2-2)。

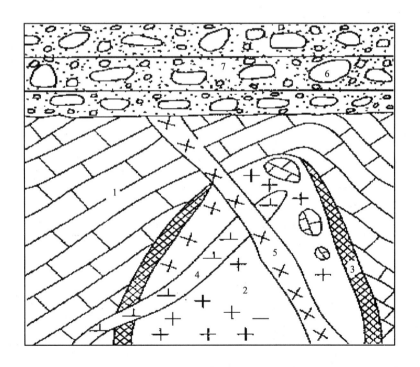

图 2-2　运用切割确定岩石形成顺序

1—石灰岩,最早形成;2—花岗岩,形成晚于石灰岩,并有石灰岩捕掳体;
3—硅卡岩,形成时间同花岗岩;4—闪长岩,晚于花岗岩形成;
5—辉绿岩,晚于闪长岩形成;6—砾石,早于砾岩形成;7—砾岩,最晚形成

2.1.2 地层绝对年代的确定

根据地层中所含放射性元素的蜕变速率特征确定。

2.1.3 地质年代表

通过对全球各个地区地层划分和对比及对各种岩石进行同位素年龄测定等,按年代先后顺序进行系统性的编年,便建立起目前国际上通用的地质年代表(见表 2-1)。

表 2-1 通用地质年代表

地质年代			距今年龄 /百万年	地壳运动	生物界	
代	纪	世			植物	动物
新生代 (Kz)	第四纪(Q)	全新世(Q₄)	0.01	喜马拉雅运动	被子植物	人类
		晚更新世(Q₃)	0.1			
		中更新世(Q₂)	1			
		早更新世(Q₁)	2~3			
	第三纪(R)	晚第三纪 (N)	上新世(N₂)	25		哺乳 动物
			中新世(N₁)			
		早第三纪 (E)	渐新世(E₃)	40		
			始新世(E₂)	60		
			古新世(E₁)	80		
中生代 (Mz)	白垩纪(K)	晚白垩世(K₂)	140	燕山运动	裸子植物	爬行 动物
		早白垩世(K₁)				
	侏罗纪(J)	晚侏罗世(J₃)	195			
		中侏罗世(J₂)				
		早侏罗世(J₁)				
	三叠纪(T)	晚三叠世(T₃)	230	印支运动		
		中三叠世(T₂)				
		早三叠世(T₁)				
古生代 (Pz)	晚古生代 (Pz₂)	二叠纪 (P)	晚二叠世(P₂)	280	海西运动	蕨类植物	两栖类动物
			早二叠世(P₁)			
		石炭纪 (C)	晚石炭世(C₃)	350		
			中石炭世(C₂)			
			下石炭世(C₁)			
		泥盆纪 (D)	晚泥盆世(D₃)	410		鱼类
			中泥盆世(D₂)			
			早泥盆世(D₁)			
	早古生代 (Pz₁)	志留纪 (S)	晚志留世(S₃)	440	加里运动	孢子植物 高级藻类	海生 无脊椎动物
			中志留世(S₂)			
			早志留世(S₁)			
		奥陶纪 (O)	晚奥陶世(O₃)	500		
			中奥陶世(O₂)			
			早奥陶世(O₁)			
		寒武纪(Є)	晚寒武世(Є₃)	600		
			中寒武世(Є₂)			
			早寒武世(Є₁)			
元古代 (Pt)	晚元古代	震旦纪(Z)	800	吕梁运动	真核生物(绿藻)	
	早元古代		2500			
太古代 (Ar)			4000	五台运动	原核藻类(菌藻类)	
			4600		无生物	

2.1.3.1　地质年代表

地质年代表使用不同级别的地质年代单位和地层年代单位。地质年代单位，按级别从大到小可分为：宙、代、纪、世等。

（1）宙是地质年代最大的单位，根据生物演化，把距今 6 亿年前仅有原始菌藻类出现的时代称为隐生宙，距今 6 亿年以后称为显生宙，它是地球上生命大量发展和繁荣的时代。

（2）代是地质年代的二级单位。隐生宙划分为两个代即太古代和元古代。显生宙分成三个代，即古生代、中生代和新生代。

（3）纪是地质年代的三级单位，每个代中分为若干个纪。

（4）世是纪的次一级地质年代单位。

相应的地层年代单位分别是：宇、界、系、统。例如，与代相应时段形成的岩石地层单位为界。如古生代形成的地层为古生界。与纪相应时段内形成的岩石地层单位称为系，如三叠纪时期形成的地层称为三叠系。与世相应的地层年代单位称为统。

同一个地质年代可细分为早和晚或早、中、晚，对应的地层年代分为下和上或下、中、上。如代号 T_3，地质年代为早三叠世，地层年代则为下三叠统。

各个代（界）、纪（系）、世（统）延续时间不一（见表 2-1），总趋势是年代越老，时间间距越长，年代越新时间间距越短。这是因为年代越新者保留下来的地质事件的记录——地层越全，年代越新生物进化的速度加快，有利于地质年代的细分。

2.1.3.2　其他有关说明

（1）地质年代表（表 2-1）中地壳运动一栏是表示世界和我国主要地壳运动的时间段名称。它们都是以最早发现并经过详细研究的典型地区的地名来命名的。它只是表示时间概念。如燕山运动，在华北燕山地区表现得最强烈、最完整，从侏罗纪早期开始到白垩纪末结束，地壳活动频繁，岩层发生褶皱、断层，以及有大范围的岩浆侵入和喷出，因此得名。在全国其他地区这一时段发生的构造运动，都称为燕山运动。在欧洲则称为阿尔卑斯运动。

（2）地质年代中的符号是采用英文缩写来表示的，如古生代（界）（Paleozoic），用 P_z 表示。寒武纪（系）（Cambrian）的第一个字母是 C，但为了与石灰纪相区别，我国确定采用 $\in$（读作 Kan）。

地层单位除了国际性单位外，还有地方性地层单位，地方性地层单位可分为群、组、段等不同级别。

2.2　岩层产状与地层接触关系

岩层在地壳的空间方位和产出状态称为岩层产状。大部分沉积岩形成于广阔平坦的沉积盆地中，其原始状态多呈水平或近于水平，并且老岩层先形成在下，新岩层后形成在上，这种层位称为正常层位，但由于构造运动的作用，常有岩层发生改变，形成倾斜、直立、甚至倒转的岩层。

2.2.1 岩层产状分类

2.2.1.1 水平岩层

水平岩层基本上是一个平面，即岩层的同一层面处的海拔高度基本相同（见图 2-3），在广阔的海底、湖盆、盆地中沉积的岩层，其原始产状大都是水平或近于水平的。在水平岩层地区，如果未受侵蚀或侵蚀不深，地表往往只能见到最上面较新的地层；只有在受切割很深的情况下，才路出下面较老的岩层。

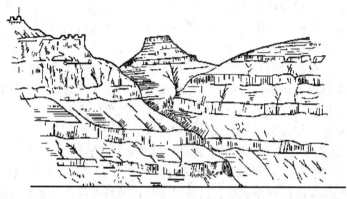

图 2-3 水平岩层

2.2.1.2 倾斜岩层

岩层层面与水平面有一定夹角（0～90°）的岩层称为倾斜岩层。例如在沉积盆地的边缘形成的岩层，某些在山坡山口形成的残积、洪积层，某些风力、冰川形成的岩层，堆积在火山口周围的熔岩或火山碎屑等，常常是原始堆积时就是倾斜的。但是大多数情况下，岩层是受到构造运动而发生变形变位，使之形成倾斜的产状。若在一定范围内岩层的产状大体一致，则称为单斜岩层。单斜岩层往往是褶皱构造的一部分。

2.2.1.3 直立岩层

直立岩层是指岩层层面与水平面正交或近于正交的岩层，即直立起来的岩层。在强烈构造运动挤压下，常可形成直立岩层。

2.2.1.4 倒转岩层

岩层翻转、老岩层在上而新岩层在下的岩层，称为倒转岩层。这种岩层主要是在强烈挤压下岩层褶皱倒转过来形成的。

2.2.2 岩层产状要素

2.2.2.1 岩层的产状要素

岩层的产状是以岩层面在三度空间的延伸方位及其倾斜程度来确定的，除水平岩层成水平状态产出外，一切倾斜岩层的产状均以其走向、倾向和倾角三个要素的数值来表示（见图 2-4）。任何其他面状构造或地质体界面的产状，都可用上述产状要素表示。

（1）走向。岩层层面与水平面相交的线叫走向线（见图 2-4 中的 *AOB* 线）。走向线两端所指的方向即为岩层的走向。所以，岩层走向有两个方位角数值，如 NE30°和 SW210°。岩层的走向表示岩层在空间的水平延伸方向。

（2）倾向。岩层层面上与走向垂直并沿倾斜面指向下方的直线叫倾斜线（见图 2-4 的 *OD* 线）。倾斜线在水平面上的投影线（*OD′*）所指的方向，就是岩层的倾向。

（3）倾角。岩层的倾斜线与其在水平面上的投影线之间的夹角就是岩层的倾角（见图 2-4 中 *α* 角）。

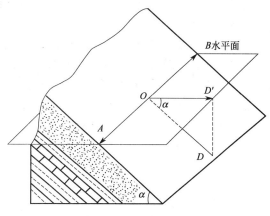

图 2-4　岩层产状要素

2.2.2.2　岩层产状要素的量测和表示方法

（1）产状要素的量测。岩层产状要素用地质罗盘量测，图 2-5 为地质罗盘，图 2-6 表示用地质罗盘量测产状要素的方法。

① 测走向。将罗盘仪的长边（平行南北刻度线的仪器外壳的边缘）紧靠岩层层面，罗盘水平，待磁针静止，读指北针或指南针所指的方位角度数，就是走向的方位。

② 测倾向。将罗盘仪的短边紧靠岩层层面，罗盘水平，待磁针静止，读指北针所指的方位角度数，就是所测之倾向方位。

图 2-5　地质罗盘

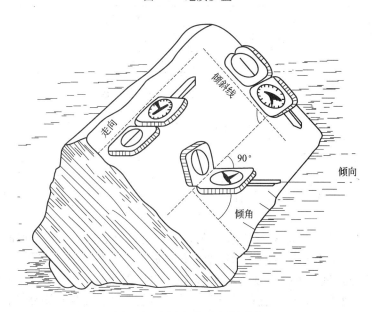

图 2-6　岩层产状要素的测量

③ 测倾角。将罗盘仪竖起。其长边沿倾斜线方向紧靠层面。待测角水泡居中，读指针所指的度数，即为所测之倾角。

(2) 岩层产状要素表示方法。可用文字和符号两种方法表示。由于地质罗盘上方位标记有用象限角的，也有用 360° 的方位角的，因此文字表示方法也有两种。一种是方位角表示法，一般只测记倾向和倾角。如 SW205°∠25°，即倾向为南西 205°，倾角 25°。另一种是象限角表示法，以北和南的方向作为 0°，一般测记走向、倾角和倾向象限。如 N65°W∠25°SW，走向为北偏西 65°，倾角为 25°，向南西倾斜。在地质图上，岩层产状要素是用符号来表示。如 ⊥30°：长线表示走向，短线表示倾向，数字表示倾角。长短线必须按实际方位画在图上。

2.2.3 地层接触关系

上下地层接触关系反映了不同地质时代地层在空间上的接触形式和时间上的发展状况，是地质构造的证据，反映了岩石生成及构造变动的特征。

2.2.3.1 沉积岩层间的接触关系

(1) 整合接触。当一个地区长期处于地壳运动相对稳定的条件下，即沉积盆地缓慢下降，或虽上升但未超过沉积基准面以上，或地壳升降与沉积处于相对平衡状态，沉积物则一层层连续沉积而没有沉积间断。这样一套相互平行或近于平行的新老地层之间的接触关系，称为整合接触（见图 2-7）。其主要特征是：地层连续，岩层是相互平行的，时代是连续的，岩性和生物演化递变，产状基本一致。

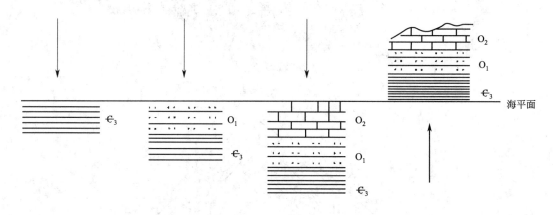

图 2-7　整合接触

(2) 不整合接触。是上下两套地层时代不连续，缺失了某此时代的地层。不整合面上下两套地层之间的沉积间断，代表地质历史中一定的时间间隔。在此期间，或者是由于区域上升而没有接受沉积，后者是已沉积的地层又被剥蚀。不整合接触可分平行不整合接触和角度不整合接触。

① 平行不整合接触。主要表现为不整合面上下两套地层产状一致，但时代不连续，缺失了某此时代的地层，是地壳升降运动周期变化造成的（见图 2-8）。

② 角度不整合接触。主要表现为不整合面上下两套地层产状不一致，且时代不连续，缺失了某此时代的地层。它标志着在形成下部的老地层后，曾发生过剧烈的构造运动，致使老地层产生褶皱、断裂，地壳上升遭受风化剥蚀，形成剥蚀面。而后地壳下降至水面以下接

受沉积，形成新地层（见图 2-9）。

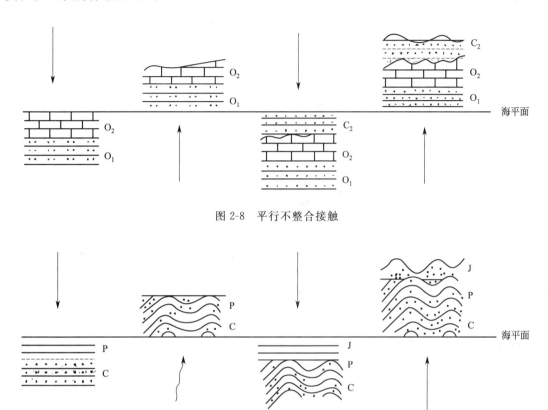

图 2-8　平行不整合接触

图 2-9　角度不整合接触

2.2.3.2　岩浆岩与沉积岩层间的接触关系

沉积岩与岩浆岩之间有以下两种接触关系。

（1）侵入接触。是岩浆体侵入沉积岩层中，使围岩发生变质现象，说明岩浆侵入体的形成时间晚于变质的沉积岩层的地质年代（见图 2-10）。

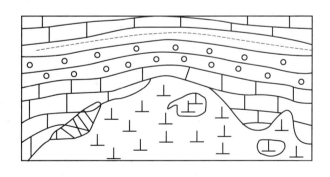

图 2-10　侵入接触

（2）沉积接触。是岩浆岩形成后，经长期的风化剥蚀，后来在剥蚀面上又产生新的沉积，剥蚀面上部的沉积岩层无变质现象，而在沉积岩的底部往往存在有由岩浆岩组成的砾岩或风化剥蚀的痕迹。这说明岩浆岩的形成年代早于沉积岩的年代（见图 2-11）。

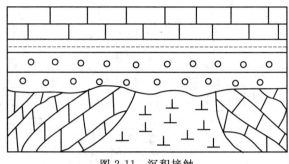

图 2-11 沉积接触

2.3 褶皱构造

原始产状的岩层在构造运动所产生的地应力（构造应力）作用下，形成一系列的波状弯曲，称为褶皱构造（见图 2-12）。褶皱构造是岩层在地壳中广泛发育的地质构造形态之一，它在层状岩石中表现得最明显。褶皱形态多样，规模大小不一，大者延续几十至几百公里，小者在显微镜下可观察。

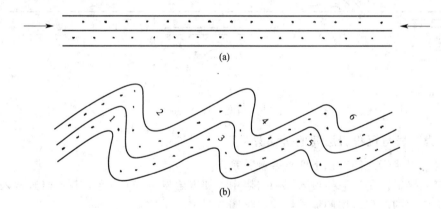

图 2-12 褶皱构造

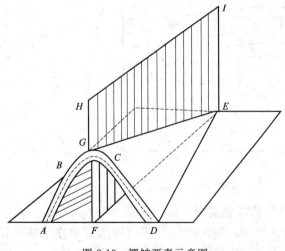

图 2-13 褶皱要素示意图

2.3.1 褶皱要素

褶皱构造中的一个向上或向下弯曲称为褶曲，它是组成褶皱构造的基本单位。为了研究和描述褶皱形态及空间展布特征，首先要弄清褶曲的各种组成部分（称为褶曲要素或褶皱要素）及其相互关系（见图 2-13）。

（1）核部。是指褶皱中心部位的地层，如图 2-13 中被 ABGCD 包围的内部岩层。

（2）翼部。是指褶皱两侧的地层，一个褶皱有两个翼，如图 2-13 中的

AB、CD。

（3）轴面。轴面是假想平分褶皱两翼的平分面。它可以是平面，也可以是曲面。轴面产状和任何构造面产状一样，是用其走向，倾向和倾角来确定的。如图 2-13 中的 $EFHI$。

（4）枢纽。是轴面与岩层层面的交线。枢纽可以是直线，也可以是曲线，可以是水平线，也可以是倾斜线，如图 2-13 中的 EG。

（5）转折端。这指从一翼向另一翼过渡的部分。如图 2-13 中的 BGC。

2.3.2 褶皱的基本类型及特征

褶皱的类型有很多，但其基本类型包括背斜和向斜（见图 2-14）。

（1）背斜。在形态上岩层向上弯曲，一般两翼岩层相背向外倾斜，核部岩层时代老，两翼岩层依次变新并呈对称分布。

（2）向斜。在形态上岩层向下弯曲，一般两翼岩层相对向内倾斜，核部岩层时代新，两翼岩层依次变老并呈对称分布。

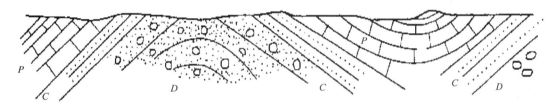

图 2-14 遭受剥蚀的褶皱的背斜和向斜

2.3.3 褶皱的形态分类

2.3.3.1 根据轴面和两翼产状分类

（1）直立褶皱。轴面近于直立，两翼岩层倾向相反，倾角大小近于相等 [见图 2-15(a)]。

（2）倾斜褶皱。轴面倾斜，两翼岩层倾斜方向相反，倾角大小不等 [见图 2-15(b)]。

（3）倒转褶皱。轴面倾斜，两翼岩层向同一方向倾斜，倾角大小不等。其中一翼岩层为

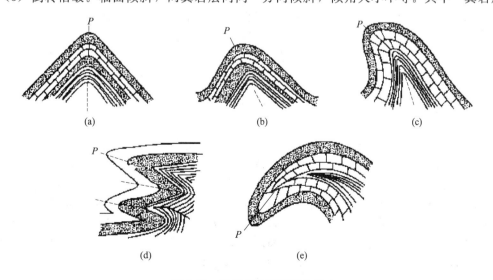

图 2-15 褶皱的轴面产状分类

正常层序，另一翼岩层倒转［见图 2-15(c)］。

(4) 平卧褶皱。轴面近于水平，一翼岩层为正常层序，另一翼岩层为倒转层序［见图 2-15(d)］。

(5) 翻卷褶皱。轴面为一曲面［见图 2-15(e)］。

2.3.3.2 根据枢纽产状分类

(1) 水平褶皱。枢纽近于水平；两翼岩层走向平行一致［见图 2-16(a)］。

(2) 倾伏褶皱。枢纽倾伏，两翼岩层走向呈弧形相交，背斜弧形的尖端指向枢纽倾伏方向，向斜弧形的开口方向指向枢纽的倾伏方向［见图 2-16(b)］。

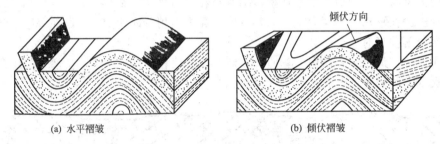

(a) 水平褶皱　　　　　　　　　　(b) 倾伏褶皱

图 2-16　水平褶皱和倾伏褶皱

2.3.4　褶皱的野外识别

野外进行地质调查及地质图分析时，为了识别褶皱，首先可沿垂直于岩层走向的方向进行观察，查明地层的层序，确定地层的时代并测量岩层的产状要素，然后根据以下三点分析判断是否有褶皱存在，并确定是向斜还是背斜。

(1) 地层分布规律。褶皱两翼地层对称重复出现。若某地两侧有重复岩层出现，则可确定有褶皱存在。若岩层重复但不对称，则可能是断层。

(2) 判断背斜还是向斜。对于背斜，自核部向两翼方向，地层年代总是由老到新；向斜则相反，自核部向两翼方向地层年代总是由新到老。

(3) 岩层产状分布规律。对直立褶皱和倾斜褶皱而言，背斜两翼岩层倾向相反。而且都是向外部倾斜；向斜两翼岩层倾向也相反，但向核部中心倾料。倒转褶皱和平卧褶皱，则不存在这种产状特征。

综上所述，野外观察识别时，首先判断褶皱存在与否，然后区别背斜与向斜，最后确定它的形态特征。

2.3.5　褶皱构造的工程地质评价

褶皱构造在地壳中广泛分布，在强烈褶皱区对工程建设影响较大，容易遇到各种各样的工程地质问题。褶皱的核部是岩层强烈变形的部位，一般在背斜的顶部和向斜的底部发育有拉张裂隙，这些裂隙把岩层切割成块体。在变形强烈时，沿褶皱核部常有断层、节理发育，使岩石破碎，岩石强度降低，渗透性增强，所以工程地质条件较差。此外，地下水多聚积在向斜核部，背斜核部的裂隙也往往是地下水富集和流动的通道。因此在水利工程、隧道工程或桥梁工程等选址时，应尽量避开背、向斜的核部地段。

褶皱的翼部，会出现另一类工程地质问题。褶皱两翼岩层倾斜容易造成顺层滑动，特别是当岩层倾向与地形坡向一致（顺向坡），且岩层倾角小于坡角，或岩层中夹有如页岩、云母片岩、滑石片岩等软弱夹层等时，斜坡稳定性差，应慎重对待。

褶皱的规模、形态、形成条件和形成过程各不相同，而工程所在地往往是褶皱构造的局部部位。对比和了解褶皱构造的整体乃至区域特征，对于选址、选线及防止突发性事故是十分重要的。

2.4 断 裂 构 造

岩石受力后发生变形，当作用力超过岩石的强度时，岩石的连续性和完整性将遭到破坏而发生破裂，形成断裂构造。断裂构造也是地壳中广泛分布的地质构造，包括节理和断层。

2.4.1 节理（裂隙）

节理是指岩石受力破裂后，沿破裂面无明显位移的断裂构造。它较断层更为普遍。节理规模大小不一，常见的为几十厘米至几米，长的可延伸几百米，甚至上千米。节理的分布是有一定规律的，它们常常成群、成组出现。将相同且相互平行的节理称为一个节理组。在成因上有联系的几个节理组构成节理系，它们把岩石切割成不同形状和大小不等的块体。

岩石中的节理发育是不均匀的。影响节理发育的因素很多，主要取决于构造变形的强度、岩石形成时代、力学性质、岩层的厚度及所处的构造部位。例如，在岩石变形较强的部位，节理发育较为密集。同一个地区形成时代较老的岩石中节理发育较好，而形成时代新的岩石中节理发育较差。岩石脆性大而厚度小时节理易发育。在断层带附近及褶皱核部，往往节理较发育。节理的空间位置可用节理的走向，倾向及倾角而定。

节理的类型比较多，按其成因可分为原生节理和次生节理，次生节理又包括非构造节理和构造节理；按其形成的力学性质可分张节理和剪节理；按其与所在岩层的产状关系可分为走向节理、倾向节理、斜向节理和顺层节理。

2.4.1.1 按节理的成因分类

节理按其成因可分为原生节理和次生节理。其中次生节理又包括非构造节理和构造节理。

（1）原生节理。是岩石在成岩过程中形成的裂隙。如玄武岩中的柱状节理是其在形成时岩浆喷发至地表后冷却收缩而产生的六棱柱状、五棱柱状或其他不同形状的节理。

（2）次生节理。是岩石形成后产生的节理。次生节理又分为非构造节理和构造节理。

① 非构造节理。指由外力地质作用或人为因素使岩石受力而形成的裂隙，如岩石风化、岩坡变形破坏、河谷边坡卸荷等形成的裂隙。非构造裂隙仅限地表，规模一般不大，分布也不规则。

② 构造节理。是指由地壳运动产生的构造应力作用而形成的节理，构造节理在岩体中广泛分布，对其工程地质性质影响较大。

2.4.1.2 按节理形成的力学性质分类

节理按其形成的力学性质可分张节理和剪节理，它们均属于构造节理（见图2-17）。

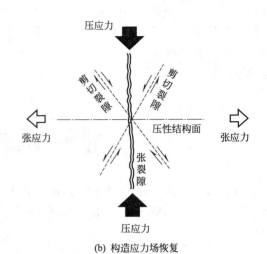

(a) 岩体中的剪切节理　　　　　　　　(b) 构造应力场恢复

图 2-17　岩石中的构造节理

（1）张节理。是在张应力作用下形成的破裂面，多发育于褶皱轴部等张应力集中部位，张节理往往弯弯曲曲，走向变化不定，多呈锯齿状。它具有张开的裂口，裂口上宽下窄并往下部尖灭，节理面粗糙不平，延伸不远，相邻两节理间距较大等特点。平面上呈现中间宽、向两端逐渐变窄的透镜状。

（2）剪节理。是由剪应力作用形成的破裂面。节理两壁闭合紧密，两侧岩块有微小位移。节理面平直光滑，常具擦痕。剪节理沿走向和倾向延伸较远，一般发育密集，间距较小，在岩石中往往成对出现，形成"X"节理或共轭节理。其发生的位置一般是在与主应力方向呈 $(45°-\varphi/2)$ 的平面上。

2.4.1.3　按节理与所在岩层产状之间的关系分类

（1）走向节理。是节理走向与岩层走向平行（见图 2-18 中编号为 1 和 2 的节理）。

（2）倾向节理。是节理走向与岩层走向垂直（见图 2-18 中编号为 3 的节理）。

（3）斜向节理。是节理走向与岩层走向斜交（见图 2-18 中编号为 4 和 5 的节理）。

（4）顺层节理。是节理面大致平行于岩层层面（见图 2-18 中编号为 6 的节理）。

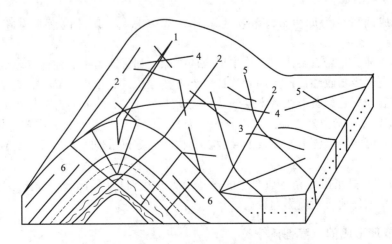

图 2-18　节理与所在岩层产状之间的关系

2.4.1.4 节理的观测与统计

对节理性质、分布规律及产状进行观测与统计的目的是为了研究和评价岩体稳定性，判断节理对工程建设的影响。节理观测点一般应选择在构造特征清楚、发育良好的露头上，为了便于大量观测，露头面积最好不小于 $10m^2$。观测记录内容包括节理的产状、粗糙度、节理密度、节理充填物和测量节理间距以及测量节理的持续性等。

其中节理密度（线密度）是指在垂直于节理走向方向 1m 距离内节理的数目（条数/m），线密度的倒数即为节理的平均间距，二者都是评价岩体质量的重要指标。节理的充填物一般有泥质、方解石脉、石英岩脉等。除泥质外，其余充填物一般对节理裂隙起胶结作用，有利于它的稳定。泥质遇水软化起润滑作用不利于岩体稳定，因此还要同时观察其含水状态（干、湿、滴水、流水）和裂隙张开程度，后者对估计地下水涌水量有重要参考价值。节理持续性是指节理裂隙的延伸程度，持续性愈好的节理对工程影响愈大。

为了反映不同构造部位节理的发育分布规律，通常将观测点实测节理产状资料分组整理统计，绘制成图。其中，节理走向玫瑰图，为最简明的一种方法（见图 2-19）。即在一半圆上分画 0～90°和 270°～360°的方位，把所测得的节理走向按 10°分组并统计每一组内节理数和平均走向。按各组平均走向，自圆心沿半径以一定长度代表每一组的节理数，然后用折线相连，即得节理走向玫瑰花图。

图 2-19 中表明测区内走向 NE10°～20°、NW310°～320°和 NE70°～80°三个方位的节理最为发育。

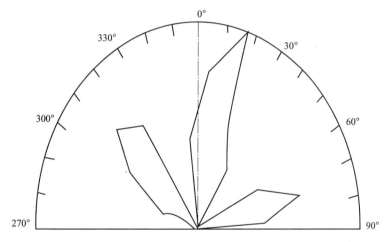

图 2-19　节理走向玫瑰花图

2.4.1.5 节理对工程的影响

节理是一种发育广泛的裂隙。节理将岩石切割成块状，这对岩体强度和稳定性有很大的影响。节理间距越小，岩体越破碎，岩体承载力将明显降低。岩层中发育的节理也是地下水的通道，同时也会加快风化作用的进程。随着岩石风化程度的加强和水对岩石的浸泡软化，岩石质地变软、强度降低。因此，选择建筑场地应尽量避开节理发育地段。

2.4.2 断层

断层是指岩石受力破裂后，沿破裂面两侧岩块发生明显位移的断裂构造。断层是地壳中最重要的一种地质构造，规模有大有小，小的在岩石标本上可看到，大者可延长数百、数千公里。大的断层对工程建筑物的影响很大，可常常造成工程岩体（即边坡岩体、隧洞围岩和地基岩体）失稳和水利工程产生严重渗漏。

2.4.2.1 断层要素

断层的各个组成部分称为断层要素，包括断层面、断层线、断层盘和断距等（见图 2-20）。

（1）断层面。是指相邻两岩块断开并沿其滑动的破裂面。它的空间位置可由其走向、倾向、倾角决定。断层面可以是平面，也可以是弯曲面。断层面还常常表现为具有一定宽度的破碎带，并可由许多破裂面组成，称为断层带。断层带宽度不一，自几米至数百米。一般断层规模愈大，形成的断层带愈宽。

（2）断层线。是指断层面与地面的交线。

（3）断层盘。是指断层面两侧相对移动的岩块，一般分为上盘与下盘，也有上升盘与下降盘之分。当断层面直立或断层性质不明的，以方位表示断盘。例如断层走向为东西方向，则可分出北盘与南盘。

（4）断距。是断层两盘岩块沿断层面相对移动的距离，即岩层原来同一点错开、位移的距离。

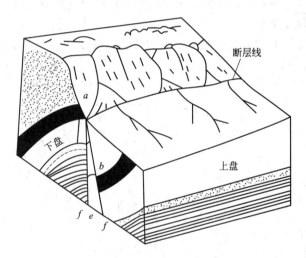

图 2-20　断层要素图

a、b—断距；e—断层破碎带；f—断层影响带

2.4.2.2 断层的类型

（1）按断层两盘相对运动的方向分类

① 正断层。是指沿断层面倾斜线方向，上盘相对下降，或下盘相对上升的断层［见图 2-21(a)］。这种断层一般是由岩层受到张应力和重力作用形成的。因此，正断层的特点是断层带破碎较宽，并常有棱角状、大小不一的破碎岩块，此岩块称为断层角砾，胶结后形成断层角砾岩。正断层面的倾角通常大于 45°。近年研究证实，某些断层面陡立的大型正断层，向地下深处产状逐渐变缓。

② 逆断层。是指沿断层倾斜方向，上盘相对上升，或下盘相对下降的断层［见图 2-21(b)］。逆断层一般是在两侧受到近于水平的挤压力作用下形成的，由于形成的力学条件与褶皱近似，所以多与褶皱伴生。倾角大于 45°的逆断层称为冲断层，倾角小于 45°的称逆掩断层。规模巨大，同时上盘沿波状起伏的低角度断层面作远距离推移（数公里至数十公

里）的逆掩断层，称为推覆构造。

③ 平移断层。是指断层两盘沿断层走向方向发生位移的断层［见图 2-21(c)］。平移断层断层面倾角通常很陡，近于直立。大型平移断层称走向滑动断层或简称走滑断层，它们规模巨大，延伸长达数百公里甚至数千公里。例如北美西部圣安德列斯走滑断层，其走向北北西，延伸约 2000km，右行平移距离达 500km，从白垩纪至今仍在活动，形成世界著名的地震活动带。

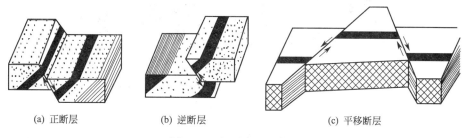

(a) 正断层　　　　　(b) 逆断层　　　　　　(c) 平移断层

图 2-21　断层类型示意图

需要指出的是断层两盘相对移动并非是单一的上、下或者沿水平方向进行，而经常出现沿断层面作斜向滑动，这时的断层兼具有正（或逆）及平移性质。

(2) 断层组合类型。同一地区在同一应力的作用下，断层往往形成有规则的排列组合，常见的断层的组合形式有：

① 阶梯状断层。是由若干条产状大致相同的正断层平行排列而成（见图 2-22）。阶梯状断层一般发育在上升地块的边缘。

② 地堑与地垒。地堑一般是两条正断层有一个共同的下降盘；地垒一般是两条正断层有一个共同的上升盘。地堑在地貌上呈狭长的谷底、盆地与湖泊，如我国的汾、渭地堑，世界上著名的莱茵地堑和贝加尔湖地堑等。地垒常呈断块隆起的山地，如江西庐山。

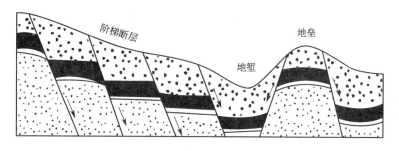

图 2-22　地垒、地堑及阶梯状断层

③ 叠瓦式构造。是一系列产状大致相同平行排列的逆断层的组合形式（见图 2-23）。各断层的上盘依次逆冲形成像瓦片般的叠覆。叠瓦式构造中各断层面的倾角向下变缓，在深处有时收敛成一条主干大断层。

2.4.2.3　断层存在的标志

大部分断层在形成后遭受外力地质作用剥蚀和被松散沉积物覆盖，认识它们比较困难。因此，需要依据一些标志来判断和证实断层的存在。判断断层存在的标志，主要是地层和构造方面的依据，其次是地貌、水文等方面。

(1) 地质体不连续。岩层、岩体、岩脉、变质岩的片理等沿走向突然中断、错开而出现不连续现象，说明可能存在断层（见图2-24）。地层沿倾向方向在层序上发生不正常的缺失或不对称的重复，也往往是断层存在的标志。

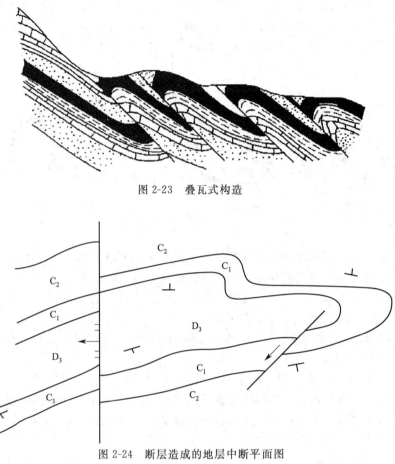

图2-23　叠瓦式构造

图2-24　断层造成的地层中断平面图

⊥地层产状；　╱正断层；　平移断层

（2）断层面（带）的构造特征。

① 镜面、擦痕与阶步。断层面表现为平滑而光亮的表面称镜面。断层面上出现平行且均匀细密排列的沟纹称为擦痕。镜面和擦痕是断层两盘岩块相对错动时在断层上因摩擦和碎屑刻画而留下的痕迹。阶步是指断面上与擦痕垂直的微小陡坎，是顺擦痕方向局部阻力的差异或因断层间歇性运动的顿挫而形成（见图2-25）。阶步又分为正阶步和反阶步，它们可指示断层两盘动向。

② 牵引构造。是指断层两盘相对运动时，断层附近岩层因受断层面的摩擦力作用而发生弧形弯曲的现象（见图2-26）。牵引褶皱弧形弯曲突出的方向一般指向本盘的相对运动方向。

③ 断层岩（构造岩）。断层岩是指断层带中因断层动力作用被破碎、研磨，有时甚至发生重结晶作用而形成的岩石，如断层角砾岩、碎裂岩、糜棱岩等。

断层角砾岩由断层两盘岩石的碎块组成，由磨碎的岩屑、岩粉及地下水带来的钙质、硅质和铁质胶结。

（3）地貌和水文等标志。由于断层两盘的差异性升降运动，常形成陡立的峭壁（即断层崖），若断层崖后来受到水流的切割、侵蚀，往往形成沿断层走向分布的一系列三角形陡崖，

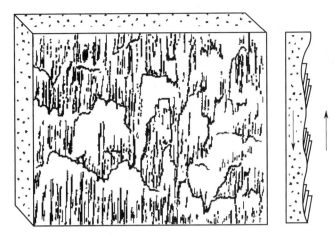

图 2-25　镜面、擦痕与阶步

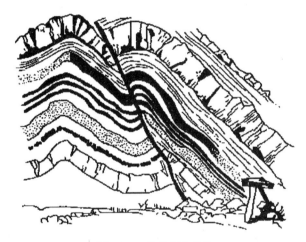

图 2-26　牵引弯曲构造

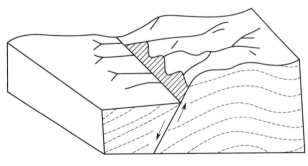

图 2-27　断层三角面

即断层三角形面（见图 2-27）。

另外，串珠状分布的湖泊、洼地和带状分布的泉水等都可能是断层存在的标志。

2.4.3　断裂构造的工程地质评价

岩体是指在地质历史过程中形成的，由岩石单元体（或称为岩块）和结构面网络组成的，具有一定结构特征的地质体。岩体被不同方向、不同性质、不同时代的断裂构造切割（如有层面、片理面、软弱夹层等切割，则更复杂），增加了不连续体的复杂性。岩体中断层面、破碎带、节理面、层面、片理面、软弱夹层等为岩体中的不连续面，也是岩体中力学强度相对较低的地质界面，称为结构面。水利工程的边坡稳定、隧洞围岩的稳定，以及地基稳定与渗漏都与岩体的结构特征密切相关。

结构面是影响岩体稳定性最重要的因素，尤其是断层破碎带强度低、透水性强。同时，断层破碎带既是地下水的通道，也会对风化作用起着加速进行的效应，使断层破碎带及其附近的岩石工程地质性质进一步恶化。因此，断裂构造对工程建设十分不利。特别是在水利工程建设中，选择坝址、确定渠道及隧洞线路时应考虑调整其轴线位置，以减轻断层对工程的不利影响。水库区如有大的断层切穿分水岭并延伸到较低邻谷，则有沿断层产生渗漏的可能。道路工程建设中，选择线路、桥址和隧洞位置时应尽可能避开断层破碎带。

断层发育地区修建隧洞最为不利。当隧洞轴线与断层走向平行时，应尽量避开断层破碎带，而当隧洞轴线与断层走向垂直时，为避免和减少危害应预先考虑支护和加固措施。由于开挖隧洞代价较高，为缩短其长度，往往将隧洞选择在山体较狭窄的鞍部通过。从地质角度考虑，这种部位往往是断层破碎带或软弱岩层发育部位，岩体稳定性差，属地质条件不利地段，应慎重对待。

2.5 地　震

地震是指由某些原因引起地壳震动的自然现象。地震，尤其是强烈地震是一种破坏力很强的自然灾害，除了地震直接引起的山崩、地裂、房倒屋塌、滑坡、泥石流、砂土液化、喷水冒砂之外，还会引起火灾、爆炸、毒气蔓延、水灾、瘟疫等次生灾害。由于地震所造成的社会秩序混乱、生产停滞、家庭破坏、生活困苦和人民心理的损害，往往会造成比地震直接损失更大的灾难。

新中国成立以来，对我国影响重大的地震（7级以上）达30多次，如1976年7月28日的唐山地震、1996年2月3日云南丽江地震、1999年9月26日台湾花莲西南地震、2008年5月12日汶川地震、2010年4月14日青海玉树地震、2013年4月20日雅安地震等，其中以1976年7月28日唐山地震和2008年5月12日的汶川地震伤亡最为惨重。唐山地震震级为里氏7.8级，破坏范围超过30万平方千米，有感范围波及14个省，死亡24.2万人，伤16.4万人，经济损失难以估量；汶川地震震级为里氏8级地震，整个东亚都有震感，死亡69227人，伤374643人，失踪17923人，直接灾区近230个县市，经济损失也是难以估量。地震给我们带来如此毁灭性的打击，由此可见研究地震、掌握预防和防治技术具有非常重大的意义。

地壳内部引起地震的地方称为震源；震源在地面上的垂直投影称为震中；从震源至震中的垂直距离称为震源深度；震中到地面上任一观测点（如地震台）的距离称震中距。地震所引起的震动自震源向各方向传播，其强度随距离的增加而递减。一般情况下，震中区受到震动的影响最大，距震中愈远，影响愈小，地面上受地震影响程度相同点的连线称为等震线。

2.5.1　地震的成因类型

形成地震的原因是多种多样的。地震按其成因，可分为天然地震与人工地震两大类型。天然地震又可分为构造地震、火山地震和陷落地震。

2.5.1.1　构造地震

构造地震是指由地壳运动所引起的地震。由于地壳运动，板块之间的相互挤压、拉伸、旋扭等，在岩层中会逐渐积累了能量，当能量达到或超过岩层所能承受的极限，岩层就会突然破裂和产生大的断裂位移，把积累在岩层中的能量释放出来，以地震波的形式引起地震。

构造地震是地震的最主要类型，约占地震总数的90%。其中最普遍的是地壳断裂活动引起的地震。这种地震大部分属浅源地震，也是破坏性最强的地震。如2004年的印度尼西亚海啸造成近30万人死亡，就是印度洋大地震引起的。

2.5.1.2　火山地震

火山地震是指由火山喷发和岩浆活动而引起的地震。这类地震一般强度较大，但影响范围小。火山地震约占地震总数的7%，火山地震在我国很少见，主要分布在日本、印度尼西亚及南美等地。

2.5.1.3　陷落地震

陷落地震是指由地层塌陷、山崩、巨型滑坡、洞穴崩塌等引起的地震。这种地震能量小，震级小，发生次数也少，约占地震总数的3%，它主要发生在岩溶区。

2.5.1.4　人工地震

人工地震是指由人类工程活动引起的地震。如修建水库、开采矿藏、人工爆破等都可能引起地震。而随着人类活动的日益加剧，人工地震也越来越引起人们的关注。

2.5.2　地震的震级与烈度

2.5.2.1　地震的震级

地震震级是按地震时震源所释放出的能量大小来确定的地震等级，是地震大小的一种度量，用"级"来表示。震级是通过地震仪的记录计算出来的，从0级到9级划分成10个等级，地震释放出来的能量愈多，震级就愈大。震级相差一级，能量相差约30倍。目前记录到的最大地震还没有超出8.9级。一般7级以上的浅源地震称为大地震；5级和6级的地震称为强震或中震；3级和4级的地震，一般不会造成灾害称为弱震或小震，3级以下地震为微震。

2.5.2.2　地震烈度

地震烈度是指地震时受震区地面和建筑物遭受破坏的强烈程度，用"度"表示。地震烈度的大小取决于地震发生时震源所释放的能量多少、震源深度、震中距以及地震波通过的介质条件（如岩石性质、地质构造、地下水埋深）等多种因素。地震工作部门根据地震发生时的现象和人的感觉、器物动态、建筑物损坏情况及地表现象，如山崩、地裂、滑坡等表现，将我国地震烈度划分为12度。

Ⅰ～Ⅲ：震动微弱，很少有人感觉；

Ⅳ～Ⅵ：震动显著，有轻微破坏，但不引起灾害；

Ⅶ～Ⅸ：震动强烈，有破坏性，引起灾害；

Ⅹ～Ⅻ：严重破坏地震，引起巨大灾害。

显然，一次地震，震级只有一个，但烈度却有无数个。一般地震震级愈高，震源深度愈小，距震中愈近，影响愈强烈，地震烈度愈高。反之，则影响就弱，烈度就低。

烈度愈高地面和建筑物遭受破坏愈强烈，Ⅵ度以下的地震一般对建筑物不会造成破坏，无需设防；Ⅹ度以上的地震过于强烈难以有效设防。因此，设防重点是Ⅶ、Ⅷ、Ⅸ度。在进行工程设计时，经常用的地震烈度有基本烈度和设计烈度。

（1）基本烈度。基本烈度是指某个地区今后一百年内，在一般场地条件下可能遭遇的最大地震烈度。基本烈度所指的地区，并不是一个具体的工程建筑物地区，而是指一个较大的范围。一般场地条件指上述地区普通分布的地层岩性、地形地貌、地质构造和地下水条件。

某一个建筑场地地震基本烈度的确定，可先由《中国地震动参数区划图》（GB 18306—2001）查得该场地的地震动峰值加速度，然后根据地震动峰值加速度的值确定相应的地震基本烈度，见表2-2。

表2-2　地震动峰值加速度与地震基本烈度对照表

地震动峰值加速度/g	<0.05	0.05	0.1	0.15	0.2	0.3	≥0.4
地震基本烈度	<Ⅵ	Ⅵ	Ⅶ	Ⅶ	Ⅷ	Ⅷ	≥Ⅸ

（2）设计烈度。设计烈度是指在基本烈度基础上确定的作工程设防依据的地震烈度。水工建筑物已有专门的抗震设计规范——《水工建筑物抗震设计规范》（DL 5073—2000），设计部门根据此规范确定设计烈度。如大型的永久性建筑物，一般设计烈度都比基本烈度有所提高，对中小型建筑物，设计烈度通常可直接采用基本烈度。对于临时性建筑物或次要建筑物，设计烈度可比基本烈度有所降低。

在同一基本烈度地区，由于建筑场地的岩性、地质构造、地下水等因素的不同，在同一次地震作用下，地震烈度也不同。因此，在确定地震对建筑物的影响时，应考虑场地因素对地震烈度的影响。

2.5.3　我国地震的分布及其特点

根据1000多年的地震历史资料及近代地震学研究分析，全球的地震分布极不均匀，主要是分布在3条地震带上（地震集中地地带称为地震带），即环太平洋地震带、地中海地震带和大洋中脊地震带。

我国东临环太平洋地震带，西部和西南部为阿尔卑斯-喜马拉雅地震带（属地中海南亚地震带），是一个地震多发的国家。我国的地震带主要分布在东南——台湾和福建沿海一带；华北——太行山沿线和京津唐渤海地区；西南——青藏高原；云南和四川西部；西北——新疆和陕甘宁部分地区。

我国地震活动频度高、强度大、震源浅、分布广，是世界上多地震的国家之一。地震灾害在世界上居于首位，同时地震灾害也是我国最主要的地质灾害。

我国的地震绝大多数是构造地震，其次为水库诱发地震。地震的分布基本上是循活动性断裂带分布的，有一定的方向性。其优势方向在中国东部为北北东方向，西部为北西向，中部为近南北向和东西向。我国西部主要的地震带有近东西向的北天山地震带、南天山地震带、昆仑山地震带、喜马拉雅山地震带和北西向的阿尔泰山地震带、祁连山地震带、鲜水河地震带、红河地震带等。中国东部最强烈的地震带为走向北北东的台湾地震带，向西依次是东南沿海地震带、郯城-庐江地震带、河北平原地震带、汾渭地震带和东西向的燕山地震带、秦岭地震带等。

2.5.4 地震对水利工程的影响及防震措施

2.5.4.1 地震对水利工程的影响

地震的危害早已为人们所了解。强烈的地震，可以在瞬间之内使城市和乡村沦为废墟。对水利工程建设来说，地震的破坏方式主要有以下两种。

（1）直接对工程的破坏。地震可使建筑物遭受到一种惯性力的作用，这就是地震波对建筑物直接产生的惯性力，称为地震力。建筑物在地震力的作用下可能发生变形、开裂，甚至倒塌。此时地震力的大小（P）等于地震加速度（a）与建筑物质量的乘积，即

$$P = a\frac{G}{g} = KG$$

式中　a——地震加速度；

　　　g——重力加速度，m/s^2；

　　　G——建筑物重力，kN；

　　　K——地震系数。

建筑物的破坏就是地震力过大的结果。此外，在一定条件下，建筑物震动的振幅愈来愈大（共振作用），亦是破坏原因之一。

（2）震坏地基和边坡等而导致工程的破坏。当地基抗震性能不好，边坡过陡或岩土软弱，则可能失去稳定而导致工程破坏。

此外，如地震引起的海啸、水灾、火灾等也可能引起工程破坏。

2.5.4.2 防震措施

（1）将水利工程避开大的断裂构造，特别是活动性断裂，是防止遭受地震破坏行之有效的方式。活动性断裂是指现在正在活动或最近地质时期（全新世）发生过活动的断裂，它往往是震源所在处。

（2）地基应尽量选择完整基岩，土质地基也以碎石类土、密实土较好，应尽量避开饱和粉细砂及淤泥等软弱地基，避开斜坡不稳定地段。

（3）对工程建筑进行抗震设防。

本章小结

地壳运动使地壳中的岩层发生变形、变位，形成褶皱构造、断裂构造和倾斜构造等，将这些构造行迹统称为地质构造。地质构造改变了岩层的原始产状，破坏了岩层或岩体的连续性和完整性，使工程建筑场地的地质环境复杂化，因此研究地质构造对工程建筑有着重要意义。

地层是指在一定地质时期内先后形成的具有一定层位的层状和非层状岩石的总称，它与

岩层的区别主要是地层含有时间概念，同时一个地层单位可以包含几种岩性不同的岩层。要弄清一个地区的地质构造，应先弄清楚该地区地层的相对年代和岩层产状。地层的相对年代表示地层形成的先后顺序，常用的地层年代单位有：界、系、统，其确定方法有：地层层序律、生物层序律和切割律。岩层产状是指岩层在地壳的空间方位和产出状态，可走向、倾向和倾角的岩层三要素表示。

上下地层接触关系反映了不同地质时代地层在空间上的接触形式和时间上的发展状况，是地质构造的证据，反映了岩石生成及构造变动的特征。沉积岩之间的接触关系有：整合、平行不整合和角度不整合；沉积岩与岩浆岩之间的接触关系有：侵入接触和沉积接触。

褶皱构造是指原始产状的岩层在构造运动所产生的地应力（构造应力）作用下，形成一系列的波状弯曲。褶皱要素主要包括：核部、翼部、轴面、枢纽和转折端等，其基本类型有：背斜和向斜。褶皱构造在地壳中广泛分布，在强烈褶皱区对工程建设影响较大，容易遇到各种各样的工程地质问题。选择建筑场地应尽量避开褶皱的核部，尤其是背斜的核部。

断裂构造是岩层在构造应力作用下发生破裂所形成的构造，包括：节理和断层。节理是指岩石受力破裂后，沿破裂面无明显位移的断裂构造。节理按其成因可分为原生节理和次生节理，其中次生节理又包括非构造节理和构造节理；按其形成的力学性质可分张节理和剪节理；按其与所在岩层产状之间的关系分为：走向节理、倾向节理、斜向节理和顺层节理。断层是指岩石受力破裂后，沿破裂面两侧岩块发生明显位移的断裂构造。断层的各个组成部分称为断层要素，包括断层面、断层线、断层盘和断距等。断层的主要类型有：正断层、逆断层和平移断层。褶皱构造的存在使岩体的完整性和连续遭受破坏，强度降低，透水性增强，将给工程建设带来不得影响。因此，选择建筑场地应尽量避开断裂构造发育地段。

地震是指由某些原因引起地壳震动的自然现象。地震按其成因，可分为天然地震与人工地震两大类型。天然地震又可分为构造地震、火山地震和陷落地震。强烈地震可造成工程建筑物损坏，因此对于重要的工程建筑物需进行抗震设防。

思考题

[2-1]　何谓岩层产状？岩层的产状要素如何量测？

[2-2]　什么是褶皱？背斜和向斜有什么基本特征？

[2-3]　研究褶皱的工程意义是什么？

[2-4]　什么是节理？它对工程有什么影响？

[2-5]　张节理和剪节理有何特征？

[2-6]　什么是断层？如何分类？

[2-7]　研究断裂构造有何工程意义？

[2-8]　什么是地震？地震按其成因可分为哪几种？

[2-9]　什么是地震震级与地震烈度？

[2-10]　如何确定建筑场地的地震基本烈度？水利工程的主要防震措施有哪些？

3 自然地质作用

本章提要

　　地质作用是指使地壳的组成物质、内部结构和地表形态等发生变化的各种作用。自然地质作用是指影响建筑物安全稳定或经济效益的地质灾害。本章仅介绍与水利工程建设密切相关的自然地质作用，包括风化作用、流水地质作用、岩溶、滑坡与崩塌等。

　　本章的重点是：岩石风化、河流侵蚀和淤积作用的防治，岩溶的分布规律与岩溶区的主要工程地质问题以及影响斜坡稳定的因素和斜坡变形破坏的防治。

3. 1　风 化 作 用

　　地表或接近地表的岩石在大气、水和生物活动等因素的影响下，使岩石遭受物理和化学的变化，称为风化。引起这种变化的作用，称为风化作用。风化作用会使出露地表的岩石逐渐崩解，分离成大小不等的岩石碎屑或土层。因此岩石的完整性将会遭受破坏，其强度降低、透水性与压缩性将会加大，从而对斜坡和地基的稳定性造成不利影响。

3.1.1　风化作用的类型

　　风化作用按其产生的原因可分为物理风化作用、化学风化作用和生物风化作用三种类型。

3.1.1.1　物理风化作用

　　物理风化作用是指因温度变化、岩石空隙中水的冻融以及盐类的结晶膨胀使岩石产生机械崩解过程。

　　风化作用的机械破坏主要是由温度变化引起的。在温度变化下，岩石或矿物产生胀缩过程引起机械力而产生的。白天：接受日光照射后，岩石会由于强烈增温而膨胀。当膨胀力大于内聚力时，外层产生与岩石表面平行的裂纹，与母体分离。夜间：气温降低，岩石表面强烈收缩，内层收缩慢，外层产生与岩石表面相垂直裂纹，而使外层裂碎。

能引起岩石机械破碎的自然因素主要有：地表温度的高频率，大幅度变化。如西北沙漠、岩漠地区。冻融作用，指冰的撑胀作用，可形成"冰劈作用"（见图3-1），前提仍是温度变化较大。盐分结晶，结晶前后溶液体积亦有变化，且盐分结晶后净水更易结冰。

图 3-1　冰劈作用示意图

3.1.1.2　化学风化作用

化学风化作用是指岩石在水、水溶液和空气中的氧与二氧化碳等的作用下所引起的破坏作用。主要包括：

（1）溶解作用。是指岩石中的矿物在水中被分离成离子的过程。例如：

$$CaCO_3 + CO_2 + H_2O \longrightarrow Ca(HCO_3)_2$$
（碳酸钙）　　　　　　　　　　（重碳酸钙）

溶解作用促使岩石裂隙扩大，完整性降低，也加快岩石物理风化的进程。

（2）水化作用。是指矿物吸收一定数量的水分子而形成新的含水矿物。这种作用还会产生体积膨胀，使岩石遭受破坏。例如：

$$CaSO_4 + 2H_2O \longrightarrow CaSO_4 \cdot 2H_2O$$
（硬石膏）　　　　　　（石膏）

（3）水解作用。是指由水分解而产生的 H^+ 与 OH^- 与矿物起反应的过程。例如：

$$4KAlSi_3O_8 + 6H_2O \longrightarrow Al_4(Si_4O_{10})(OH)_8 + 8SiO_2 + 4KOH$$
（正长石）　　　　　　（高岭石）

水解作用会使岩石成分发生改变，结构破坏，从而降低岩石的强度。

（4）氧化作用。是指矿物与氧发生反应的过程。如黄铁矿经氧化作用形成褐铁矿等。

$$2FeS_2 + 7O_2 + 2H_2O \longrightarrow 2FeSO_4 + 2H_2SO_4$$
（黄铁矿）　　　　　　（硫酸亚铁）

黄铁矿风化后生成的硫酸对混凝土会起破坏作用。

3.1.1.3　生物风化作用

生物风化作用是指岩石由生物活动所引起的破坏作用。这种破坏作用包括生物化学风化，如腐殖酸、呼吸产生的 CO_2 等的腐蚀以及生物物理风化，如根劈、蚁穴（见图3-2）。

在自然界中，上述三种风化作用是彼此并存，互相影响的。如物理风化能扩大岩石的空隙，增加表面积，加速岩石的化学风化；化学风化使矿物和岩石的性质改变，破坏了原岩的坚固性，为物理风化提供了有利条件。生物风化总是与各种物理风化及化学风化作用配合发生。

图 3-2　树木根系对岩石的劈裂破坏示意

3.1.2　岩石风化层的垂直分带

地表岩石的风化强度总是从上至下依次减弱的，在垂直方向上可表现出明显的垂直分带现象。在地形比较平坦的地区，岩石风化层按风化程度可分为全风化层、强风化层、弱风化层和微风化层四个带。

岩石风化愈强烈，其工程地质性质愈差（强度愈低、压缩性愈高）。不同规模、不同类型的水工建筑物对地基的要求是不相同的。如大型的重力坝需要修建在新鲜、完整的基岩上，必须把风化的岩体开挖掉；而对于土石坝来说，可修建在全风化的地基上，只需作适当的防渗处理即可。

工程上为了说明岩体的风化程度及其变化规律，正确评价风化岩体对水利工程的影响，对岩体按风化程度进行分级。《水利水电工程地质勘察规范》（GB 50487—2008）将岩体分为全风化、强风化、弱风化、微风化和新鲜岩石五个等级（见表 3-1）。

表 3-1　岩体的风化程度分级表

风化带		主要地质特征	风化岩与新鲜岩纵波速之比
全风化		· 全部变色,光泽消失 · 岩石的组织结构完全破坏,已崩解和分解成的松散的土状或砂状,有很大的体积变化,但未移动,仍残留有原始结构痕迹 · 除石英颗粒外,其矿物大部分风化蚀变为次生矿物 · 锤击有松软感,出现凹坑,矿物手可捏碎,用锹可以挖动	<0.4
强风化		· 大部分变色,只有局部岩块保持原有颜色 · 岩石的组织结构大部分已破坏,小部分岩石已分解或崩解成土,大部分岩石呈不连续的骨架或心石,风化裂隙发育,有时含大量次生夹泥 · 除石英外,长石、云母和铁镁矿物已风化蚀变 · 锤击哑声,岩石大部分变酥,易碎,用镐撬可以挖动,坚硬部分需爆破	0.4～0.6
中等风化 （弱风化）	上带	· 岩石表面或裂隙面大部分变色,断口色泽较新鲜 · 岩石原始组织结构清楚完整,但大部分裂隙已风化,裂隙壁风化剧烈,宽一般 5～10cm,大者可达数十厘米 · 沿裂隙铁镁矿物氧化锈蚀,长石变得浑浊、模糊不清 · 锤击哑声,用镐难挖,需爆破	0.6～0.8
	下带	· 岩石表面或裂隙面大部分变色,断口色泽新鲜 · 岩石原始组织结构清楚完整,沿部分裂隙风化,裂隙壁风化较剧烈,宽一般 1～3cm · 沿裂隙铁镁矿物氧化锈蚀,长石变得浑浊、模糊不清 · 锤击发音较清脆,开挖需用爆破	

风化带	主要地质特征	风化岩与新鲜岩纵波速之比
微风化	• 岩石表面或裂隙面有轻微褪色 • 岩石组织结构无变化,保持原始完整结构 • 大部分裂隙闭合或为钙质薄膜充填,仅沿大裂隙有风化蚀变现象,或有锈膜浸染 • 锤击发音清脆,开挖需用爆破	0.8～0.9
新鲜	• 保持新鲜色泽,仅大的裂隙面偶见褪色 • 裂隙面紧密,完整或焊接状充填,仅个别裂隙面有锈膜浸染或轻微蚀变 • 锤击发音清脆,开挖需用爆破	0.9～1.0

3.1.3 岩石风化的防治

岩石风化的防治方法主要有:

(1) 挖除法。挖除不满足工程建筑物要求的风化岩体。

(2) 护面法。用水和空气不能透过的材料,如沥青、水泥、黏土层等覆盖岩层。

(3) 胶结灌浆法。用水泥、黏土等浆液灌入岩层或裂隙中,以加强岩体的强度,降低其透水性。

(4) 排水法。为了减少具有侵蚀性的地表水和地下水对岩石中可溶性矿物的溶解,适当做一些排水工程。

只有在进行详细调查研究以后,才能提出切合实际的防止岩石风化的处理措施。

3.2 地面水流地质作用

地面流水主要来自大气降水,其次是融雪水,在地下水丰富的地区也可以是泉水形式转为地面流水。现代地貌(高山峡谷、广阔平原)主要是由流水地质作用形成的。地面流水可以分为三大类:坡流、洪流、河流。坡流和洪流是暂时性水流,河流是经常性或周期性水流。

3.2.1 坡流地质作用

坡流是降雨或融雪时,地表水沿斜坡发生的斜坡面状水流。呈暂时性的无固定流槽的地面薄层状、网状细流。

3.2.1.1 坡流的地质作用

坡流的地质作用主要表现为对山坡上的松散物质及风化壳表层的面状机械侵蚀作用。坡流也可以冲蚀坡面,形成线状沟槽。由于坡流流速慢,水层薄,所以它的剥蚀作用弱,而且呈面状发展的特点,故又称洗刷作用。

虽然坡流剥蚀作用较弱,但大量风化产物剥离原地的最初动力就来自坡流,也是多数河流搬运的物质的源头。坡流还是大气降水形成最初的地面流水,剥蚀地表形成溶沟、石芽、小沟等地貌(见图3-3)。现今许多地区出现的大量水土流失也与坡流的剥蚀作用有关。

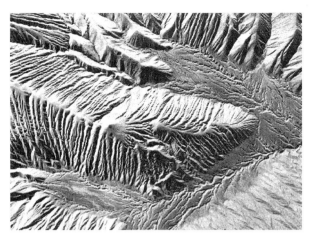

图 3-3 斜坡上的细沟

3.2.1.2 坡流的堆积作用与坡积物

坡流将冲刷、冲蚀产物搬运在坡麓堆积下来，形成坡积物（dl）。坡积物的特点：①成分为岩屑、矿屑、砂砾或黏性土，与坡上基岩密切相关。②碎屑颗粒大小混杂，分选性差，层理不明显。

3.2.1.3 坡积物地基对工程的影响

坡积物是一种松散的堆积物，作为建筑地基会对建筑物产生不良影响。如在工程的前期和施工过程中，容易造成基坑塌方、出现滑坡。工程建成后，出现地基不均匀沉降、建筑物倾斜开裂等问题。

3.2.2 洪流地质作用

洪流是在地势陡峻的地区，沿山沟作快速流动的暂时性水流。当固体物质的体积含量大于 15%，重度大于 $13kN/m^3$，呈泥浆状或含有大量砂石的洪流，则称为泥石流。

洪流发生具有突然性，水量猛增，水位暴涨，流速快，挟带砂石多，上下游落差突然增大，洪流经过的地方对地面的破坏作用非常明显。

洪流的地质作用主要有侵蚀作用和堆积作用。

3.2.2.1 洪流的侵蚀作用

洪流以其自身的动力和挟带的砂石对沿途沟壁和沟底的破坏作用，称为洪流的侵蚀作用。由于洪流的流量较大，流速快，挟带砂石较多，机械冲击力很强，所以常具有较强的侵蚀能力，而且以机械的方式作用为主，故又称冲蚀作用。洪流的侵蚀作用可加深和拓宽沟谷，形成冲沟。

冲蚀作用将坡面凹地冲刷成两壁陡峭的沟谷。多次冲刷形成许多小冲沟，共同构成了冲沟系统。当冲沟下切到地下水面时，便形成了小溪。

冲沟的发育使地面被强烈切割，给修建渠道、公路和铁路等造成困难，并增加投资。如贵州乌江的一条支流，在不到 2km 的河段内有 50m 的落差，适宜修建一座引水式电站，但河流两岸冲沟发育，引水渠道需跨越两条宽 150m、深 80m 的大冲沟和若干小冲沟，工程变得极其复杂。通往河南三门峡水库的铁路线，由于冲沟的发育，在一段 17km

的线路内，为跨越冲沟而不得不修建了大小不等的 6 座桥梁和几座隧道，大大增加了工程的投资。

因此，在工程建设中，对冲沟要进行详细的调查分析，并提出防治冲沟危害的具体措施。为了防治冲沟的危害，一方面要加强水土保持，如植树造林、种草等；另一方面是采取措施防止现有冲沟的继续发育，如修建砌石护坡、跌水坝等。

3.2.2.2 洪流的堆积作用与洪积物

洪流流出沟口后，由于地形突然开阔，坡度急剧变缓，致使水流分散，流速降低，大量的泥沙、石块便会在沟口外堆积下来。洪流所形成的堆积物，称为洪积物（pl）。洪积物在沟口外呈扇形分布，也称为洪积扇（见图 3-4）。相邻沟谷形成的洪积扇可以互相连接起来而形成洪积裙。洪积裙不断地重叠堆积向前伸展，则可形成山前倾斜平原。

洪积物是洪流流速快速降低所形成的堆积物，故其大小混杂，分选性较差，搬运过程中颗粒互相碰撞摩擦，有一定的磨圆度。洪积物在沟口附近堆积多，厚度大，颗粒粗大，愈向外堆积愈少越薄，颗粒细小，具明显的分带性，可见斜层理和交错层理。

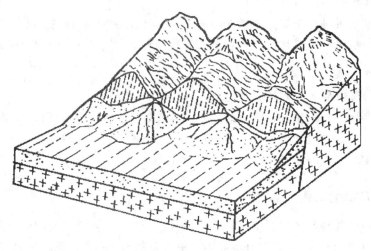

图 3-4　洪积扇及洪积裙

3.2.3　河流地质作用

河流地质作用可分为侵蚀作用、搬运作用和沉积作用。对于陆地表面来说，地表水流对于地质地貌状况的形成与改造有十分显著的作用。在水流的侵蚀、搬运和沉积作用下，形成了陡峻的峡谷或是辽阔的冲洪积平原（华北平原、江汉平原等），水流的作用造就了许多建筑物场所的基础地质地貌条件，尤其是对水工建筑物更是如此。

河流是指在河谷中流动的地面经常性或周期性水流。河谷包括谷坡和谷底，谷坡上常分布有河流阶地，谷底可分为河床和河漫滩（见图 3-5）。

3.2.3.1 河流的侵蚀作用

侵蚀作用是指河水冲刷河床，使岩石发生破坏的作用。破坏的方式主要是机械破坏（冲蚀和磨蚀）和化学溶蚀，河流以这两种方式不断刷深河床和拓宽河谷。按河流侵蚀作用方向，又可分垂直侵蚀和侧向侵蚀作用两种。

（1）垂直侵蚀作用。垂直侵蚀作用是指河水冲刷河底、加深河床的下切作用。其侵蚀作

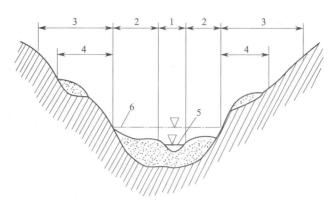

图 3-5 河谷的组成

1—河床；2—河漫滩；3—谷坡；4—阶地；5—平水位；6—洪水位

用的强度取决于河水的流速和河底的地质条件。

河流上游，由于河流纵向坡度较陡，流速较大，河流的垂直侵蚀作用强烈，常形成
"V"字形深切峡谷，如金沙江虎跳峡、长江三峡、美国科罗拉多大峡谷等（见图3-6）。

垂直侵蚀作用在河流的源头表现为河谷不断地向分水岭方向扩展延伸，使河流不断加
长，这种现象称为向源侵蚀。

图 3-6 美国科罗拉多大峡谷中的深切曲流

（2）侧向侵蚀作用。侧向侵蚀作用是指河流冲刷两岸，加宽河床的作用。主要发生在河
流的中下游地区。侧向侵蚀作用结果是使河谷愈来愈宽，河床愈来愈弯曲，形成河曲（见图
3-7）。河曲发展到一定程度时，可使同一河床上、下游非常靠近，在洪水时易被冲开，河床
便截弯取直。被废弃的弯曲河道便形成牛轭湖（见图3-8）。

3.2.3.2 河流的搬运作用

河流的搬运作用指河水把冲刷下来的物质由上游搬运到中、下游或海洋的过程。搬运方
式主要有推运、悬运和溶运。河水的搬运能力主要取决于河水的流量和流速，尤其是流速。
试验研究表明，河水的搬运能力与流速的六次方成正比，即流速增加1倍，其搬运能力将增

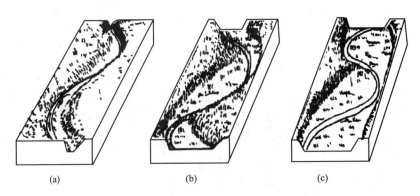

(a)   (b)   (c)

图 3-7　侧蚀作用使河谷不断加宽

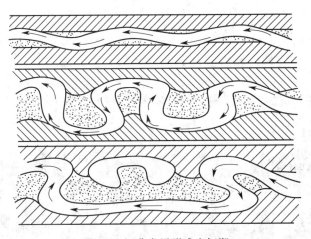

图 3-8　河曲发展形成牛轭湖

加 64 倍。

　　在多泥沙河流中，河水搬运泥沙的数量是巨大的，如数据统计黄河每年经过陕县的泥沙约为 16 亿吨，长江通过大通的年输沙量也在 4.6 亿吨左右。

3.2.3.3　河流的沉积作用

　　河流在从上游到下游流动的过程中，由于河床纵坡变缓，河水的流速减慢，因此水流所携带的物质便会在重力作用下逐渐沉积下来，这种沉积过程称为河流的沉积作用。所形成的物质称为河流冲积物（al）。

　　河流冲积物一般从河流的上游到下游颗粒逐渐变细，具有明显的分选性，上、中游沉积的物质多为漂石、卵石、砾石及粗砂等；下游沉积物质多为中、细砂与黏性土等。河水在搬运过程中，碎屑颗粒相互碰撞摩擦，棱角磨损，所以冲积物颗粒磨圆度较好。

　　河流冲积物常具有二元结构，即上部为河漫滩冲积物，颗粒细（主要为粉细砂、粉土或黏性土）；下部为河床冲积物，颗粒粗（主要为砾石及中粗砂，即砂砾石层）。河床相的砂砾石层，透水性强，常常形成土石坝地基的透水通道，且其抗渗能力差，容易发生管涌或流土等渗透变形，危及大坝安全，需做防渗处理。

3.2.3.4　河流阶地

　　河谷两岸由流水作用所形成的狭长而平坦的阶梯平台，称为河流阶地。它是河流侵蚀、沉积和地壳升降动力周期变化等作用的共同产物。当地壳处于相对稳定的时期，河流的侧向侵蚀和沉积作用显著，塑造了宽阔的河床和河漫滩。然后地壳上升，河流垂直侵蚀作用加强，使河床下切，将原先的河漫滩抬高，形成阶地。若上述作用反复交替进行，则老的河漫滩位置不断抬高，新的阶地和河漫滩相继形成。因此，多次地壳升降运动周期变化将出现多级阶地。河流阶地主要可分为三种类型。

（1）侵蚀阶地。侵蚀阶地特点是阶地面由裸露基岩组成，有时阶地面上可见很薄的沉积物［见图 3-9(a)］。侵蚀阶地只分布在山区河谷，它作为厂房地基或者桥梁和水坝接头是有利的。

（2）基座阶地。基座阶地由两层物质组成，由冲积物组成覆盖层，基岩为其底座［见图 3-9(b)］，它的形成反映河流垂直侵蚀作用的深度已超过原来谷底冲积层厚度切入基岩。基座阶地在河流中比较常见。

（3）堆积阶地。阶地的特点是沉积物很厚，基岩不出露，主要分布在河流的中下游地区。它的形成反映河流下蚀深度均未超过原来谷底的冲积层，根据下蚀深度不同，堆积阶地又可分为上迭阶地和内迭阶地［见图 3-9(c)、(d)］。上迭阶地的形成是由于河流下蚀深度和侧蚀宽度逐次减小，堆积作用规模也逐次减小。每一次地壳运动规模在逐渐减小，河流下蚀均未到达基岩。内迭阶地的特点是每次下蚀深度与前次相同，将后期阶地套置在先成阶地之内，说明每次地壳运动规模大致相等。

阶地分布于顺河流方向的河床两侧，地形较平坦，土地肥沃，是农业生产、工程建设和人类居住的重要场所。

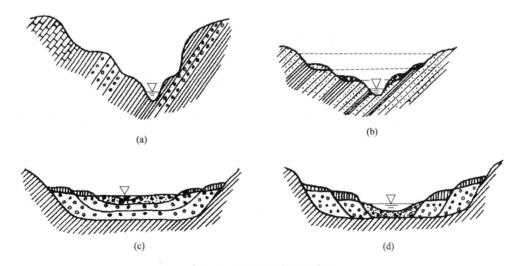

(a)

(b)

(c)

(d)

图 3-9　河流阶地类型示意图

3.2.3.5　河流侵蚀、淤积作用的防治

对于河流侧向侵蚀及因河道局部冲刷而造成的坍岸等灾害，一般采用护岸工程或使主流线偏离被冲刷地段等防治措施。

（1）护岸工程

① 直接加固岸坡。常在岸坡或浅滩地段植树、种草，以减缓水流对岸坡的冲刷。

② 护岸。根据不同的岸坡条件，选择合适的护岸方式，如修建浆砌石挡墙、采用浆砌石或混凝土护岸、抛石护岸、雷洛护垫护岸等护岸方式，以消减水流能量，保护岸坡不受水流直接冲刷。

抛石护岸抛石体的水下边坡一般不宜超过 1:1，当流速较大时，可放缓至 1:3。石块应选择未风化、耐磨、遇水不崩解的岩石。抛石层下应有垫层。

（2）约束水流

① 顺坝和丁坝。顺坝又称导流坝，丁坝又称半堤横坝。常将丁坝和顺坝布置在凹岸以约束水流，使主流线偏离受冲刷的凹岸。丁坝常斜向下游，夹角为 60°～70°，可使水流冲刷强度降低 10%～15%（见图 3-10）。

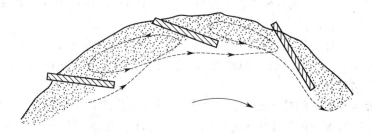

图 3-10　丁坝示意图

② 约束水流、防止淤积。如束窄河道、封闭支流、截直河道、减少河道的输砂率等均可起到防止淤积的作用。也常采用顺坝、丁坝或二者组合使河道增加比降和冲刷力，达到防止淤积的目的。

3.3 岩 溶

岩溶是指可溶岩分布地区，岩石长期受水淋漓、冲刷、溶蚀等地质作用而形成的一些独特的地貌景观，如溶洞、落水洞、溶沟、石林等（见图 3-11～图 3-13）。岩溶主要发育于碳酸盐类岩石分布地区，尤以前南斯拉夫西北部的喀斯特高原最为典型，因而岩溶又称为"喀斯特"。

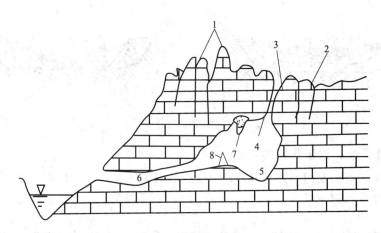

图 3-11　岩溶形态示意图

1—石林；2—溶沟；3—漏斗；4—落水洞；5—溶洞；

6—暗河；7—钟乳石；8—石笋

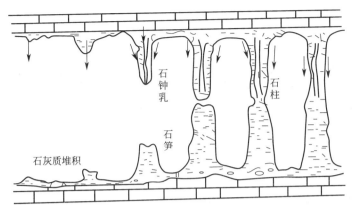

图 3-12 钟乳石、石笋和石柱生成示意图

图 3-13 溶洞底部正在"生长"的石笋

3.3.1 岩溶发育的基本条件

岩溶的发生与发展，受到多种因素的影响。总的来说，岩溶形成的基本条件有：岩石的可溶性和透水性，水的溶蚀性和流动性。前者是岩溶发育的内在因素，后者是岩溶发育的外部动力。

3.3.1.1 岩石的可溶性

可溶性岩石的存在是岩溶发育的物质基础，岩溶主要发育于碳酸盐类岩石中，就碳酸盐类岩石而言，厚层、质纯的石灰岩含可溶成分最多，岩溶最为发育；白云岩、硅质灰岩与泥灰岩含可溶成分较少，岩溶就不怎么发育。

3.3.1.2 岩石的透水性

岩石的透水性是岩溶发育的另一个必要条件。岩石的透水越强，岩溶就越发育。岩层的透水性主要取决于裂隙和空洞的多少和连通情况，所以在断裂带附近和褶皱的轴部，往往岩溶较发育；地表附近风化裂隙增多，岩溶通常比深部发育。

3.3.1.3 水的溶蚀性

水对碳酸盐类岩石的溶蚀能力，主要取决于水中侵蚀性 CO_2 的含量，其含量愈多，水溶蚀能力就愈强。

3.3.1.4 水的流动性

水的流动性反映了水在可溶岩层中的循环交替程度。只有水循环交替条件好，水的流动速度快，才能将溶解物质带走，同时又促使含有大量 CO_2 的水，源源不断地得到补充，则岩溶发育速度就快；反之，岩溶发育就慢，甚至处于停滞状态。

3.3.2 岩溶发育及基本分布规律

岩溶的发育受多种因素的控制和影响，不同地区自然条件差别很大，即使在同一地区的不同部位，其水的循环交替条件和水的溶蚀能力也往往会有较大的差别。因此，岩溶的发育和空间分布十分复杂。从目前国内外研究的成果看，岩溶发育和分布大致有以下一些规律。

3.3.2.1 岩溶发育的垂直分带性

地表附近，岩层风化裂隙发育，透水性强，且地下水直接受含有大量 CO_2 的大气降水补给，水的溶蚀能力强，岩溶发育。愈向地下深处，岩层的裂隙逐渐减少，水的循环交替作用变慢，水中侵蚀性 CO_2 不断消耗，水的溶蚀能力逐渐减弱，岩溶发育程度愈来愈弱。

在碳酸盐类岩石分布的河谷地区，地下水流动具有垂直分带的现象，从而使形成的岩溶也具有垂直分带的特征，可分为四个带（见图3-14）。

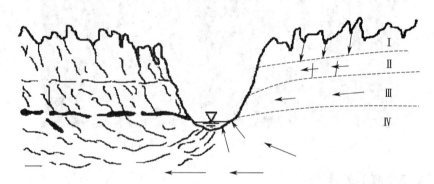

图 3-14 岩溶发育的垂直分带

Ⅰ—垂直循环带；Ⅱ—季节循环带；Ⅲ—水平循环带；Ⅳ—深部循环带

（1）垂直循环带。此带位于地表以下，最高地下水位以上，大气降水通过各种岩石裂隙向下渗流，主要作垂直运动。因此，该带主要形成近垂直方向的岩溶通道，如溶蚀漏斗、落水洞等。

（2）季节循环带或称过渡带。此带位于地下水最低水位和最高水位之间。该带受季节性影响，干旱季节，地下水位处于最低水位，渗透水流垂直下渗，主要形成近垂直方向的岩溶通道，如落水洞。雨季时，地下水位升为最高水位，该带全部为地下水所饱和，渗透水流作近水平方向流向河谷，主要形成近水平方向的岩溶通道，如溶洞。

（3）水平循环带或称饱水带。此带位于最低地下水位之下，其下限为地方性侵蚀基准面。该带常年充满水，地下水主要作近水平流动，主要发育近水平方向的岩溶通道，如溶洞、地下暗河等。此外，在河谷底部地下水常常以承压方式自下而上排泄于河床之中，因此，在河床下部可有呈放射状的岩溶分布。

（4）深部循环带。在水平循环带以下，地下水的流动方向不受当地侵蚀基准面的影响，水的循环交替在地质构造的控制下，向更远、更低的区域运动。由于埋藏较深，水的循环交替缓慢，故岩溶发育很弱，主要发育一些小的溶隙和小溶孔。

3.3.2.2　溶洞发育的成层性

岩溶地区可以常常看到溶洞成层出现，例如，桂林漓江河床以上就有四层溶洞分布。溶洞发育的成层性是地壳升降运动周期变化的产物，当地壳运动处于稳定时期，饱水带中的地下水，进行不断地溶蚀和侵蚀裂隙两侧的岩石，可以形成规模巨大和数量众多的水平溶洞和地下暗河，形成了一个近于水平的溶洞层。当地壳上升时，侵蚀基准面下降，河水下切，原来已形成的溶洞层就相对抬高。如果后来地壳又处于暂时稳定期，则在新的饱水带中就形成一层新的溶洞层（见图3-15）。地壳升降运动的周期变化，造成了溶洞发育的成层性。

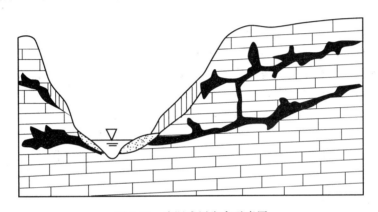

图 3-15　溶洞成层发育示意图

1—坡积物；2—砂；3—河水位；4—溶洞；5—石灰岩

3.3.2.3　溶洞发育的不均匀性

岩溶的发育受岩性、地质构造等因素的控制，因而岩溶发育极不均匀。一般情况下在质纯、厚层的石灰岩中，岩溶最为发育；含泥质或其他杂质较多的灰岩，岩溶发育则较弱。沿区域构造线方向（如裂隙、断层走向和褶皱轴部）岩溶常呈带状分布，多形成溶蚀洼地、落水洞、较大的溶洞及地下河等；在可溶岩和非可溶岩的接触部位，岩溶通常也较发育，往往形成集中的岩溶带（见图3-16）。

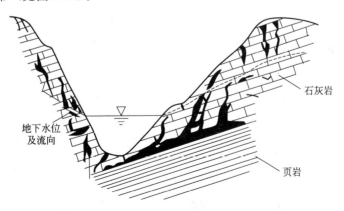

图 3-16　岩溶沿不透水层发育示意图

3.3.3 岩溶区的主要工程地质问题

碳酸盐类岩石在我国分布广泛，仅出露地表的面积就有120万平方千米，尤其广西、贵州、滇东、湘西、鄂西、川东等地较为集中。

由于岩溶的发育致使建筑物场地和地基的工程地质条件大为恶化，因此在岩溶地区修建各类建筑物时必须对岩溶进行工程地质研究，以预测和解决因岩溶而引起的各种工程地质问题。岩溶区的工程地质问题主要有以下两类。

3.3.3.1 渗漏和突水问题

由于岩溶地区岩体中存在有许许多多的岩溶通道，如溶隙、溶洞、落水洞等，构成渗漏通道。因此，在岩溶地区修建水利工程最突出的问题就是渗漏问题，如果坝址、库盆选址不当，极易造成坝基、坝肩或库盆渗漏，轻则影响水库效益，成为病险水库；重则水库不能蓄水，或因防渗处理费用过高，在经济上造成不合理。

在岩溶地区修建水利工程，建筑场地应尽量避开岩溶发育地段。坝址应尽量选在白云岩或泥灰岩等含可溶成分相对较少，岩溶不发育的地段。库区应选在地势低洼，四周地下水位较高，上游有大泉出露而下游无大泉出露，分水岭宽厚，邻谷切割深度小，上下游流量没有显著差异的河段上。

在岩溶地区修建隧洞，在施工中常遇到突水问题，给施工带来困难，甚至造成工程事故，需引起足够的重视。

3.3.3.2 地基稳定性及塌陷问题

坝基或其他建筑物地基中若存在有岩溶洞穴，容易引起洞顶塌陷，使建筑物遭受破坏。同时，岩溶地区往往上覆土层厚度变化很大，因此应特别注意地基有无不均匀沉降问题，地基的不均匀沉降常常导致建筑物倾斜甚至破坏。

3.4 与斜坡岩体稳定有关的地质作用

斜坡在一定的自然条件和重力作用下，常使其上部的部分岩体发生变形和破坏，给各种工程建设带来极大的困难，甚至造成巨大的灾难。

1980年6月湖北省远安县盐池河磷矿突然发生了一场巨大的岩石崩塌（又称山崩），山崩时，标高839m的鹰嘴崖部分山体从700m标高处俯冲到500m标高的谷地。在山谷中乱石块覆盖面积南北长560m，东西宽400m，石块加泥土厚度30m，崩塌堆积的体积共100万立方米。最大岩块有2700多吨重。顷刻之间，盐池河上筑起一座高达38m的堤坝，形成了一座天然湖泊。乱石块把磷矿的五层大楼掀倒、掩埋。死亡307人。还毁坏了该矿的设备和财产，损失十分惨重。

1983年3月7日，甘肃东乡县洒勒山发生巨型滑坡，4个村寨被毁灭，死亡237人，造成中外瞩目的重大地质灾害。

2013年3月29日，西藏普朗沟滑坡，普朗沟泽日山东坡约30万立方米块石、碎石和土体失稳形成滑坡，带动下游沟道松散堆积物形成长约2km的碎屑流。其中，沟口段堆积体长约600m、宽70~180m、厚15~25m，总体积约200万立方米。滑坡灾害造成66人死亡、17 人失踪。

1963 年 10 月，意大利瓦依昂水库左岸突然整体下滑，形成巨大的滑坡体（体积达 2.4 亿立方米），将坝前河谷掩埋，水被挤过坝顶，冲毁下游一个村镇，造成 2400 多人死亡。

从上述实例可看出，斜坡稳定的工程地质分析研究在工程建设中是极其重要的。

3.4.1 斜坡失稳破坏的类型

斜坡岩体失稳破坏的类型主要有蠕变、剥落、崩塌和滑坡。

3.4.1.1 蠕变

蠕变是指斜坡上的岩体，在重力作用下发生长期缓慢的变形及松动现象。斜坡岩体蠕变下滑的速度每年仅几毫米至几厘米，又无明显的滑动面，因此不易被人们所觉察，但经长期不断的潜移，可出现斜坡岩层弯曲、松动，降低斜坡的稳定性。

3.4.1.2 剥落

剥落是指斜坡上的表层岩石，由于长期的物理风化形成的碎屑，在重力作用下向坡下坠落和滚动的现象。剥落的规模不大，但由于长期不断地进行，对渠道、水库的淤积也会有一定的影响。

3.4.1.3 崩塌

崩塌是指在斜坡的陡峻地段，大块岩体在重力作用下，突然迅速倾倒崩落，沿山坡翻滚撞击而坠落坡下的现象（见图 3-17）。大规模的崩塌称为山崩。大规模的崩塌对斜坡下方的工程建筑物危害大，需进行治理。

3.4.1.4 滑坡

滑坡是指斜坡上的岩（土）体，在重力或其他因素作用下，沿斜坡内一个或几个滑动面整体向下滑动的现象。大规模的滑坡，滑坡体的体积可达几千立方米，甚至数亿立方米，常掩埋村镇，堵塞交通，给工程带来极大的危害。

（1）滑坡的组成。一般滑坡由滑坡体、滑坡床、滑动面、滑坡壁、滑坡台阶及滑坡洼地等组成（见图 3-18）。

① 滑坡体。是指与原岩分离并向下滑动的岩、土体。

② 滑坡床。是指在滑动面之下未滑动的稳定岩、土体。

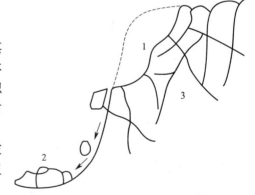

图 3-17　崩塌示意图
1—崩塌体；2—堆积块石；3—被裂隙切割的斜坡基岩

③ 滑动面。是指滑坡体与滑坡床之间的分界面，一个滑坡可有一个或数个滑动面，滑动面的形状有直线、折线或圆弧等。

④ 滑坡壁、滑坡台阶、滑坡洼地等。滑坡体下滑后，其后缘的滑动面在地表出现陡壁，称为滑坡壁。由于滑坡体各段的滑动速度不同或由于几个滑动面滑动的时间不同，可在滑坡体中出现阶梯状的地面，称为滑坡台阶。由于滑坡体的滑落，在滑坡台阶后部形成半圆形的凹地，称为滑坡洼地。

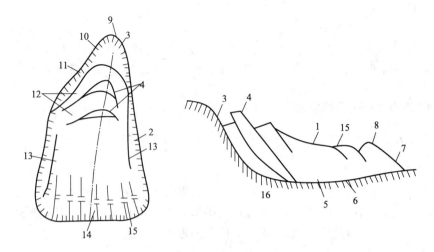

图 3-18　滑坡形态示意图

1—滑坡体；2—滑坡周界；3—滑坡壁；4—滑坡台阶；5—滑动面；6—滑动带；7—滑坡舌；
8—滑坡鼓丘；9—滑动轴；10—破裂缘；11—滑坡洼地；12—张拉裂隙；13—剪切裂隙；
14—扇形裂隙；15—鼓张裂隙；16—滑坡床

（2）滑坡的类型。滑坡按其物质组成可分为岩质滑坡和土质滑坡。按滑动面与岩土体层面的关系，可分为顺层滑坡、切层滑坡和均质滑坡（见图 3-19）。

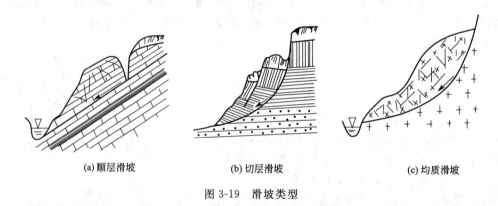

(a) 顺层滑坡　　　　　　　(b) 切层滑坡　　　　　　　(c) 均质滑坡

图 3-19　滑坡类型

① 顺层滑坡。发生在非均质的成层岩体中，滑动面为岩层层面、不整合面或软弱夹层的滑坡 [见图 3-19(a)]。顺层滑坡最为常见，其滑动面多为平面。

② 切层滑坡。滑动面切割多层岩层层面的滑坡，其滑动面常为节理面或断层面 [见图 3-19(b)]。

③ 均质滑坡。发生在均质的、没有明显层理的岩体或土体中的滑坡，如厚层黄土、风化严重的花岗岩体等。滑动面受最大剪应力控制，多呈圆弧形 [见图 3-19(c)]。

3.4.2　影响斜坡稳定的主要因素

影响斜坡稳定的因素很多，主要有以下几个方面。

3.4.2.1　地形地貌

一般地形坡度愈陡，坡高愈大，斜坡的稳定性就愈差。例如我国的西南山区沿金沙江、雅砻江及其支流等河谷地区斜坡的松动破裂、崩塌、滑坡等现象就十分普遍。

3.4.2.2 地层岩性

地层岩性直接影响斜坡岩体的稳定性及其变形破坏形式。由坚硬块状及厚层状岩石（如花岗岩、石英岩、石灰岩等）构成的斜坡，一般稳定性较高，变形破坏形式常以崩塌为主。由软弱岩石（如页岩、泥岩、千枚岩、板岩等）构成的斜坡，稳定性较差，易产生蠕动变形现象，当岩层倾向与坡面倾向一致，岩层倾角小于坡角时，极易产生顺层滑坡。

3.4.2.3 地质构造

地质构造发育的地区，岩层倾角大，裂隙纵横交错，容易产生崩塌、滑坡等失稳破坏。在新构造运动强烈上升区，由于河流垂直侵蚀作用强烈，往往形成高山峡谷地形，斜坡岩体广泛发育有各种变形破坏现象。

3.4.2.4 水的作用

地表水的侵蚀冲刷作用，可改变斜坡的外形，造成坡脚掏空，影响斜坡岩体的稳定性。

地表水的入渗和地下水的渗流，对斜坡岩体的稳定性影响极大。地表水的入渗不仅增加了斜坡岩土的重量，产生静水压力和动水压力，而且还会使渗流面上的岩土软化或泥化，降低其抗剪强度，导致斜坡失稳破坏。

3.4.2.5 岩石的风化

由于岩石风化以后，其强度将会降低，完整性也会遭受破坏，必然导致斜坡的稳定性下降。岩石的风化程度不同，斜坡的稳定性差异很大。如微风化或新鲜岩石构成的斜坡，常可保持较陡的自然边坡，而强风化及全风化岩石构成的斜坡，稳定性差，即使边坡的坡度不大，也容易产生滑坡。

3.4.2.6 地震

强烈地震常常会诱发斜坡的失稳破坏。地震可通过松动斜坡岩土体结构、形成破裂面和引起软弱面错位等多种方式，降低斜坡的稳定性。在地震力的反复作用下，斜坡岩体易沿结构面位移变形，直到失稳破坏。

3.4.2.7 人为因素

人工边坡设计不合理（如坡度过陡）、用大爆破方法施工、在坡顶上堆放重物或修建工程建筑物、护坡无排水管或排水设计不当等人为因素都是促使边坡失稳破坏的可能原因。

3.4.3 斜坡变形破坏的防治

3.4.3.1 防治原则

斜坡变形破坏的防治原则应以防为主，及时治理，并根据工程的重要性制订具体整治方案。

（1）以防为主就是要尽量做到防患于未然，正确选择建筑场地，合理制订人工边坡的布置和开挖方案。查清可能导致天然斜坡或人工边坡稳定性下降的因素，事前采取必要措施消除或改变这些因素,并力图变不利因素为有利因素,以保持斜坡的稳定性,甚至向提高稳定性的方向发展。

(2)及时治理就是要针对斜坡已出现的变形破坏情况,及时采取必要的增强稳定性的措施,如:①截断和排出所有流入滑坡范围的地表水;②尽量疏干滑坡体内的地下水;③填塞和夯实所有斜坡坡面上的裂隙,防止地表水渗入。

(3)经济原则。考虑工程的重要性是制订整治方案必须遵循的经济原则。对于那些威胁到重要工程安全的斜坡变形和破坏应全面治理;对于一般性工程或临时性工程,则可采用较简易的防治措施。

3.4.3.2 防治措施

(1)防渗与排水。防渗主要是防止地表水渗入滑坡体。排水,首先要拦截流入不稳定边坡的地表水并排走滑坡体表面的地表水(见图3-20)。对于滑体内的地下水,可用水平排水廊道和钻孔排水方法降低地下水位或排走已渗入滑坡体内的地下水(见图3-21)。

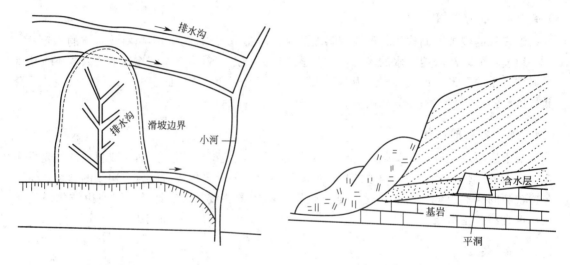

图 3-20 排水沟示意图　　　　　　　　图 3-21 排水廊道示意图

(2)削坡、减重、反压。这种方法主要是将较陡边坡的上部削去一部分,并把削减下来的土石堆于滑体前缘的阻滑部位,以提高边坡的稳定性(见图3-22)。

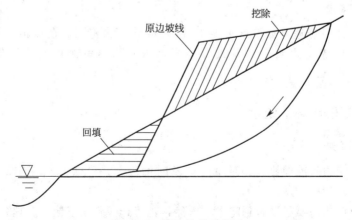

图 3-22 削坡处理示意图

（3）修建支挡结构。这种措施，主要是在不稳定边坡下部修建挡墙来维持边坡的稳定性（见图 3-23）。

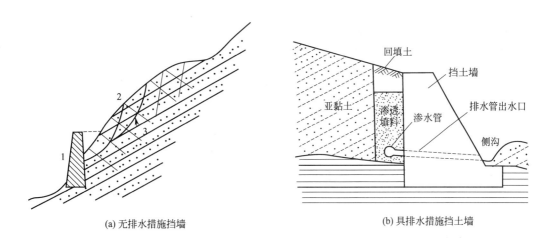

(a) 无排水措施挡墙 　　　　　　　　　　　(b) 具排水措施挡土墙

图 3-23　挡土墙示意图

1—挡墙；2—不稳定体；3—滑动面

（4）锚固措施。利用预应力钢筋或钢索锚固不稳定岩体，是一种有效防治滑坡和崩塌的措施（见图 3-24）。具体做法是先在不稳定岩体上部布置钻孔，钻孔深度应达到可能滑动面以下完整、坚硬的岩体中，然后在孔中放入钢筋或钢索，将下端固定，上端拉紧，常和混凝土墩、梁，或配合挡墙将其固定。长江三峡链子崖危岩就是采用了锚固措施，共用了 220 束预应力锚索固定，以防止该危岩体产生崩塌。

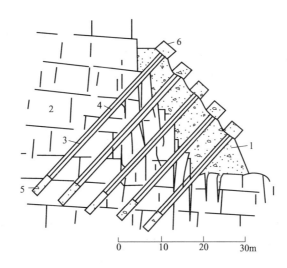

图 3-24　某坝右岸岸坡锚固示意图

1—混凝土挡墙；2—裂隙灰岩；3—预应力 1000t 的锚索；4—锚固孔；

5—锚索的锚固端；6—混凝土锚墩

（5）其他措施。除了上述的防治措施外，对岩质边坡还经常采用水泥护面、抗滑桩、灌浆等，对土质边坡还可采用电化学加固法、焙烧法、抗滑桩等措施。

本章小结

　　自然地质作用是指影响建筑物安全稳定或经济效益的地质灾害，与水利工程建设密切相关的自然地质作用，主要有风化作用、流水地质作用、岩溶、滑坡与崩塌等。

　　风化作用会使出露地表的岩石完整性遭受破坏、坚固性降低，逐渐崩解，分离成大小不等的岩石碎屑或土层。岩石风化愈强烈，其工程地质性质愈差，从而对斜坡和地基的稳定性造成不利影响。风化作用按其产生的原因可分为物理风化作用、化学风化作用和生物风化作用三种类型。岩石风化的防治方法主要有：挖除法、护面法、胶结灌浆法和排水法。

　　地面流水可以分坡流、洪流和河流为三大类，坡流和洪流是暂时性水流，河流是经常性或周期性水流。地面流水的地质作用主要包括：侵蚀、搬运和沉积。洪流的侵蚀作用可加深和拓宽沟谷，形成冲沟。冲沟的发育使地面被强烈切割，给修建渠道、公路和铁路等造成困难，并增加投资。为了防治冲沟的危害，一方面要加强水土保持，如植树造林、种草等；另一方面是采取措施防止现有冲沟的继续发育，如修建砌石护坡、跌水坝等。对于河流侧向侵蚀及因河道局部冲刷而造成的坍岸等灾害，一般可采用护岸工程或使主流线偏离被冲刷地段等防治措施。

　　岩溶是指可溶岩分布地区，岩石长期受水淋滴、冲刷、溶蚀等地质作用而形成的一些独特的地貌景观。岩溶形成的基本条件有：岩石的可溶性、岩石的透水性、水的溶蚀性和水的流动性。岩溶发育和分布有垂直分带性、溶洞分布的成层性和岩溶发育的不均匀等规律。在岩溶地区修建工程的主要工程地质问题有：渗漏和突水问题，以及地基稳定性和塌陷问题。

　　斜坡在一定的自然条件和重力作用下，常使其上部的部分岩体发生变形和破坏，给各种工程建设带来极大的困难，甚至造成巨大的灾难。斜坡岩体失稳破坏的类型主要有蠕变、剥落、崩塌和滑坡。影响斜坡稳定的因素很多，主要有：地形地貌、地层岩性、地质构造、水的作用、岩石的风化、地震及人为因素等几个方面。防止斜坡变形破坏的工程措施主要有：防渗与排水、削坡减重与反压、修建支挡结构、锚固措施以及水泥护面、抗滑桩等其他措施。

思考题

　　[3-1]　风化作用是怎样形成的？为什么要将岩体按风化程度分级？

　　[3-2]　地表流水有哪些类型？洪流地质作用有哪些危害？如何防治？

　　[3-3]　河流地质作用有哪些？各有何不同特点？

　　[3-4]　河流阶地是怎样形成的？它有哪几种类型？

　　[3-5]　河流的侵蚀冲刷和淤积如何进行防治？

　　[3-6]　岩溶形成有哪些基本条件？

　　[3-7]　根据岩溶发育的特点试述岩溶区的主要工程地质问题。

　　[3-8]　斜坡变形破坏有哪几种类型？

　　[3-9]　结合影响斜坡岩体稳定的因素，试述不稳定斜坡的防治措施。

4 地 下 水

本章提要

地下水是指埋藏于地表以下的岩土空隙中各种状态的水，它是地球上水体的重要组成部分，参与了自然界中水的循环。地下水分布广泛，它密切联系着人类生活和经济活动的各个方面。本章主要介绍地下水的基本概念、地下水的物理性质，以及地下水的基本类型及主要特征。

本章的重点是：潜水、承压水的形成条件及特征。

4.1 地下水的基本概念

地下水是指埋藏于地表以下的岩土空隙（孔隙、裂隙、空洞等）中各种状态的水，它是地球上水体的重要组成部分，参与了自然界中水的循环。地下水分布广泛，它密切联系着人类生活和经济活动的各个方面。其一，地下水是一种宝贵的自然资源，如地下水常为农业灌溉、城市供水及工业用水提供良好的水源，矿泉水和地下热水也已广泛地被开采利用。其二，地下水也往往给经济建设带来一定的困难和危害。就水利工程而言，地下水与建筑物地基的渗漏和稳定有很大关系：①地下水可以改变岩石的性质，溶蚀岩石，导致岩体或建筑物失去稳定；②在基坑开挖中，涌水和流砂现象是经常出现的；③水库、水坝防止漏水（地下流失）是一个主要问题；④水库蓄水后引起地下水位上升，会使附近的工矿城镇等受到浸没，或使农田产生盐渍化或沼泽化；⑤地下洞室工程如遇大量的地下水，就会带来巨大的困难，招致严重的危害；⑥砂卵石等天然建筑材料中地下水的存在，往往恶化开采条件，降低开采价值；⑦地下水如含有侵蚀性成分，则对混凝土和其他建筑材料会产生腐蚀破坏作用。因此，如何利用地下水与防止其危害性，对我国的经济建设具有极其重大的意义。

4.1.1 岩土空隙

地下水存在于岩土的空隙之中，在地表附近松散堆积物和地壳表层的岩石中，都或多或少存在着空隙。岩土的空隙既是地下水的储存场所，又是地下水的渗透通道，空隙的多少、大小、连通情况及其分布规律，决定着地下水的分布与渗透的特点。

根据岩土空隙的成因不同，可以把空隙分为孔隙、裂隙和溶隙三大类（见图4-1）。

(a) 分选良好、排列疏松的砂

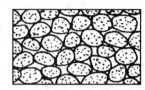
(b) 分选良好、排列紧密的砂

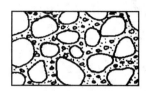
(c) 分选不良,含泥、砂的砾石

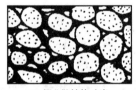
(d) 部分胶结的砂岩

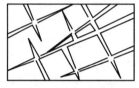
(e) 具有裂隙的岩石

(f) 具有溶隙的可溶岩

图 4-1　岩土空隙

4.1.1.1　孔隙

土中颗粒或颗粒集合体之间存在的空隙，称为孔隙。孔隙发育的程度用孔隙率（n）表示。所谓孔隙率是孔隙体积（V_v）与土的总体积（V）的百分比值，即：

$$n = \frac{V_v}{V} \times 100\% \tag{4-1}$$

孔隙率的大小主要取决于土的密实程度及分选性。土愈疏松、分选性愈好［图4-1(a)］，孔隙率越大；反之，土愈密实［图4-1(b)］或分选性差［图4-1(c)］，孔隙率愈小。孔隙若被胶结物充填［图4-1(d)］，则孔隙率变小。

几种常见土的孔隙率的参考值列入表4-1。

表 4-1　几种常见土的孔隙率参考值

土 的 名 称	砾 石	砂	粉 砂	黏 土
孔隙率/%	25～40	25～50	35～50	40～70

4.1.1.2　裂隙

坚硬、非可溶岩石受地壳运动及其他内外地质引力作用的影响产生的空隙，称为裂隙［图4-1(e)］。裂隙发育程度用裂隙率（K_t）表示，所谓裂隙率是岩石中裂隙的体积（V_t）与包括裂隙体积在内的岩石总体积的百分比值，即：

$$K_t = \frac{V_t}{V} \times 100\% \tag{4-2}$$

裂隙主要分布在地壳表层的岩石之中，其发育程度主要受岩性和各种地质作用控制，岩石的裂隙率变化范围较大。

4.1.1.3　溶隙

可溶岩（石灰岩、白云岩等）中的裂隙经地下水流长期溶蚀而形成的空隙称为溶隙［图4-1(f)］，这种地质现象称为（喀斯特）。溶隙的发育程度用溶隙率（K_k）表示，所谓溶隙率是溶隙的体积（V_k）与包括溶隙在内的岩石总体积（V）的百分比值，即：

$$K_k = \frac{V_k}{V} \times 100\% \qquad (4-3)$$

研究岩土的空隙时，不仅要研究空隙的多少，还要研究空隙的大小、连通情况和分布规律。对于土来说，孔隙连通好且分布均匀，颗粒越粗，孔隙越大；岩石裂隙无论其宽度、长度和连通性差异均较大，且分布不均匀，因此，裂隙率只能代表被测定范围内岩石裂隙的发育程度。溶隙大小相差悬殊，分布很不均匀，连通性更差，所以，溶隙率的代表性更差。

根据水在空隙中的物理状态，水与岩石颗粒的相互作用等特征，一般将水在空隙中存在的形式分为五种，即：气态水、结合水、重力水、毛细水、固态水。

地下水研究的主要对象是重力水，重力水存在于岩土空隙之中，岩土颗粒表面结合水层之外，它不受颗粒静电引力的影响，可在重力作用下运动。一般所指的地下水，如井水、泉水、基坑水等就是重力水，它具有液态水的一般特征，可传递静水压力。

4.1.2　含水层与隔水层

岩土中含有各种状态的地下水，由于各类岩土层的水理性质与透水性不同，岩土层可划分为含水层与隔水层。

含水层是指能够给出并透过相当数量重力水的岩层。构成含水层的条件，一是岩土中要有空隙存在，并充满足够数量的重力水；二是这些重力水能够在岩土空隙中自由运动。

隔水层是指不能给出并透过水的岩层。隔水层还包括那些给出与透过水的数量是微不足道的岩层，也就是说，隔水层有的可以含水，但是不具有允许相当数量的水透过自己的性能，例如黏土就是这样的隔水层。根据《水利水电工程地质勘察规范》(GB 50487—2008) 按岩土的透水程度将其分为6级，见表4-2。

表 4-2　岩土渗透性分级

透水性等级	标　准		岩　体　特　征	土　类
	渗透系数 K /(cm/s)	透水率 q /(Lu)		
极微透水	$K < 10^{-6}$	$q < 0.1$	完整岩石、含等价开度 <0.025mm 裂隙的岩体	黏土
微透水	$10^{-6} \leqslant K < 10^{-5}$	$0.1 \leqslant q < 1$	含等价开度 $0.025 \sim 0.05$mm 裂隙的岩体	黏土-粉土
弱透水	$10^{-5} \leqslant K < 10^{-4}$	$1 \leqslant q < 10$	含等价开度 $0.05 \sim 0.01$mm 裂隙的岩体	粉土-细粒土质砂
中等透水	$10^{-4} \leqslant K < 10^{-2}$	$10 \leqslant q < 100$	含等价开度 $0.01 \sim 0.5$mm 裂隙的岩体	砂-沙砾
强透水	$10^{-2} \leqslant K < 10^{0}$	$q \geqslant 100$	含等价开度 $0.5 \sim 2.5$ mm 裂隙的岩体	沙砾-砾石、卵石
极强透水	$K \geqslant 10^{0}$		含连通孔洞或等价开度 >2.5mm 裂隙的岩体	粒径均匀的巨砾

注：Lu——吕荣值，是在 1MPa 压力下，每米岩土试段的平均压入水流量，以 L/min 计。

4.2　地下水的物理性质与化学成分

4.2.1　地下水的物理性质

地下水的物理性质包括温度、颜色、透明度、气味、味道、密度、导电性及放射性等。

（1）温度。地下水的温度，主要受埋藏深度和所在地区的自然条件所影响。埋深 3~5m，即日常温带以内的地下水，具昼夜变化规律。埋深 5~50m，即年常温带以内的地下水，具年变化规律。年常温带以下，地下水温度随深度增加而升高。通常根据温度将地下水划分为过冷水(低于 $0℃$)、冷水、($0\sim20℃$)、温水($21\sim42℃$)、热水($43\sim100℃$)、过热水(高于 $100℃$)。

(2) 颜色。地下水一般是无色、透明的，但有时由于某种离子含量较多，或者富集悬浮物和胶体物质，则可显出各种各样的颜色，见表 4-3。

表 4-3 地下水颜色与其中存在物质的关系

水 中 物 质	地下水颜色	水 中 物 质	地下水颜色
含硫化氢	翠绿色	含锰的化合物	暗红色
含低铁	浅绿灰色	含黏土	无荧光的淡黄色
含高铁	黄褐色或锈色	含有机腐殖质	呈黄色
含硫细菌	红色	含悬浮物质	决定于悬浮物颜色

(3) 透明度。地下水的透明度取决于其中的固体与悬浮物的含量。按透明度将地下水分为四级，如表 4-4 所示。

表 4-4 地下水透明度的分级

透 明 分 级	描 述
透明的	无悬浮物及胶体，60cm 水深，可见 3mm 粗线
微浊的	有少量悬浮物，大于 30cm 水深，可见 3mm 粗线
混浊的	有较多的悬浮物，半透明状，小于 30cm 水深，可见 3mm 粗线
极浊的	有大量悬浮物或胶体，似乳状，水很浅也不能清楚看见 3mm 粗线

(4) 气味。地下水一般是无臭、无味的，但当地下水中含有某些离子或某种气体时，可以散发出特殊的气味。当水中含有硫化氢气体时，水便有臭鸡蛋味；当含亚铁盐很多时，水中有铁腥气味或墨汁气味。一般情况下，当水加热到 $40℃$ 以上时气味更显著。

(5) 味道。纯水是无味的，但地下水因含有其他化学成分，如一些盐类或气体时，会有一定的味感。如含较多的二氧化碳时清凉爽口；含大量的有机质物时，有较明显的甜味；含硫酸镁和硫酸钠时，有苦涩味；含氯化钠时有咸味。

(6) 密度。一般情况下，纯水的密度为 $1.0g/cm^3$。地下水的密度决定于水中所溶盐分的含量多少。地下淡水的密度与纯水密度基本相同。水中溶解的盐分愈多，水的密度愈大，有的地下水的密度可达 $1.2\sim1.3g/cm^3$。

(7) 导电性。地下水的导电性取决于其中所含电解质的数量和质量，即各种离子的含量与其离子价。离子含量愈多，离子价愈高，则水的导电性愈强。此外，水温对导电性也有影响。

(8) 放射性。地下水在特殊储藏环境下，受到放射性矿物的影响，具有一定的放射性。如堆放废弃的核燃料，会引起周围岩土体及其中的水体也带有放射性。

4.2.2 地下水的化学成分

地下水的化学成分比较复杂，含有各种各样的气体、离子、分子、化合物以及生物成因的物质。

4.2.2.1 地下水中常见的化学成分

地下水中常见的化学成分有：气体成分、离子成分、胶体成分、有机成分和细菌成分。

（1）主要气体成分。地下水中含有多种气体成分，常见的有氧气（O_2）、氮气（N_2）、二氧化碳（CO_2）、硫化氢（H_2S）。

地下水中的氧气和氮气主要来源于大气。地下水中出现硫化氢，表明处于缺氧的还原环境。地下水中的二氧化碳有两个来源：一是生物化学作用，如生物呼吸及有机质的发酵；另一种是深部变质作用形成的，即碳酸盐类岩石，在高温作用下，分解生成二氧化碳。

（2）主要离子成分。地下水中分布最广、含量最多的离子有：Cl^-、SO_4^{2-}、HCO_3^-、Na^+、K^+、Ca^{2+}、Mg^{2+}。它们来源于与其相关的各种原岩的风化溶解，在地下水中占绝对的优势。它们决定了地下水化学成分的基本类型和特点。

（3）主要胶体成分。地下水中胶体成分包括有机的和无机的两种。有机胶体地球表面分布很广，尤其在热带、沼泽地带的地下水中含量很高。地下水中呈分子状态的无机化合物（胶体）有 Fe_2O_3、Al_2O_3、H_2SiO_4 等。无机胶体有的不稳定，易生成次生矿物而沉淀。如氢氧化铝胶体易形成水矾土、叶蜡石沉淀。

（4）有机成分和细菌成分。有机成分主要是生物遗体所分解，多富集于沼泽水中，有特殊臭味。细菌成分可分为病源菌和非病源菌两种。

4.2.2.2 地下水的主要化学性质

地下水的主要化学性质包括酸碱度、硬度、总矿化度和侵蚀性等。

（1）酸碱度。水的酸碱度取决于水中氢离子的浓度，用 pH 值表示。根据 pH 值可将水分为强酸性水、弱酸性水、中性水、弱碱性水和强碱性水五类，见表 4-5。自然界中大多数地下水的 pH 值在 6.5～8.5 之间。

表 4-5　地下水按 pH 值的分类

水的类型	强酸性水	弱酸性水	中性水	弱碱性水	强碱性水
pH 值	<5	5～7	7	7～9	>9

（2）硬度。水的硬度取决于水中 Ca^{2+}、Mg^{2+} 的数量。硬度分为总硬度、暂时硬度、永久硬度。水中 Ca^{2+}、Mg^{2+} 离子的含量称为总硬度；将水煮沸后，水中一部分 Ca^{2+}、Mg^{2+} 因失去 CO_2 而生成碳酸盐沉淀，致使水中 Ca^{2+}、Mg^{2+} 含量减少，由煮沸而减少的这部分 Ca^{2+}、Mg^{2+} 的数量称为暂时硬度。总硬度与暂时硬度之差，即水煮沸时未发生碳酸盐沉淀的那部分 Ca^{2+}、Mg^{2+} 的数量称为永久硬度。

硬度常采用德国度或毫摩尔数表示，一个德国度相当于 1 升水中含有 10mg 的 CaO 或 7.2mg 的 MgO；1 毫摩尔硬度等于 2.8 个德国度。地下水按硬度可分为五类（见表 4-6）。

表 4-6　地下水按硬度分类

	水 的 类 别	极软水	软水	微硬水	硬水	极硬水
硬度	Ca^{2+}、Mg^{2+} 的毫摩尔数	<1.5	1.5～3.0	3.0～6.0	6.0～9.0	>9
	德国度	<4.2	4.2～8.4	8.4～16.8	16.8～25.2	>25.2

硬度对评价工业与生活用水均有很重要的意义，硬水易在锅炉和水管中产生水垢，造成锅炉爆炸，故用作锅炉用水应作降低硬度处理。

（3）总矿化度。地下水中离子、分子和各种化合物的总量称总矿化度，简称矿化度，以 g/L 表示。通常以 105～110℃温度下将水蒸干后所得干涸残余物总量来确定，也可将分析所得阴、阳离子含量相加，求得理论干涸残余物值。地下水根据矿化程度可分为 5 类，见表 4-7。

表 4-7 地下水按矿化度的分类

水的类别	淡水	微咸水（低矿化水）	咸水（中等矿化水）	盐水（高矿化水）	卤水
矿化度/(g/L)	<1	1~3	3~10	10~50	>50

水的矿化度与水的化学成分说明了量变到质变的关系，淡水和微咸水常以 HCO_3^- 为主要成分，称重碳酸盐型水；咸水常以 SO_4^{2-} 为主要成分，称硫酸盐型水；盐水和卤水则往往以 Cl^- 为主要成分，称氯化物型水。高矿化水能降低混凝土强度，腐蚀钢筋，并促使混凝土表面风化。搅拌混凝土用水一般不允许用高矿化水。

（4）地下水的侵蚀性。侵蚀性是指地下水对混凝土及钢筋构件的侵蚀破坏能力，主要有两种型式：

① 硫酸型侵蚀（结晶型侵蚀）。若水中 SO_4^{2-} 含量大时，将会与混凝土中的水泥作用，生成含水硫酸盐结晶（如生成 $CaSO_4 \cdot 2H_2O$），这时体积膨胀，使混凝土遭到破坏。

② 碳酸盐侵蚀。主要是指水中侵蚀性 CO_2 等对混凝的分解作用。

4.3 地下水的基本类型及主要特征

4.3.1 地下水按埋藏条件分类

地下水按埋藏条件可分为上层滞水、潜水和承压水三类。

4.3.1.1 上层滞水

上层滞水是存在于包气带中局部隔水层之上的重力水（见图 4-2）。上层滞水一般分布不广，埋藏接近地表，接受大气降水的补给，补给区与分布区一致，以蒸发形式或向隔水底板边缘排泄。雨季时接受大气降水补给，赋存一定的水量，旱季时水量逐渐消失，其动态变化很不稳定。

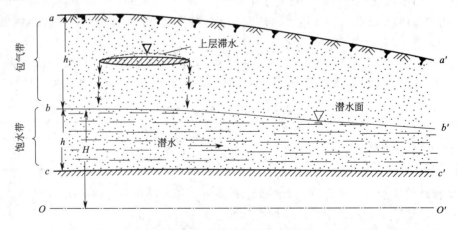

图 4-2 上层滞水和潜水示意图

aa'—地面；bb'—潜水面；cc'—隔水层面；OO'—基准面

4.3.1.2 潜水

（1）潜水的概念及特征。潜水是指埋藏在地表以下、第一个稳定隔水层以上，具有自由水面的重力水（见图4-2）。潜水的自由水面称为潜水面。潜水面用高程表示潜水位，自地面至潜水面的距离称潜水埋藏深度。由潜水面往下至隔水层顶板之间充满重力水的岩层称为潜水含水层，两者之间的距离称为含水层厚度。

根据潜水的埋藏条件，潜水具有以下特征。

① 潜水面是自由水面，无水压力，只能沿水平方向由高向低流动。

② 潜水面以上无稳定的隔水层，存留于大气中的降水和地表水可通过包气带直接渗入补给而成为潜水的主要补给来源，其分布区与补给区一致。

③ 潜水的水位、水量、水质随季节不同而有明显的变化。

④ 由于潜水面上无盖层（隔水层），故易受污染。

（2）等水位线。潜水面的形状可用等高线图表示，称为潜水等水位线图。绘制时按研究区内潜水的露头（钻孔、水井、泉、沼泽、河流等）的水位，在大致相同的时间内测定，点绘在地形图上，连接水位等高的各点，即为等水位线图（见图4-3）。由于水位有季节性变化，图上必须注明测定水位的日期。一般应有最低水位和最高水位时期的等水位线图。

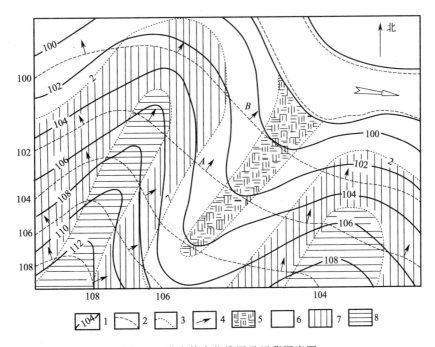

图 4-3　潜水等水位线图及埋藏深度图
1—地形等高线；2—等水位线；3—等埋深线；4—潜水流向；5—潜水埋藏深度为零区（沼泽区）；6—埋深0～2m区；7—埋深2～4m区；8—埋深大于4m

根据等水位线图可以确定以下问题。

① 确定潜水流向。其应垂直于等水位线由高水位指向低水位。

② 确定潜水的水力坡度。在潜水流向上，两点之间的水位差与其水平距离的比值，即为潜水在该距离段内的水力坡度。

③ 确定潜水的埋藏深度。其为同一点的地面标高与潜水位标高之差。

④ 确定潜水与河水的补排关系。潜水与河水的补给关系一般有三种不同情况，如图

4-4 所示。潜水补给河水见图 4-4(a)、河水补给潜水见图 4-4(b) 和河水-潜水相互补给见图 4-4(c)。

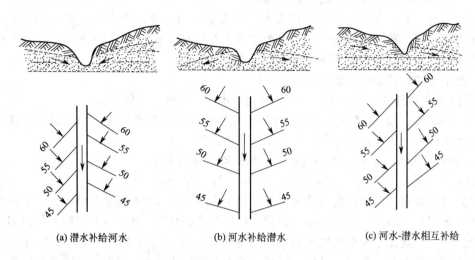

(a) 潜水补给河水　　　　(b) 河水补给潜水　　　　(c) 河水-潜水相互补给

图 4-4　潜水与河水不同补给关系的等水位线图

⑤ 确定泉和沼泽的位置。潜水位高程与地形高程相同处潜水出露，为泉或沼泽位置。

⑥ 选择给（排）水建筑物位置。一般应在平行等水位线（垂直于流向）和地下水汇流处开挖截水沟或打井。

4.3.1.3　承压水

（1）承压水的概念与特征。承压水是指充满于两个隔水层之间的含水层中具有静水压力的地下水。承压水有上下两个稳定的隔水层，分别称为隔水顶板和隔水层底板，两者之间的距离称为含水层厚度，见图 4-5。

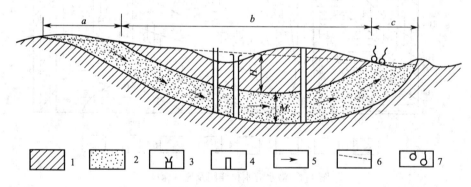

图 4-5　承压水分布示意图

1—隔水层；2—含水层；3—喷水钻孔；4—不自喷钻孔；5—地下水流向；6—测压水位；7—泉

H—承压水位；M—含水层厚度

根据承压水的埋藏条件，承压水具有以下特征。

① 承压水不具有自由水面，并承受有静水压力。

② 承压水的补给区与分布区不一致。

③ 水量、水位、水温都比较稳定，受气候、水文因素的直接影响较小。

④ 承压水的水质不易受地面污染。

（2）等水压线图。等水压线图反映了承压水面的起伏形状。它与潜水面不同，潜水面是一实际存在的面，承压水面是一个势面。承压水面与承压水的埋藏深度不一致，与地形高低也不吻合，只有在钻孔揭露含水层时才能测到。因此，在等水压线图中还要附以含水层顶板的等高线。根据等水压线图可以确定含水层的许多数据，如承压水的水力梯度、埋藏深度和承压水头等。

4.3.2　地下水按含水层的空隙性质分类

地下水按含水层的空隙性质可分为孔隙水、裂隙水和岩溶水3类。

① 孔隙水：是指贮存于松散土层孔隙中的地下水。

② 裂隙水：是指贮存于坚硬非可溶岩石裂隙中的地下水。

③ 岩溶水：是指贮存于可溶岩石溶隙中的地下水。

如果把两种分类方法综合，可组成9种不同类型的地下水（见表4-8）。

表4-8　地下水分类表

埋藏条件＼含水层空隙性质	孔隙水（松散沉积物孔隙中的水）	裂隙水（坚硬基岩裂隙中的水）	岩溶水（岩溶化岩石溶隙中的水）
上层滞水	局部隔水层以上的饱和水	出露于地表的裂隙岩石中季节性存在的水	垂直渗入带中的水
潜水	各种松散堆积物浅部的水	基岩上部裂隙中水、沉积岩层间裂隙水	裸露岩溶化岩层中的水
承压水	松散堆积物构成的承压盆地和承压斜地中的水	构造盆地、向斜及单斜岩层中的层状裂隙水　断裂破碎带中深部水	构造盆地、向斜及单斜岩溶岩层中的水

本章小结

地下水问题是工程地质学研究的主要问题之一，本章主要讨论地下水的基本概念、地下水物理性质和化学成分，以及地下水的基本类型及主要特征。

地下水是指埋藏于地表以下的岩土空隙中各种状态的水，根据岩土空隙的成因不同，可把空隙分为孔隙、裂隙和溶隙三大类；由于各类岩土的水理性质与透水性不同，可将各类岩土层划分为含水层与隔水层；地下水物理性质包括温度、颜色、透明度、气味、味道、密度、导电性及放射性等，地下水的化学成分比较复杂，含有各种各样的气体、离子、分子、化合物以及生物成因的物质，需要取样进行化学分析；地下水按其埋藏条件可分为上层滞水、潜水和承压水；按含水层的空隙性质可分为孔隙水、裂隙水和岩溶水。地下水是水资源的重要组成部分，是工程地质分析、评价和地质灾害防治中的一个及其重要的影响因素。

思考题

[4-1]　什么是地下水？研究地下水有何意义？

[4-2] 岩土空隙有哪些成因类型？什么叫含水层和隔水层？

[4-3] 地下水的物理性质主要有哪些？地下水含有哪些主要的化学成分？

[4-4] 地下水对混凝土有什么腐蚀？

[4-5] 什么叫总矿化度、硬度和酸碱度？

[4-6] 试比较潜水和承压水的主要特征。

5　水工建筑物主要工程地质问题

本章提要

　　水工建筑物是指在水的静力或动力的作用下工作，并与水发生相互影响，用来控制和调节水流，防治水害，开发利用水资源的各种建筑物。由不同功能的水工建筑物组成的综合体称为水利枢纽。水工建筑物按其作用分为：挡水建筑物（坝或闸）、泄水建筑物（溢洪道或泄洪洞等）、取水或输水建筑物（隧洞及渠系建筑物等）以及附属建筑物（水电站和船闸等）。一切水工建筑物都是修建在地壳的表层上，它们的安全可靠性、技术可行性和经济合理性，在很大程度上取决于建筑场地的工程地质条件。所谓工程地质条件是指与工程建筑物有关的各种地质因素的综合，包括地形地貌、地层岩性、地质构造、水文地质条件、自然地质现象和天然建筑材料6个方面。水工建筑物的工程地质问题都与这些地质条件息息相关，水工建筑物主要的工程地质问题包括渗漏（如库区、坝区和渠道渗漏等）和稳定［坝基（肩）岩体稳定、边（斜）坡岩体稳定、隧洞围岩稳定等］两个方面。

　　本章主要介绍大坝、水库和引水建筑物出现的这两类工程地质问题。

5.1　坝的工程地质问题

5.1.1　坝基的稳定问题

　　坝基的稳定是指坝基岩体在水压力及上部荷载作用下，不产生过大的沉降或不均匀沉降、不产生滑动和在渗透水流作用下，不产生渗透变形，即坝基的沉降稳定、抗滑稳定、渗透稳定。关于渗透稳定将在第7章中作介绍。

5.1.1.1　坝基的沉降稳定问题

　　坝基在垂直压力作用下，产生的竖向压缩变形，称为坝基沉降。过大的坝基沉降，特别是坝基的不均匀沉降，将导致坝体开裂，甚至破坏（见图 5-1）。

　　对于土坝，由于其断面大，只要坝基不存在高压缩性土（如淤泥或淤泥质土），其沉降

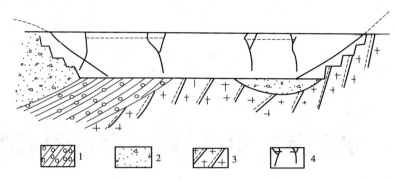

图 5-1　岩性不均一的坝基横剖面图

1—含砾黏土岩；2—沙砾石；3—花岗片麻岩；4—沉陷及裂缝

稳定一般可满足要求。

对于混凝土重力坝，因重量大、断面较小，对坝基的要求高，当坝基存在有软弱夹层、断层破碎带、节理密集带或厚度较大的风化岩层时，则有可能产生较大的沉降与不均匀沉降，导致坝体破坏。

影响沉降的因素，除岩性与地质构造外，还应考虑软弱岩层的存在位置和产状。如图5-2所示，当软弱夹层水平时，有可能产生较大的沉降 [见图 5-2(a)]；位于下游时，则易使坝体向下游倾覆 [见图 5-2(b)]；若位于上游坝踵处时，则对沉降的影响较小 [见图 5-2(c)]。所以选择坝址时应尽量避开软弱岩石分布地带，当不能避开时，应采取加固措施，如灌浆或开挖回填等。

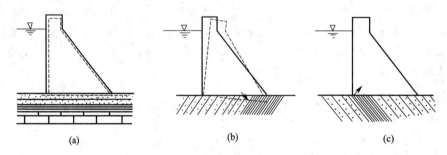

图 5-2　软弱夹层的产状和分布位置与地基沉降稳定示意图

为了保证大坝的安全与正常使用，在工程设计中，应将地基沉降限制在某一容许范围内，工程中常用岩基容许承载力 $[R]$ 来表示。岩基的容许承载力 $[R]$：是指岩基在荷载作用下，不产生过大的变形、破裂所能承受的最大压强。

$$[R] = \frac{R_b}{K} \tag{5-1}$$

式中　$[R]$——岩基的容许承载力，kPa；

　　　R_b——岩石的饱和单轴极限抗压强度，kPa；

　　　K——折减系数。

折减系数的取值大小，应该要根据岩石的坚硬程度、完整性、风化程度等因素确定。岩石愈坚硬折减系数取值愈大。对于特别坚硬的岩石（如石英岩、致密玄武岩、细粒花岗岩等），K 取 20～25；对于一般坚硬岩石（如石灰岩、砂岩、砾岩等），K 取 10～20；对于软弱岩石（如黏土岩、泥质粉砂岩等），K 取 5～10；对于风化的岩石，参照上述标准相应降低 25%～50%。

5.1.1.2 坝基的抗滑稳定

建于岩基上的混凝土坝（重力坝、支墩坝和拱坝）为刚性坝体，坝基（肩）抗滑稳定问题是最重要的工程地质问题。混凝土重力坝是依靠其自重来维持稳定的，因此必须对坝基抗滑稳定性做具体的分析。

（1）坝基岩体滑动破坏的类型。岩基岩体的滑动破坏根据滑动面位置的不同，可划分为表层滑动、浅层滑动和深层滑动三种（见图 5-3）。

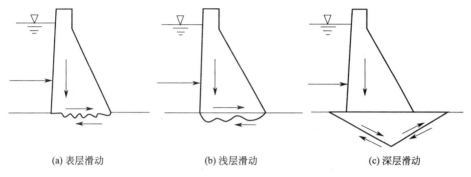

| (a) 表层滑动 | (b) 浅层滑动 | (c) 深层滑动 |

图 5-3　坝基滑动破坏的形式

① 表层滑动。表层滑动（或称为接触滑动）指坝体混凝土底面与基岩接触面之间发生剪切破坏所造成的滑动［见图 5-3(a)］。一般发生在基岩比较完整、坚硬的坝基，上部坝体与下部基岩的抗剪强度都比较大，只有在两者的接触面，由于基础处理、特别是清基工作质量欠佳，致使浇筑的坝体混凝土与开挖的基岩面黏结不牢，抗剪强度未能达到设计要求而形成。

② 浅层滑动。浅层滑动是指沿着坝基岩体浅部的软弱结构面或夹层发生的滑动［见图 5-3(b)］。一般发生在施工中对风化岩石的清除不彻底、基岩本身比较软弱破碎，或在浅部岩体中有软弱夹层未经有效处理等情况下。

③ 深层滑动。当坝基深部的基岩中存在软弱夹层或软弱结构面时，坝体和软弱层之上的基岩作为一个整体，沿软弱面发生的滑动叫深层滑动［见图 5-3(c)］。这种滑动形式多发生于修建在岩基上的重力坝中。它是工程地质学的重点研究对象，本节重点分析深层滑动的边界条件及稳定分析。

（2）深层滑动的边界条件。当坝基较深处存在着三组或三组以上的软弱结构面时，往往发生坝基的深层滑动。在进行稳定分析时，首先应查明软弱结构面的埋藏条件、产状和组合关系，即确定滑动体的形状和边界条件。

常见的坝基滑动体有楔形体、棱形体、锥形体、板状体（见图 5-4）。其边界条件由滑动面、切割面、临空面（见图 5-5）组成。同时具备以上三个边界条件，岩体就可能滑动，否则就不可能滑动。

（3）坝基抗滑稳定计算。坝基抗滑稳定计算应在坝基岩体滑动边界条件分析的基础上进行，计算出滑动面上抗滑力与滑动力的比值称为抗滑稳定性系数 F_s，即

$$F_s = \frac{抗滑力}{滑动力}$$

下面就表层滑动介绍目前常用的两种类型的计算公式，见图 5-6。

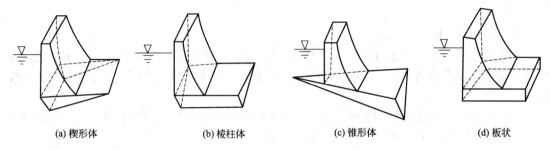

(a) 楔形体　　　　　(b) 棱柱体　　　　　(c) 锥形体　　　　　(d) 板状

图 5-4　坝基滑动体类型

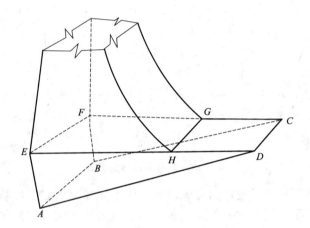

图 5-5　坝基滑动边界条件

ABCD—滑动面；*ADE*、*BCF*、*ABFE*—切割面；

CDHG—临空面

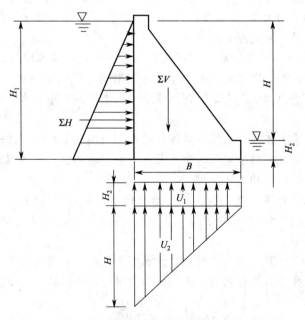

图 5-6　表层滑动稳定性计算示意图

$$F_s = \frac{f(\sum V - U)}{\sum H} \tag{5-2}$$

$$F_s' = \frac{f(\sum V - U) + cA}{\sum H} \tag{5-3}$$

式中　F_s、F_s'——抗滑稳定安全系数，一般取 $F_s = 1.0 \sim 1.1$，$F_s' = 3.0 \sim 5.0$；

　　　$\sum V$——作用在滑动面上的竖向力之和，kN；

　　　$\sum H$——作用在滑动面以上的水平力之和，kN；

　　　U——作用在滑动面上的扬压力，kN；

　　　c——滑动面的黏聚力，kPa；

　　　A——滑动面的面积，m^2；

　　　f——滑动面的摩擦系数。

公式(5-2)和公式(5-3)的区别在于是否考虑黏聚力 c 的作用。公式(5-2)没有考虑黏聚力，主要是 c 值受很多因素的影响（如岩石的风化程度、清基质量等），正确地选择 c 值有困难。因此，可以不考虑 c 值，并把它作为安全储备，而降低了抗滑稳定性系数 F_s 的取值。公式(5-3)考虑了 c 值，认为滑动面处于胶结状态，适用于混凝土与基岩的胶结面及较完整的基岩。

（4）抗滑稳定计算中主要参数的确定。在重力坝的抗滑稳定计算中，主要参数是滑动面的抗剪强度指标，即摩擦系数 f 和黏聚力 c，尤其是摩擦系数对抗滑稳定计算结果影响很大。如果选择偏大，则坝基稳定性没有保证；反之则会造成工程的浪费。

目前对于抗剪强度指标的确定，通常采用以下三种方法。

① 经验数据法。对无条件进行试验的中小型工程，可在充分研究坝基地质条件的基础上，按表5-1确定。

表 5-1　坝基岩体摩擦系数 f 经验数据表

岩 体 特 征	摩擦系数 f
极坚硬、均质、新鲜岩石，裂隙不发育，地基经过良好处理，湿抗压强度>100MPa，野外试验所得 $E > 2 \times 10^4$ MPa	0.65~0.75
岩石坚硬、新鲜或微风化，弱裂隙性，不存在影响坝基稳定的软弱夹层，地基经处理后，岩石湿抗压强度>60MPa，$E > 1 \times 10^4$ MPa	0.65~0.70
中等硬度的岩石，岩性新鲜或微风化，弱裂隙性或中等裂隙性，不存在影响坝基稳定的软弱夹层，地基经处理后，岩石湿抗压强度>20MPa，$E > 0.5 \times 10^4$ MPa	0.50~0.60

② 工程地质类比法。对于中小型工程，可参考工程地质条件相似且运转良好的已建工程所采用的 f、c 作为拟建工程的计算参数。

③ 试验法。由室内与现场试验确定 f、c 值。

（5）坝基处理。经过计算分析，若坝基稳定性不满足要求时，必须进行坝基处理，以保证大坝的安全。常用的坝基处理措施有清基、岩体加固等。

① 清基。将坝基岩体表层松散软弱、风化破碎的岩层及浅部的软弱夹层等开挖清除，使基础位于较新鲜的岩体之上。清基时，应使基岩表面略有起伏，并使之倾向上游，以提高抗滑性能。

② 岩体加固。可通过固结灌浆，将破碎岩体用水泥胶结成整体，以增加其稳定性。对软弱夹层可采用锚固处理，即用钻孔穿过软弱结构面，进入完整岩体一定深度，插入预应力钢筋，用以加强岩体稳定。

有关坝基处理方法还有很多，可参考有关专业课教材。

5.1.2 坝区渗漏问题

水库蓄水后，在大坝上、下游水位差的作用下，库水将可能沿坝基或坝肩岩体中存在的渗漏通道向下游渗漏，产生坝区渗漏。坝区渗漏包括坝基渗漏（库水通过坝基岩体渗向下游）和绕坝渗漏（库水通过坝肩岩体渗向下游）。是否存在坝区渗漏取决于坝区岩体中是否存在有渗漏通道。坝区渗漏不仅会减少库容，影响水库效益，而且渗流产生的渗透力，可能在坝基中引起渗透变形，危及大坝的安全，或降低大坝的抗滑稳定性。下面仅以地质条件分析对坝区渗漏作一扼要分析。

5.1.2.1 基岩地区的渗漏分析

基岩地区是否存在坝区渗漏问题，主要取决于坝区岩体中是否存在有渗漏通道，如断层破碎带、节理密集带、岩溶通道、喷出岩中串通的气孔和多次喷发的间歇面、胶结不良的砂砾岩及不整合面等。

岩浆岩中的侵入岩（包括变质岩中的片麻岩和石英岩）分布区的坝基一般较为理想，其可能的渗漏通道主要为断层破碎带、节理密集带、岩脉裂隙发育带及表层风化裂隙组成的透水带；喷出岩分布区的渗漏通道主要是连通的裂隙、串通的气孔和多次喷发的间歇面；沉积岩分布区除了断层破碎带、节理密集带和表层风化裂隙构成渗漏通道外，最常见的渗漏通道是胶结不良的砂砾岩和不整合面；岩溶区的渗漏通道主要是岩溶通道。

只要坝区岩体中渗漏通道从库区穿过坝基或坝肩，并延伸至下游，就有可能导致渗漏。

5.1.2.2 松散堆积物地区的渗漏分析

松散堆积物地区的渗漏通道主要是古河道及河床和阶地内的砂砾层。砂砾层的颗粒粗细变化较大，出露条件各不相同，这些均影响坝区渗漏量的大小。如果砂砾层上有足够厚度、分布稳定的黏性土层时，就等于是天然铺盖，可起防渗作用。因此，在研究松散堆积物区坝区渗漏问题时，应查清各土层在垂直和水平方向的变化规律。

坝区岩土体中如果存在有渗漏通道，必将产生坝区渗漏，必须采取相应的防渗措施加以处理，如帷幕灌浆、高压喷射注浆、截水墙等。

5.2 水库的工程地质问题

水库的工程地质问题，可归纳为水库渗漏、浸没、塌岸、淤积等几方面。

5.2.1 水库渗漏问题

水库渗漏包括暂时性渗漏和永久性渗漏两类。前者是指水库蓄水初期为使库水位以下岩土饱和而产生的库水损失，这部分的损失对水库影响不大。后者是指库水通过分水岭向邻谷低地或经库底向远处洼地的渗漏，这种长期的渗漏将影响水库效益，还可能造成邻谷和下游出现的浸没问题。

分析水库是否存在渗漏问题，可从以下几个方面考虑。

5.2.1.1　库区地形地貌与水文地质条件

山区水库，地形分水岭（或称河间地块）单薄、邻谷谷底高程低于水库正常高水位［见图 5-7(a)］，则库水有可能向邻谷渗漏。相反，若河间地块分水岭宽厚，或邻谷谷底高程高于水库正常高水位，库水就不可能向邻谷渗漏［见图 5-7(b)］。

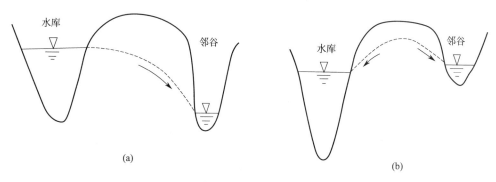

图 5-7　邻谷高程与水库渗漏的关系

当山区水库位于河弯处，若河道转弯处山脊较薄，且又位于垭口、冲沟地段，则库水可能外渗（见图 5-8）。平原区水库一般不会产生水库渗漏，但在河曲地段有古河道沟通下游时，则有渗漏可能。

平原区水库一般不易向邻谷河道渗漏，但在河曲地段有古河道沟通下游时，则有渗漏可能。

5.2.1.2　地层岩性与地质构造

当河间分水岭岩性由有强透水岩层组成（如卵砾石层），或存在有岩溶通道和断层破碎带等渗漏通道，且强透水岩层及渗漏通道又低于水库的正常水位，必将引起强烈漏水（见图 5-9）。

5.2.2　水库浸没问题

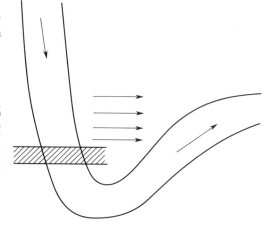

图 5-8　河弯间渗漏途径示意图

水库蓄水后，库水位抬高，使水库周围地区的地下水位上升至地表或接近地表，引起水库周围地区土壤产生盐渍化和沼泽化，以及使建筑物地基软化、矿坑充水等现象，称为水库浸没。

水库浸没的可能性取决于水库岸边正常水位变化范围内的地形地貌、岩性与水文地质条件。对于山区水库，水库岸边地势陡峻，或由不透水岩石组成，一般不存在水库浸没问题。但对于山间谷地和山前平原中的水库，周围地势平坦，且多为松散堆积物构成，容易发生水库浸没问题，而且影响范围也比较大。

5.2.3　水库塌岸问题

水库蓄水后，岸边岩土受库水饱和强度降低，加上库水波浪的冲击、淘刷作用，引起库岸坍塌后退的现象，称为水库塌岸。

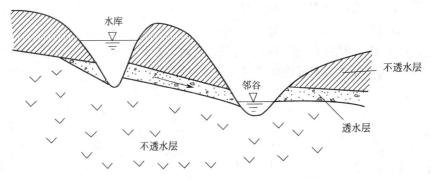

图 5-9　易于向邻谷渗漏的岩性、构造条件

　　水库塌岸将使库岸扩展后退，对近岸建筑物、道路、农田等造成威胁、破坏，且垮落的土石又会淤积于水库之中，减少水库的有效库容。塌岸还可能使分水岭变得单薄，导致库水外渗。

　　水库塌岸一般在平原水库会比较严重，水库蓄水两三年内发展较快，以后逐渐稳定。

5.2.4　水库淤积问题

　　水库建成后，上游河水携带的大量泥沙及塌岸物质和两岸坡上的冲刷物质堆积于库底的现象，称为水库淤积。水库淤积必将减小水库的有效库容，缩短水库寿命。对于多泥沙河流，水库淤积往往是一个主要问题。

　　工程地质研究水库淤积问题，主要是查明淤积物的来源、范围、岩性及其风化程度以及斜坡稳定性等，为论证水库的运行方式及使用寿命提供资料。

　　防治水库淤积的措施主要是在上游开展水土保持工作，如开展天然林保护工程、修筑梯田等。

5.3　引水建筑物的工程地质问题

　　引水建筑物是线性水工建筑物，一般由渠道、输水隧洞、渡槽和水闸等组成。本节仅介绍渠道与隧洞的工程地质问题。

5.3.1　渠道的工程地质问题

　　渠道的工程地质问题主要有渠道渗漏、渠道边坡稳定和渠道两侧的自然地质现象，如冲沟、崩塌、滑坡、泥石流对渠道的威胁。关于自然地质现象已在第 3 章中讲述，此处不再重复。

5.3.1.1　渠道渗漏的地质条件分析

　　山区傍山渠道通过基岩地区，由于大多数岩石的透水性很微弱，一般渗漏不严重。但要注意渠线是否穿越强透水层或强透水带（如断层破碎带、节理密集带、岩溶发育带和强风化带等），这些地段可能产生大量渗漏。

平原线及谷底线渠道，多通过第四系的松散堆积层，渠道渗漏主要取决于其透水性的强弱。如砂砾石层，透水性强，将会产生严重渗漏；若为黏性土，则很少渗漏，甚至不渗漏。

5.3.1.2 渠道选线的工程地质问题

渠道为线性建筑物，路线长，穿越的地貌单元、岩性、地质构造和水文地质条件差异大，变化复杂。为了保证水流畅通，渠道不冲、不淤和最小渗漏损失。在渠道选线时，首先应确定一个合理的纵坡降，应尽量避开高山、深谷区，还应尽量避开大的断层破碎带、强地震区、强透水层分布区与岩溶发育区，同时也应该避开斜坡不稳定地段。

5.3.1.3 渠道渗漏的防治

渠道渗漏防治措施主要有以下三个方面：

（1）绕避。就是在渠道选线时，尽量绕避一些强的渗漏通道。

（2）防渗。采用不透水材料护面防渗，如黏土、三合土、浆砌石、混凝土、土工合成材料等。

（3）灌浆、硅化加固等。这类处理方法价格昂贵，很少采用。

5.3.2 隧洞的工程地质问题

在山区修建的水利工程，常常需要修建输水或引水隧洞。由于隧洞修建在地下岩体中，所以地质条件对隧洞影响很大，隧洞的主要工程地质问题是：围岩的稳定问题、线路的选择问题及设计参数的确定。

5.3.2.1 围岩的工程地质分类

我国《水利水电工程地质勘察规范》（GB 50487—2008）中将围岩按总评分和围岩强度应力比把隧洞围岩分为五类，见表5-2。

表5-2 围岩工程地质分类

围岩类别	围岩稳定性	围岩总评分 T	围岩强度应力比 S	支 护 类 型
I	稳定。围岩可长期稳定，一般无不稳定块体	$T>85$	$S>4$	不支护或局部锚杆或喷薄层混凝土。大跨度时，喷混凝土，系统锚杆加钢筋网
II	基本稳定，围岩整体稳定，不会产生塑性变形，局部可能产生掉块	$85\geqslant T>65$	$S>4$	
III	局部稳定性差，围岩强度不足，局部会产生塑性变形，完整的较软岩，可能暂时稳定	$65\geqslant T>45$	$S>2$	喷混凝土，系统锚杆加钢筋网。采用TBM掘进时，需及时支护。跨度大于20m时，宜采用锚索或刚性支护
IV	不稳定。围岩自稳时间很短，规模较大的各种变形和破坏都可能发生	$45\geqslant T>25$	$S>2$	喷混凝土，系统锚杆加钢筋网，刚性支护，并浇筑混凝土衬砌。不适宜于开敞式TBM施工
V	极不稳定。围岩不能自稳，变形破坏严重	$T\leqslant25$	—	

注：II、III、IV围岩，当围岩强度应力比小于本表规定时，围岩类别宜相应降低一级。

围岩总评分为：以控制围岩稳定的岩石强度、岩体完整程度、结构面状态、地下水和主要结构面产状五项因素分数之和，详见《水利水电工程地质勘察规范》（GB 50487—2008）。

围岩的强度应力比 S 可根据下式求得：

$$S=\frac{R_{b}K_{v}}{\sigma_{m}}$$

（5-4）

式中　R_b——岩石饱和单轴抗压强度，MPa；

　　　K_v——岩体完整性系数；

　　　σ_m——围岩的最大主应力，MPa。

5.3.2.2　隧洞的工程地质条件

（1）洞口位置的选择。洞口位置选择应考虑山坡坡度、岩层倾角、洞口顶板的稳定性和水流影响等几方面因素。工程实践证明：因为洞口位置的地形、地貌条件不利，导致迟迟不能清理出稳定的洞脸而无法进洞的局面。

洞口位置应选在山坡下陡上缓，无滑坡、崩塌等存在的坡面。山坡下部的坡度最好大于60°，一般不小于40°。洞口处岩石应直接出露或坡积层较薄，岩石比较新鲜，尽量选在岩层倾向与地形坡向相反的山坡（反向坡），或岩层倾角小于20°或大于70°的同向坡。同时还应选择完整、厚度大的岩层作为隧洞的顶板。

洞口位置不应选在冲沟或溪流的源头、旁河山嘴和谷地口部受水流冲蚀地段，还应避开滑坡、崩塌、冲沟、泥石流等发育地段。

（2）隧洞选线的工程地质评价。

① 隧洞选线时应充分利用地形，方便施工。如利用深切的河谷，使隧洞出现明段，便于施工。同时要求有压隧洞上覆岩体厚度应大于 0.2～0.5 倍的压力水头，无压隧洞也不小于 3 倍洞的跨度。

② 选择洞线时，应充分分析沿线地层的分布和各种岩石的工程性质，尽量使身在完整坚硬的岩体中穿过。

③ 洞线在褶皱和断裂带穿过时，应尽量使其垂直于岩层和断层的走向，并应避开褶皱核部，以陡倾角的翼部为佳。

④ 对隧洞沿线的水文地质条件应进行调查，对易透水的岩层和构造，特别是岩溶地区，应注意分析评价地下水涌水的可能性和涌水量。

⑤ 在隧洞位置选择时，岩体中的初始应力状态，对围岩稳定性的影响不可忽视。如岩体中水平主应力较大时，洞轴线应平行最大主应力方向。

5.3.2.3　山岩压力及围岩的弹性抗力

山岩压力与弹性抗力是隧洞设计的主要依据，它关系洞室正常运用、安全施工、节约资金和更快更好地进行建设的问题。

（1）山岩压力。是指隧洞开挖后，引起围岩中一定范围内的岩体向洞内松动或坍塌而作用于支撑或衬砌上的压力值。

山岩压力是隧洞设计的主要荷载，其值估计偏小可能影响到隧洞的安全，估计偏大则又造成浪费。

工程上常采用以下两种确定山岩压力的方法：其一，用平衡拱理论，将围岩视为松散介质；其二，用岩体结构分析，将围岩视为各种结构面组合而成的塌落体，塌落体的滑动力减去抗滑力即为山岩压力。但由于山岩压力的大小和方向的确定极其复杂，到目前为止，山岩压力的确定还没有得到圆满的解决。关于山岩压力的确定方法，可参考有关的专业教材。

（2）围岩的弹性抗力。是指有压隧洞在内水压力作用下向外扩张，引起围岩发生变形和抵抗而施加于衬砌的反力。围岩的弹性抗力与围岩的性质、隧洞的断面尺寸及形状等因素有

关。当洞壁围岩在内水压力作用下向外扩张了 ycm（见图 5-10），则围岩的弹性抗力 P 为

$$P = Ky \qquad (5\text{-}5)$$

式中　P——围岩的弹性抗力，MPa；

　　　y——洞壁的径向变形，cm；

　　　K——围岩的弹性抗力系数，MPa/cm。

围岩的弹性抗力系数 K 的物理意义是迫使围岩产生一个单位的径向变形所需施加的压力值。围岩的弹性抗力系数反映了岩体的抗力特征，K 值愈大，围岩承受的内水压力就愈大，衬砌承受的内水压力就小些，衬砌就可做得薄一些。但 K 值选择过大将会给工程带来不安全，因此，正确地选择围岩的弹性抗力系数具有重要的意义。

围岩的弹性抗力系数 K 值与隧洞半径有关，隧洞的半径愈大，K 值愈小。故 K 值并非一个常数，为了便于对比使用，隧洞设计中常采用单位弹性抗力系数 K_0（即隧洞半径 $R = 100\text{cm}$ 的弹性抗力系数），即

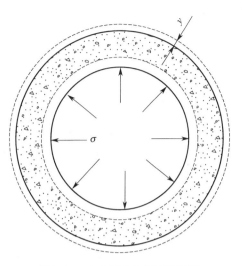

图 5-10　内水压力作用下的围岩

$$K_0 = K\frac{R}{100} \qquad (5\text{-}6)$$

式中　R——隧洞半径，cm。

表 5-3 为各种常见岩石的单位弹性抗力系数表，可供隧洞设计时参考。

表 5-3　岩石的单位弹性抗力系数表

岩石坚硬程度	代表的岩石名称	节理裂隙多少或风化程度	有压隧洞单位抗力系数 K_0/(MPa/cm)	无压隧洞单位抗力系数 K_0/(MPa/cm)
坚硬岩石	石英岩、花岗石、流纹斑岩、安山岩、玄武岩、厚层硅质灰岩等	节理裂隙少、新鲜	100～200	20～50
		节理裂隙不太发育、微风化	50～100	12～20
		节理裂隙发育、弱风化	30～50	5～12
中等坚硬岩石	砂岩、石灰岩、白云岩、砾岩等	节理裂隙少、新鲜	50～100	12～20
		节理裂隙不太发育、微风化	30～50	8～12
		节理裂隙发育、弱风化	10～30	2～8
较软岩石	砂页岩互层、黏土质岩石、致密的泥灰岩	节理裂隙少、新鲜	20～50	5～12
		节理裂隙不太发育、微风化	10～20	2～5
		节理裂隙发育、弱风化	小于 10	小于 2
松散岩石	严重风化及十分破碎的岩石、断层破碎带等		小于 5	小于 1

本章小结

水工建筑物是指在水的静力或动力的作用下工作，并与水发生相互影响，用来控制和调节水流、防治水害、开发利用水资源的各种建筑物。由不同功能的水工建筑物组成的综合体称为水利枢纽。水工建筑物按其作用分为：挡水建筑物（坝或闸）、泄水建筑物（溢洪道或

泄洪洞等）、取水或输水建筑物（隧洞及渠系建筑物等）及附属建筑物（水电站和船闸等）。水工建筑物主要的工程地质问题包括渗漏（如库区、坝区和渠道渗漏等）和稳定［坝基（肩）岩体稳定、边（斜）坡岩体稳定、隧洞围岩稳定等］两个方面。

大坝的主要工程地质问题可归纳为坝基稳定和坝区渗漏两个大的方面。其中坝基稳定包括：坝基的沉降稳定、抗滑稳定和渗透稳定，坝区渗漏包括包括：坝基渗漏和绕坝渗漏。

对于土坝来说，由于其断面大，只要坝基不存在高压缩性土（如淤泥或淤泥质土），其沉降稳定一般可满足要求。对于重力来说，因其重量大、断面较小，对坝基的要求高，当坝基存在有软弱夹层、断层破碎带、节理密集带或厚度较大的风化岩层时，则有可能产生较大的沉降与不均匀沉降，导致坝体破坏。

对于混凝土重力坝或拱坝来说，坝基（肩）的抗滑稳定是最主要的工程地质问题，需分析其抗稳定性是否满足设计要求，否则需进行加固处理。

坝区是否存在渗漏问题，主要取决于坝区是否存在有渗漏通道，如断层破碎带、节理密集带、岩溶通道或沙砾层等。坝区岩土体中如果存在有渗漏通道，必将产生坝区渗漏，必须采取相应的防渗措施加以处理，如帷幕灌浆、高压喷射注浆、截水墙等。

水库的工程地质问题，可归纳为：水库渗漏、浸没、塌岸、淤积等几方面。对于岩溶地区来说，水库的主要工程地质问题是水库渗漏问题，需引起特别的重视。

渠道的工程地质问题主要有渠道渗漏和渠道边坡稳定问题。隧洞的主要工程地质问题是围岩的稳定问题、线路的选择问题及设计参数的确定。

思考题

[5-1] 何谓工程地质条件？水工建筑物主要的工程地质问题有哪些？

[5-2] 坝的工程地质问题有哪些？如何评价坝基的抗滑稳定？

[5-3] 坝基抗滑稳定计算中主要参数是如何确定的？

[5-4] 水库的主要工程地质问题有哪些？如何分析水库的渗漏问题？

[5-5] 渠道选线应注意哪些工程地质问题？渠道渗漏有哪些防治措施？

[5-6] 如何对隧洞洞口与洞线选择进行工程地质评价？

[5-7] 为什么要确定山岩压力和围岩的弹性抗力系数？

6 土的物理性质与工程分类

本章提要

　　土是岩石经风化的产物，是由各种大小不同的土颗粒按一定比例组成的松散集合体。土的成因不同、三相组成的比例不同、结构不同，土的工程性质也不相同。在进行土力学计算及处理地基基础问题时，不仅要知道各类土的特性，还必须熟练掌握反映土三相组成比例和状态的各指标的定义、试验或计算方法，以及填土的压实性和土的工程分类。

　　本章将介绍土的成因、土的组成与结构、土的物理性质指标、土的物理状态指标、土的压实性及土的工程分类。

　　本章的重点是土的三相组成、土的颗粒级配、土的物理性质与物理状态指标及土的工程分类。

6.1　土的成因

6.1.1　土的形成

　　"土"一词在不同的学科领域有其不同的含义。就土木工程领域而言，土是指覆盖在地表的没有胶结和弱胶结的颗粒堆积物。土与岩石的区分仅在于颗粒间胶结的强弱，所以有时也会遇到难以区分的情况。

　　在自然界，土的形成过程是十分复杂的。根据它们的来源，可分为两大类：无机土和有机土。天然土绝大多数是由地表岩石在漫长的地质历史年代经风化作用形成的无机土，所以通常说土是岩石风化的产物，是由各种大小不同的土颗粒按一定比例组成的松散集合体，其形成过程如图 6-1 所示。

　　土的沉积年代的不同，其工程性质将有很大的变化，所以了解土的沉积年代的知识，对正确判断土的工程性质是有实际意义的。大多数的土是在第四纪地质年代沉积形成的，这一地质历史时期是距今较近的时间段落（大约 100 万年）。在第四纪中包括四个世，即早更新

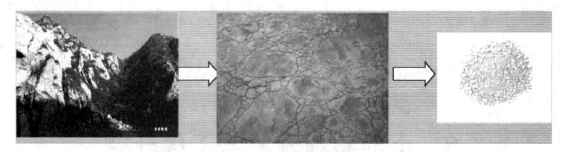

图 6-1　土的形成过程

世（Q_1）、中更新世（Q_2）、晚更新世（Q_3）和全更新世（Q_4）。由于沉积年代不同、地质作用不同及岩石成分不同，使各种沉积土的工程性质相差很大。

6.1.2　土的成因类型

土在地表分布极广，成因类型也很复杂。不同成因类型的沉积物，各具有一定的分布规律、地形形态及工程性质。下面简单介绍几种主要类型。

6.1.2.1　残积土

地表岩石经过风化、剥蚀以后，残留于原地的碎屑物，称为残积土，如图 6-2 所示。它的分布主要受地形的控制，在宽广的分水岭上，由雨水产生地表径流速度小，风化产物易于保留的地方，残积物就比较厚。在平缓的山坡上也常有残积土分布。

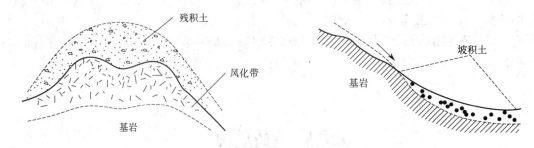

图 6-2　残积土剖面示意图　　　　　　图 6-3　坡积土剖面示意图

残积土中残留碎屑的矿物成分，在很大程度上与下卧基岩相一致，这是它区别于其他沉积土的主要特征。由于残积土未经搬运，其颗粒大小不可能被磨圆或分选，故其颗粒大小混杂，均质性差，土的物理力学性质各处不一，且其厚度变化大。因此在进行工程建设时作地基容易引起不均匀沉降。我国南部地区的某些残积土，还具有一些特殊的工程性质。如由石灰岩风化而成的残积红黏土，虽然其孔隙比较大，含水率高，但因其结构性强因而承载能力高。又如，由花岗岩风化而形成的残积土，虽室内测定的压缩模量较低，孔隙比较大，但其承载力并不低。

6.1.2.2　坡积土

高处的岩石风化产物，由于受到雨水、融雪水流的搬运，或由于重力的作用而沉积在较平缓的山坡上，这种沉积物称为坡积土，如图 6-3 所示。它一般分布在坡脚，其上部与残积土相接。

坡积土随斜坡自上而下逐渐变缓，呈现由粗到细的分选现象，但层理（层理是由于沉积物的物质成分、颜色、颗粒大小不同而在垂直方向上表现出来的成层现象）不明显。其矿物成分与下卧基岩没有直接关系，这是它与残积土明显的区别。

坡积物底部的倾斜度决定于基岩的倾斜程度，而表面倾斜度则与生成的时间有关，时间越长，搬运、沉积在山坡下部的物质就越厚，表面倾斜度就越小。在斜坡较陡地段的坡积土，常较薄，而在坡脚地段的坡积土则较厚。

由于坡积物形成于山坡，常常发生沿下卧基岩倾斜面滑动。因此当在坡积土上进行工程建设时，要考虑坡积土本身的稳定性和施工开挖后边坡的稳定性。

6.1.2.3　洪积土

由暴雨或大量融雪骤然集聚而成的暂时性山洪急流，将大量的岩石风化产物或岩石剥蚀、搬运、堆积于山谷或山前倾斜平原而形成洪积土，如图 6-4 所示。由于山洪流出沟谷口后，流速骤减，被搬运的粗碎屑物质先堆积下来，离山渐远，颗粒随之变细，其分布范围也逐渐扩大。

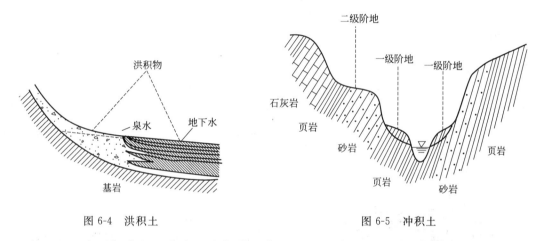

图 6-4　洪积土　　　　　　　　　　　图 6-5　冲积土

从工程观点可把洪积土分为三个部分：靠近山区的洪积土，颗粒较粗，所处的地势较高，而地下水位低，且地基承载力较高，常为良好的天然地基；离山区较远的地段洪积土多由粉粒、黏粒组成，由于形成过程受到周期性干旱作用，土体被析出的可溶性胶结而较坚硬密实，承载力较高；中间过渡地段常常由于地下水溢出表面造成宽广的沼泽地，土质较弱而承载力较低。

6.1.2.4　冲积土

由于河流的流水作用，将岩屑搬运，沉积在河床较平缓地带，所形成的沉积物称为冲积土，如图 6-5 所示。即是由于河流的流水作用，将碎屑物质搬运堆积在它流经的区域内，随着从上游到下游水动力的不断减弱，搬运物质从粗到细逐渐沉积下来，一般在河流的上游及出山口，沉积有粗粒的碎石土、砂土，在中游丘陵地带沉积有中粗粒的砂土和粉土，在下游平原三角洲地带，沉积了最细的黏土。冲积土分布广泛，特别是冲积平原是城市发达、人口集中的地带。对于粗粒的碎石土、砂土，是良好的天然地基，但如果作为水工建筑物的地基，由于其透水性好会引起严重的坝下渗漏；而对于压缩性高的黏土，一般都需要处理地基。

冲积物的特点是呈现明显的层理构造。由于搬运作用显著，碎屑物质由带棱角颗粒（块石、碎石及角砾）经滚磨、碰撞逐渐形成亚圆形或圆形颗粒（漂石、卵石、圆砾），其搬运距离越长，则沉积的物质越细。典型的冲积物是形成于河谷（河流流水侵蚀地表形成的槽形凹地）内的沉积物，可分为平原河谷冲积物和山区河谷冲积物等类型。

平原河谷除河床外，大多数都有河漫滩及阶地等地貌单元。平原河流常以侧向侵蚀为主，因而河谷不深而且宽度很大。正常流量时，河水仅在河床中流动，河床两侧则是宽广的河漫滩。只在洪水期间，河水才溢出河床，泛滥于河漫滩之上。

河流（谷）阶地是在地壳的升降运动与河流的侵蚀，沉积等作用相互配合下形成的，位于河漫滩以上的阶地状平台。河流阶地的形成过程大致如下：当地壳下降，河流坡度变小，发生沉积作用，河谷中的冲积层增厚；地壳上升时，则河流因竖向侵蚀作用增强而下切原有的冲积层，在河谷内冲刷出一条较窄的河床，新河床两侧原有的冲积物，即成为阶地。如果地壳交替发生多次升降运动，就可以形成多级阶地，由河漫滩向上依次称为一级阶地、二级阶地、三级阶地……，阶地的位置越高，其形成的年代则越早。

在山区，河谷两岸陡峭，河谷阶地地表水和地下水基本上都流向河床。山区河流流速很大，故沉积物质较粗，大多为砂粒所填充的卵石、圆砾等。山间盆地和宽谷中有河漫滩冲积物，其分选性较差，具有透镜体和倾斜层理构造，厚度不大，在高阶地往往是岩石或坚硬土层。作为地基，其工程地质条件很好。

6.1.2.5 湖积土

湖积土可分为湖边沉积土和湖心沉积土两种。如图 6-6 所示。

湖边沉积物主要由湖浪冲蚀湖岸、破坏岸壁形成的碎屑物质组成。在近岸带沉积的多数是粗颗粒的卵石、圆砾和砂土，远岸带沉积的则是细颗粒的砂土和黏性土。湖边沉积物具有明显的斜层理构造。作为地基时，近岸带有较高的承载力，远岸带则差些。

图 6-6　湖积土

图 6-7　风成黄土

湖心沉积土是由河流和湖流携带的细小悬浮颗粒到达湖心后沉积形成的，主要是黏土和淤泥，常夹有细砂、粉砂薄层，称为带状黏土，这种黏土压缩性高、强度低。

6.1.2.6 风成黄土

风成黄土是一种灰黄色、棕黄色的粉砂级及尘土般的风积物，如图 6-7 所示。风成黄土形成于第四纪，矿物成分主要为石英、长石、碳酸盐矿物，SiO_2 含量大于 60%。这种黄土具有湿陷性。

除了上述六类沉积土，还有由于冰川的地质作用形成的冰碛土，遇到的机会不多，这里从略。

6.2 土的三相组成与结构

6.2.1 土的矿物颗粒

自然界的土是由岩石经过风化、搬运、堆积而形成的。因此，母岩成分、风化性质、搬运过程和堆积的环境是影响土的组成的主要因素，而土的组成又是决定地基土工程性质的基础。土是由固体（矿物）颗粒、水和气体三部分组成的，通常称为土的三相组成。随着三相物质的质量和体积的比例不同，土的性质也就不同。因此，首要的问题是要了解土是由什么物质组成的，如图 6-8 所示。

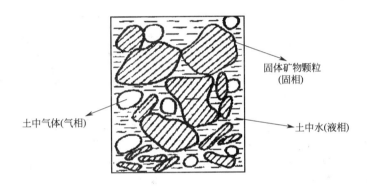

固体矿物颗粒（固相）

土中气体(气相)

土中水(液相)

图 6-8   土的组成示意图

土的矿物颗粒包括无机矿物颗粒和有机质，是构成土的骨架最基本的物质，称为土粒。对土粒应从其矿物成分、粒度成分和形状来描述。

（1）土的矿物成分   土的矿物成分可分为原生矿物和次生矿物两大类。

原生矿物是指岩浆在冷凝过程中形成的矿物，如石英、长石、云母等。

次生矿物是由原生矿物经过风化作用后形成的新矿物，如三氧化二铝、三氧化二铁、次生二氧化硅、黏土矿物及碳酸盐等。次生矿物按其与水的作用可分为易溶的、难溶的和不溶的，次生矿物的水溶性对土的性质有重要的影响。黏土矿物的主要代表性矿物为高岭石、伊利石和蒙脱石，由于其亲水性不同，当其含量不同时土的工程性质就各异。

在以物理风化为主的过程中，岩石破碎而并不改变其成分，岩石中的原生矿物得以保存下来；但在化学风化的过程中，有些矿物成分分解成为次生的黏土矿物。黏土矿物是很细小的扁平颗粒，表面积具有极强的和水相互作用的能力。颗粒愈细，表面积愈大，这种亲水的能力就愈强，对土的工程性质的影响也就愈大。

从外表看到的土的颜色，在很大程度上反映了土的固相的不同成分和不同含量。红色、黄色和棕色一般表示土中含有较多的三氧化二铁，并说明氧化程度越高；黑色表示土中含有较多的有机质或锰的化合物；灰蓝色和灰绿色的土一般含有亚铁化合物，是在缺氧条件下形成的；白色或灰白色则表示土中有机质较少，主要含石英或含高岭石等黏土矿物。

（2）土的粒度成分　天然土是由大小不同的颗粒组成的，土粒的大小称为粒度。颗粒的大小通常用粒径表示。实际工程中常按粒径大小分组，粒径在某一范围之内的分为一组，称为粒组。粒组不同，其性质也不同。常用的粒组有：砾石粒、砂粒、粉粒、黏粒。以砾石和砂粒为主要组成成分的土称为粗粒土。以粉粒和黏粒为主的土，称为细粒土。工程上常用不同粒径颗粒的相对含量来描述土的颗粒组成情况，这种指标称为粒度成分。水利部门各粒组的具体划分和粒径范围见表 6-1。

表 6-1　土的粒组划分

粒组统称	粒组划分		粒径范围 d/mm	主要特征
巨粒组	漂石（块石）		$d>200$	透水性大，无黏性，无毛细水，不易压缩
	卵石（碎石）		$200 \geqslant d>60$	透水性大、无黏性，无毛细水，不易压缩
粗粒组	砾粒	粗砾	$60 \geqslant d>20$	透水性大、无黏性，不能保持水分，毛细水上升高度很小，压缩性较小
		中砾	$20 \geqslant d>5$	
		细砾	$5 \geqslant d>2$	
	砂粒	粗砂	$2 \geqslant d>0.5$	易透水，无黏性，毛细水上升高度不大，饱和松细砂在振动荷载作用下会产生液化，一般压缩性较小，随颗粒减小，压缩性增大
		中砂	$0.5 \geqslant d>0.25$	
		细砂	$0.25 \geqslant d>0.075$	
细粒组	粉粒		$0.075 \geqslant d>0.005$	透水性小，湿时有微黏性，毛细管上升高度较大，有冻胀现象，饱和并很松时在振动荷载作用下会产生液化
	黏粒		$d \leqslant 0.005$	透水性差，湿时有黏性和可塑性，遇水膨胀，失水收缩，性质受含水量的影响较大，毛细水上升高度大

土中各粒组的相对含量称为土的粒径级配。土粒含量的具体含义是指一个粒组中的土粒质量与干土总质量之比，一般用百分比表示。土的粒径级配直接影响土的性质，如土的密实度、土的透水性、土的强度、土的压缩性等。要确定各粒组的相对含量，需要将各粒组分离开，再分别称重。这就是工程中常用的颗粒分析方法，实验室常用的有筛分法和密度计法。

筛分法适用粒径大于 0.075mm 的土。利用一套孔径大小不同的标准筛子，将称过质量的干土过筛，充分筛选，将留在各级筛上的土粒分别称重，然后计算小于某粒径的土粒含量。

密度计法适用于粒径小于 0.075mm 的细粒土。它是将一定质量的风干土样倒入盛纯水的 1000mL 玻璃量筒中，经过搅拌将其拌成均匀的悬液状，土粒会在悬液中靠自身下沉，土颗粒的大小不同在水中沉降的速度也不同的特性，在土粒下沉过程中，用密度计测出悬液中对应不同时间的不同溶液密度，根据密度计读数和土粒的下沉时间，就可以根据公式计算出不同土粒的粒径及其小于该粒径的质量百分数。

当土中含有颗粒粒径大于 0.075mm 和小于 0.075mm 的土粒时，可以联合使用密度计法和筛分法。

工程中常用粒径级配曲线直接了解土的级配情况。曲线的横坐标为土颗粒粒径的对数，单位为 mm；纵坐标为小于某粒径土颗粒的累积含量，用百分比（%）表示。如图 6-9 所示。

颗粒级配曲线在土木、水利水电等工程中经常用到。从曲线中可直接求得各粒组的颗粒含量及粒径分布的均匀程度，进而估测土的工程性质。其中一些特征粒径，可作为选择建筑材料的依据，并评价土的级配优劣。特征粒径主要有：

d_{10}——土中小于此粒径的土的质量占总土质量的 10%，也称有效粒径；

d_{30}——土中小于此粒径的土的质量占总土质量的 30%；

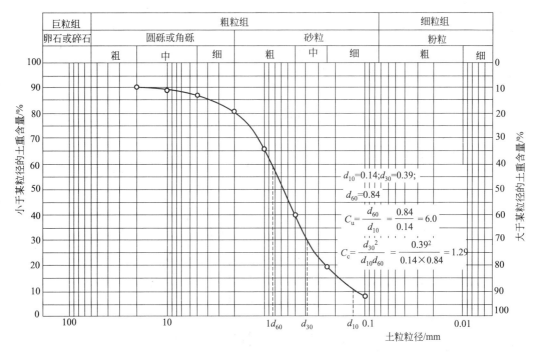

图 6-9　颗粒级配曲线

d_{60}——土中此粒径土的质量占总土质量的 60%，也称限制粒径。

粒径分布的均匀程度由不均匀系数 C_u 表示：

$$C_u = \frac{d_{60}}{d_{10}} \tag{6-1}$$

C_u 愈大，土粒愈不均匀，也即土中粗、细颗粒的大小相差愈悬殊。

若土的颗粒级配曲线是连续的，C_u 愈大，d_{60} 与 d_{10} 相距愈远，则曲线愈平缓，表示土中的粒组变化范围宽，土粒不均匀；反之，C_u 愈小，d_{60} 与 d_{10} 相距愈近，曲线愈陡，表示土中的粒组变化范围窄，土粒均匀。工程中，把 $C_u \geqslant 5$ 的土称为不均匀土，$C_u < 5$ 的土称为均匀土。

若土的颗粒级配曲线不连续，在该曲线上出现水平段，如图 6-10 曲线 A 所示，水平段粒组范围不包含该粒组颗粒。这种土缺少中间某些粒径，粒径级配曲线呈台阶状，土的组成特征是颗粒粗的较粗，细的较细。在同样的压实条件下，密实度不如级配连续的土高，其他工程性质也较差。

土的粒径级配曲线的形状，尤其是确定其是否连续，可用曲率系数 C_c 反映：

$$C_c = \frac{d_{30}^2}{d_{60} \times d_{10}} \tag{6-2}$$

若曲率系数过大，表示粒径分布曲线的台阶出现在 d_{10} 和 d_{30} 范围内。反之，若曲率系数过小，表示台阶出现在 d_{30} 和 d_{60} 范围内。经验表明，当级配连续时，C_c 的范围大约在 $1\sim3$。因此，当 $C_c < 1$ 或 $C_c > 3$ 时，均表示级配曲线不连续。

由上可知，土的级配优劣可由土中土粒的不均匀系数和粒径分布曲线的形状曲率系数衡量。我国《土的工程分类标准》（GB/T 50145—2007）规定：对于纯净的砂、砾石，当实际工程中，C_u 大于或等于 5，且 C_c 等于 $1\sim3$ 时，它的级配是良好的；不能同时满足上述条件时，它的级配是不良的。

级配良好土：曲线光滑连续，不存在平台段，坡度平缓，满足 $C_u \geqslant 5$ 及 $C_c = 1 \sim 3$ 两个条件，如图 6-10 中 B 曲线。

级配不良土：级配曲线坡度陡峭，粗细颗粒均匀；级配曲线存在平台段，即存在不连续粒径。不能同时满足 $C_u \geqslant 5$ 及 $C_c = 1 \sim 3$ 两个条件，如图 6-10 中 A、C 曲线。

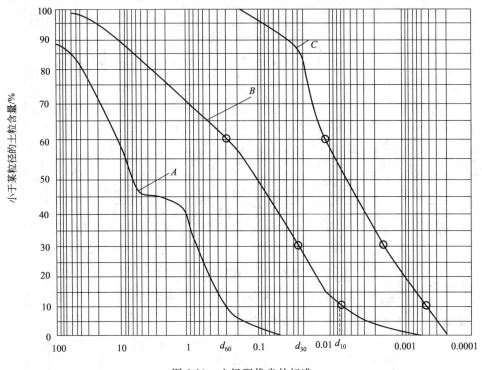

图 6-10 土级配优劣的标准

作为建筑地基，级配良好的土强度和稳定性好；作为填方建筑材料，级配良好的土可以获得较大的密实度；混凝土也采用大小相连的级配方式，如大石、小石、中砂、粉煤灰和水泥。但级配不好的土，或称为均匀的土应用也很广，如反滤料，一般要求 $C_u < 5$。

（3）土粒的形状 土粒的形状是多种多样的，卵石接近于圆形，而碎石则多棱角，云母是薄片状的，而石英砂则是颗粒状的。土粒形状对于土的密实度和土的强度有显著的影响，棱角状的颗粒互相嵌挤咬合形成比较稳定的结构，强度较高；表面圆滑的颗粒之间容易滑动，土体的稳定性比较差。土粒的形状与土的矿物成分有关，也与土的形成条件及地质历史有关。描述土粒形状一般用肉眼观察鉴别的方法。

6.2.2 土中水

水在土中以固态、液态、气态三种形式存在，工程中所说的土中水主要是指液态水。按照水与土相互作用程度的强弱，可将土中的液态水分为结合水和自由水两大类。

6.2.2.1 结合水

结合水是指受土粒表面电场力作用失去自由活动的水。大多数黏土颗粒表面带有负电荷，因而围绕土粒周围形成了一定强度的电场，使孔隙中的水分子极化，这些极化后的极性水分子和水溶液中所含的阳离子（如钾、钠、钙、镁等阳离子），在电场力的作用下定向地吸附在土颗粒表面周围，形成一层不可自由移动的水膜，即结合水。结合水又可根据受电场力作用的强弱分成强结合水和弱结合水，如图 6-11 所示。

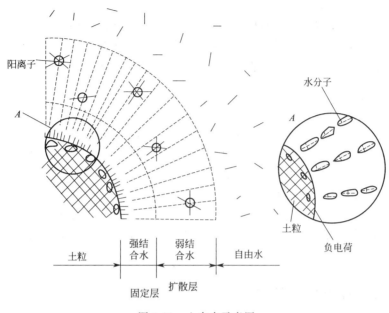

图 6-11 土中水示意图

（1）强结合水 强结合水是指被强电场力紧紧地吸附在土粒表面附近的结合水（又称吸着水）。其密度约为 $1.2\sim2.4g/cm^3$，冰点很低，可达 $-78℃$，沸点较高，在 $105℃$ 以上才可以被释放，而且很难移动，没有溶解能力，不传递静水压力，失去了普通水的基本特性，其性质与固体相近，具有很大的黏滞性和一定的抗剪强度。

（2）弱结合水 弱结合水是指分布在强结合水外围吸附力稍低的结合水（又称薄膜水）。这部分水膜由于距颗粒表面较远，受电场力作用较小，它与土粒表面的结合不如强结合水紧密。其密度约为 $1.0\sim1.7g/cm^3$，冰点低于 $0℃$，不传递静水压力，也不能在孔隙中自由流动，只能以水膜的形式由水膜较厚处缓慢移向水膜较薄的地方，这种移动不受重力影响。

黏性土孔隙中主要充填的水为结合水，当两个土粒之间的距离小于其结合水厚度之和时，土粒间便形成公共水膜，如图 6-12 所示。公共水膜的存在是黏性土具有黏性、可塑性和力学强度的根本原因。

6.2.2.2 自由水

土孔隙中位于结合水以外的水称为自由水，自由水由于不受土粒表面静电场力的作用，可在孔隙中自由移动，按其运动时所受的作用力不同，可分为重力水和毛细水。

（1）重力水 受重力作用而运动的水称为重力水。重力水位于地下水位以下，重力水与一般水一样，可以传递静水和动水压力，具有溶解能力，可溶解土中的水溶盐，使上的强度降低，压缩性增大；可以对土颗粒产生浮托力，使土的重力密度减小；它还可以在水头差的作用下形成渗透水流，并对土粒产生渗透力，使土体发生渗透变形。

（2）毛细水 土中存在着很多大小不同的孔隙，这些孔隙有的

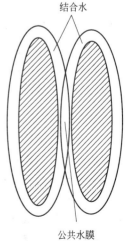

图 6-12 公共水膜

可以相互连通形成弯曲的细小通道（毛细管），由于水分子与土粒表面之间的附着力和水表面张力的作用，地下水将沿着土中的细小通道逐渐上升，形成一定高度的毛细水带，地下水位以上的自由水称为毛细水。

毛细水上升的高度取决于土的粒径、矿物成分、孔隙的大小和形状等因素，一般黏性土上升的高度较大，而砂土的上升高度较小，在工程实践中毛细水的上升可能使地基浸湿，使地下室受潮或使地基、路基产生冻胀，造成土地盐渍化等问题。

6.2.3　土中气体

土中的气体包括与大气连通的自由气体和与大气隔绝的封闭气体两类。

与大气连通的封闭气体对土的工程性质没有多大的影响，它的成分与空气相似，当土受到外力作用时，这种气体很快从孔隙中挤出。

与大气隔绝的封闭气体对土的工程性质影响较大，封闭气体的成分可能是空气、水汽或天然气。在压力作用下这种气体可被压缩或溶解于水中，而当压力减小时，气泡会恢复原状或重新游离出来。含气体的土称为非饱和土，对非饱和土工程性质的研究已经成为土力学的一个新的分支。

6.2.4　土的结构及土的结构性

6.2.4.1　土的结构

土的结构是指土粒（或团粒）的大小、形状、互相排列及联结的特征。

土的结构是在地质作用过程中逐渐形成的，它与土的矿物成分、颗粒形状和沉积条件有关。通常土的结构可分为三种基本类型，即单粒结构、蜂窝结构和絮状结构，如图 6-13 所示。

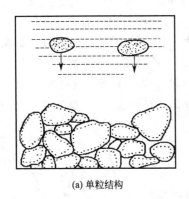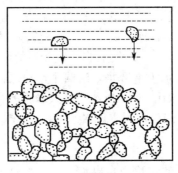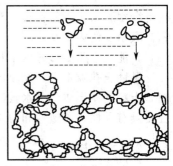

|（a）单粒结构|（b）蜂窝结构|（c）絮状结构|

图 6-13　土的结构的基本类型

（1）单粒结构　粗粒土在沉积过程中，依靠自重单独下沉并达到稳定状态，就形成点与点接触的单粒结构如图 6-13(a) 所示。随着形成条件的不同，其排列有松有密，紧密排列的单粒结构比较稳定，孔隙占的比例较小，承载力较高，变形较小。

（2）蜂窝结构　较细的土粒（粒径介于 $0.075 \sim 0.005 \text{mm}$ 之间），由于土粒细、比表面积大，粒间引力大于下沉土粒的重量，在自重作用下沉积时，碰到别的正在下沉或已经沉稳的土粒，在粒间接触点上产生联结，逐渐形成链环状团粒，很多这样的链环状团粒联结起来，形成孔隙较大的蜂窝结构如图 6-13(b) 所示。

（3）絮状结构　极细小的黏土颗粒（$d<0.005mm$），能在水中长期悬浮，一般不以单粒下沉，而是聚合成絮状团粒下沉。下沉后接触到已经沉稳的絮状团粒时，由于引力作用又产生连结，最终形成孔隙很大的絮状结构如图 6-13(c) 所示。

蜂窝结构和絮凝结构的特点都是土中孔隙较多，结构不稳定，是黏性土的基本结构形式。单粒结构是无黏性土的基本结构形式，一般来说，絮状结构土中的孔隙总体积和压缩性＞蜂窝结构的土＞单粒结构的土。密实的单粒结构的土，工程性质最好，蜂窝结构的土次之，絮状结构的土最差。

6.2.4.2　土的结构性

原状土是指从天然土层中取出的土样，保存其沉积状态，密度及含水率不变的土样；若土样结构或含水率受到破坏而发生变化，则称为扰动土；土的结构性是指土的天然结构扰动后，土原有的物理力学性质会降低的特性。一般把具有蜂窝结构和絮凝结构的土称为结构性土（砂土则不具有结构性）。对于结构性土，当其天然结构扰动后，土样结构或含水率受到人为的破坏发生变化，土中的胶结物联结遭到破坏，土原有的物理力学性质会降低，所以对此结构土进行施工时，一定要注意保护其天然结构不受破坏。

6.3　土的物理性质指标

如前所述，土是由固体颗粒和孔隙及存在于孔隙中的水和气体组成的松散集合体。土中三相物质本身的特性及它们之间的相互作用，对土的物理性质有着本质的影响，土的物理性质不仅取决于三相组成中各相的性质，而且三相之间量的相对比例关系也是一个非常重要的影响因素。把土体三相间量的相对比例关系称为土的物质性质指标，工程中常用土的物理性质指标作为评价土体工程性质优劣的基本指标，物理性质指标还是工程地质勘察报告中不可缺少的基本内容。

为了更直观地反映土中三相数量之间的比例关系，常常把分散的三相物质分别集中在一起，并以图 6-14 的形式表示出来，该图称为土的三相图。

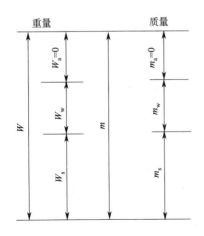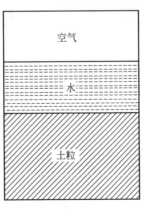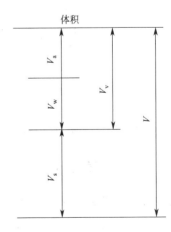

图 6-14　土的三相图

图 6-14 中各符号的意义如下:

W 表示重量，m 表示质量，V 表示体积。下标 a 表示气体，下标 s 表示土粒，下标 w 表示水，下标 v 表示孔隙。如 W_s、m_s、V_s 分别表示土粒重量、土粒质量和土粒体积。

土的物理性质指标包括实测指标（如土的密度、含水率和土粒比重）和换算指标（如土的干重度、饱和重度、浮重度、孔隙比、孔隙率和饱和度等）两大类。

6.3.1 实测指标

6.3.1.1 土的密度 ρ

土的质量密度（简称土的密度）是指天然状态下单位体积土的质量，常用 ρ 表示，其表达式为：

$$\rho = \frac{m}{V} = \frac{m_s + m_w}{V} \quad (g/cm^3) \qquad (6-3)$$

一般土的密度为 $1.6 \sim 2.2\ g/cm^3$。土的密度一般常用环刀法测定。

土的重度：是指天然状态下单位土体所受的重力，常用 γ 表示。其表达式为：

$$\gamma = \frac{W}{V} = \frac{W_s + W_w}{V} \quad (kN/m^3) \qquad (6-4)$$

$$\gamma = \rho g \qquad (6-5)$$

式中　g——为重力加速度，在国际单位制中常用 $9.8 m/s^2$，为换算方便，也可近似用 $g = 10 m/s^2$ 进行计算。

6.3.1.2 土粒比重 G_s

土粒比重是指土在 $105 \sim 110℃$ 温度下烘至恒重时的质量与同体积 $4℃$ 时纯水的质量之比，简称比重，其表达式为：

$$G_s = \frac{m_s}{V_s \rho_w} \qquad (6-6)$$

式中　ρ_w——为 $4℃$ 时纯水的密度，取 $\rho_w = 1 g/cm^3$。

土粒比重常用比重瓶法来测定。土粒比重其值主要取决于土的矿物成分和有机质含量，颗粒越细比重越大，当土中含有机质时，比重值减小。

6.3.1.3 土的含水率 ω

土的含水率是指土中水的质量与土粒质量的百分数比值，其表达式为：

$$\omega = \frac{m_w}{m_s} \times 100\% \qquad (6-7)$$

土的含水率是反映土干湿程度的指标，常用烘干法测定。在天然状态下，土的含水率变化幅度很大，一般来说，砂土的含水率 $\omega = 0 \sim 40\%$；黏性土的含水率 $\omega = 15\% \sim 60\%$；淤泥或泥炭的含水率可高达 $100\% \sim 300\%$。

6.3.2 换算指标

6.3.2.1 孔隙比 e

土的孔隙比是指土中孔隙体积与土颗粒体积之比，其表达式为：

$$e = \frac{V_v}{V_s} \qquad (6-8)$$

6.3.2.2　孔隙率 n

土的孔隙率是指土中孔隙体积与总体积之比，常用百分数表示，其表达式为：

$$n = \frac{V_v}{V} \times 100\%$$ (6-9)

孔隙率表示土中孔隙体积占土的总体积的百分数，所以其值恒小于 100%。

土的孔隙比主要与土粒的大小及其排列的松密程度有关。一般砂土的孔隙比为 0.4～0.8，黏性土为 0.6～1.5，有机质含量高的土，孔隙比甚至可高达 2.0 以上。孔隙比和孔隙率都是反映土的密实程度的指标。对于同一种土，e 或 n 愈大，表明土愈疏松；反之，土愈密实。在计算地基沉降量和评价砂土的密实度时，常用孔隙比而不用孔隙率。

6.3.2.3　饱和度 S_r

饱和度反映土中孔隙被水充满的程度，饱和度是土中水的体积与孔隙体积之比，用百分数表示，其表达式为：

$$S_r = \frac{V_w}{V_v} \times 100\%$$ (6-10)

理论上，当 $S_r = 100\%$ 时，表示土体孔隙中全部充满了水，土是完全饱和的；当 $S_r = 0$ 时，表明土是完全干燥的。实际上，土在天然状态下是极少达到完全干燥或完全饱和的。因为风干的土仍含有少量水分，即使完全浸没在水下，土中还可能会有一些封闭气体存在。

按饱和度的大小，可将砂土分为以下几种不同的湿度状态：

$$S_4 \leqslant 50\% \qquad 稍湿$$
$$50\% < S_r \leqslant 80\% \qquad 很湿$$
$$S_r > 80\% \qquad 饱和$$

6.3.2.4　干密度 ρ_d 和干重度 γ_d

土的干密度是指单位土体中土粒的质量，即土体中土粒质量 m_s 与总体积 V 之比，表达式为：

$$\rho_d = \frac{m_s}{V} \ (g/cm^3)$$ (6-11)

单位体积的干土所受的重力称为干重度，可按下式计算：

$$\gamma_d = \frac{W_s}{V} = \rho_d g \ (kN/m^3)$$ (6-12)

土的干密度（或干重度）是评价土的密实程度的指标，干密度大表明土密实，干密度小表明土疏松。因此，在填筑堤坝、路基等填方工程中，常把干密度作为填土设计和施工质量控制的指标。

6.3.2.5　饱和密度 ρ_{sat} 和饱和重度 γ_{sat}

土的饱和密度是指土在饱和状态时，单位体积土的密度。此时，土中的孔隙完全被水所充满，土体处于固相和液相的二相状态，其表达式为：

$$\rho_{sat} = \frac{m_s + m_w'}{V} = \frac{m_s + V_v \rho_w}{V} \ (g/cm^3)$$ (6-13)

式中　m_w'——土中孔隙全部充满水时的水重；

　　　ρ_w——水的密度，$\rho_w = 1 g/cm^3$。

单位体积的饱和土所受的重力称为饱和重度，可按下式计算：

$$\gamma_{sat} = \frac{W_s + V_v \gamma_w}{V} = \rho_{sat} g \quad (kN/m^3) \tag{6-14}$$

6.3.2.6 浮密度 ρ' 和浮重度 γ'

在地下水位以下，单位体积中土粒质量扣除同体积水的质量后，即为单位土体积中土粒的有效质量，称为土的浮密度，其表达式为：

$$\rho' = \frac{m_s - V_s \rho_w}{V} \quad (g/cm^3) \tag{6-15}$$

土在水下时，单位体积土的有效重量称为土的浮重度，或称有效重度。地下水位以下的土，由于受到水的浮力的作用，土体的有效重量应扣除水的浮力作用，浮重度的表达式为：

$$\gamma' = \frac{W_s - V_s \gamma_w}{v} = \rho' g \quad (kN/m^3) \tag{6-16}$$

同一种土四种重度的数值上关系是：$\gamma_{sat} \geqslant \gamma \geqslant \gamma_d > \gamma'$。

6.3.3 土的物理性质指标间的换算

土的密度 ρ、土粒比重 G_s 和含水率 ω 三个指标是通过试验测定的。在测定这三个指标后，其他各指标可根据它们的定义并利用土中三相关系导出其换算公式。例如：

$$\gamma_d = \frac{W_s}{V} = \frac{W_s}{W/\gamma} = \frac{\gamma W_s}{W_s + W_w} = \frac{\gamma}{1 + \omega}$$

土的物理性质指标都是三相基本物理量间的相对比例关系，换算指标可假定 $V_s = 1$ 或 $V = 1$，根据定义利用三相图算出各相的数值，取三相图中任一个基本物理量等于任何数值进行计算都应得到相同的指标值。

实际工程中，为了减少计算工作量，可根据表 6-2 给出的土的物理性质指标的关系及其最常用的计算公式，直接计算。

表 6-2　土的换算指标的换算公式

指　标	符　号	表　达　式	换　算　公　式
孔隙比	e	$e = \dfrac{V_v}{V_s}$	$e = \dfrac{G_s \gamma_w (1+w)}{\gamma} - 1$，$e = \dfrac{G_s \gamma_w}{\gamma_d} - 1$，$e = \dfrac{w G_s}{S_r}$，$e = \dfrac{n}{1-n}$
干重度	γ_d	$\gamma_d = \dfrac{m_s g}{V}$	$\gamma_d = \dfrac{\gamma}{1+w}$，$\gamma_d = \dfrac{G_s \gamma_w}{1+e}$，$\gamma_d = \dfrac{n S_r}{w} \gamma_w$
饱和重度	γ_{sat}	$\gamma_{sat} = \dfrac{m_s g + V_v \gamma_w}{V}$	$\gamma_{sat} = \dfrac{(G_s - 1)\gamma}{G_s(1+w)} + \gamma_w$，$\gamma_{sat} = \dfrac{(G_s + e)\gamma_w}{1+e}$，$\gamma_{sat} = \gamma' + \gamma_w$，$\gamma_{sat} = \gamma_d + n\gamma_w$
浮重度	γ'	$\gamma' = \dfrac{m_s g - V_s \gamma_w}{V}$	$\gamma' = \dfrac{(G_s - 1)\gamma}{G_s(1+w)}$，$\gamma' = \dfrac{(G_s - 1)\gamma_w}{1+e}$，$\gamma' = \gamma' + \gamma_w$，$\gamma' = (G_s - 1)(1-n)\gamma_w$
饱和度	S_γ	$S_\gamma = \dfrac{V_w}{V_v} \times 100\%$	$S_r = \dfrac{w G_s \gamma}{G_s \gamma_w (1+w) - \gamma}$，$S_r = \dfrac{w G_s}{e}$，$S_r = \dfrac{w G_s \gamma_d}{G_s \gamma_w - \gamma_d}$，$S_r = \dfrac{\gamma(1+e) - G_s \gamma_w}{e \gamma_w}$
空隙率	n	$n = \dfrac{V_v}{V} \times 100\%$	$n = 1 - \dfrac{\gamma}{G_s \gamma_w (1+w)}$，$n = 1 - \dfrac{\gamma_d}{G_s \gamma_w}$，$n = \dfrac{e}{1+e}$

【例题 6-1】 某原状土样用环刀测密度，已知环刀体积 $V = 60 cm^3$，环刀质量是 53.5g，环刀及土的总质量是 166.3g，取质量为 94.00g 的湿土，烘干后为 75.63g，测得土样的比重 $G_s = 2.68$。求该土的天然重度 γ、天然含水率 ω、干重度 γ_d、孔隙比 e 和饱和度 S_r 各为多少？

解：（1）湿重度

$$\rho = \frac{m}{V} = \frac{166.3 - 53.50}{60} = 1.88(\text{g/cm}^3)$$

$$\gamma = \rho g = 1.88 \times 9.8 = 18.4(\text{kN/m}^3)$$

（2）含水率

$$\omega = \frac{m_w}{m_s} \times 100\% = \frac{m - m_s}{m_s} \times 100\% = \frac{94.00 - 75.63}{75.63} \times 100\% = 24.3\%$$

（3）干重度

$$\gamma_d = \frac{\gamma}{1 + \omega} = \frac{18.4}{1 + 0.243} = 14.8(\text{kN/m}^3)$$

（4）孔隙比

$$e = \frac{G_s \gamma_w}{\gamma_d} - 1 = \frac{2.68 \times 9.8}{14.8} - 1 = 0.775$$

（5）饱和度

$$S_r = \frac{\omega G_s}{e} \times 100\% = \frac{0.243 \times 2.68}{0.775} \times 100\% = 84.0\%$$

【例题 6-2】　某原状土样，经试验测得土的湿重度 $\gamma = 18.4\text{kN/m}^3$，天然含水率 $\omega = 24.3\%$，土粒的比重 $G_2 = 2.68$，试利用三相图求该土样的干重度 γ_d、饱和重度 γ_{sat}、孔隙比 e 和饱和度 S_r 等指标值。

解：1. 求基本物理量

设 $V = 1\text{m}^3$，求土的三相图中各相的数值

（1）求 W_s、W_w、W

由 $\gamma = \dfrac{W}{V}$ 得：　　　　　　　　$W = \gamma V = 18.4 \times 1 = 18.4$（kN）

又 $\omega = \dfrac{W_w}{W_s}$ 得：　　　　　　　　$W_w = \omega W_s = 0.243 W_s$ 　　　　　①

$$W = W_s + W_w \qquad\qquad ②$$

①代入②得　　　　　　　　$18.4 = W_s + 0.243 W_s$

$$W_s = \frac{18.4}{1.243} = 14.8 \text{ (kN)}$$

$$W_w = 0.243 W_s = 0.243 \times 14.8 = 3.60 \text{ (kN)}$$

（2）求 V_s、V_w、V_v

由 $G_s = \dfrac{W_s}{V_s \gamma_w}$ 得：　　　$V_s = \dfrac{W_s}{G_s \gamma_w} = \dfrac{14.8}{2.68 \times 9.8} = 0.564$ （m³）

又 $\gamma_w = \dfrac{W_w}{V_w}$ 得：　　　$V_w = \dfrac{W_w}{\gamma_w} = \dfrac{3.60}{9.8} = 0.367$ （m³）

$$V_v = V - V_s = 1.0 - 0.564 = 0.436 \text{ （m}^3\text{）}$$

2. 求 γ_d、e、S_r

$$\gamma_d = \frac{W_s}{V} = \frac{14.8}{1} = 14.8 \text{ （kN/m}^3\text{）}$$

$$e = \frac{V_v}{V_s} = \frac{0.436}{0.564} = 0.773$$

$$S_r = \frac{V_w}{V_v} \times 100\% = \frac{0.367}{0.436} \times 100\% = 84.2\%$$

6.4 土的物理状态指标

6.4.1 无黏性土的密实状态

无黏性土主要包括砂土和碎石土。这类土中缺乏黏土矿物，呈单粒结构，土的密实度对其工程性质具有重要的影响。当为松散状态时，尤其是饱和的松散砂土，其压缩性与透水性较高，强度较低，容易产生流沙、液化等工程事故；当为密实状态时，具有较高的强度和较低的压缩性，为良好的建筑物地基。

6.4.1.1 砂土的密实度

砂土的密实度可用天然孔隙比来衡量。但砂土的密实程度并不单独取决于孔隙比，其在很大程度上还取决于土的级配情况。同样孔隙比的砂土，当颗粒不均匀时较密实，当颗粒均匀时较疏松。为了同时考虑孔隙比和级配因素，引入砂土相对密实度的概念。

相对密实度 D_r 是最疏松状态的孔隙比和天然状态孔隙比之差与最疏松状态的孔隙比和最密实状态孔隙比之差的比值。

$$D_r = \frac{e_{max} - e}{e_{max} - e_{min}} \tag{6-17}$$

式中　e_{max}——砂土处于最疏松状态时的孔隙比，称为最大孔隙比；

　　　e_{min}——砂土处于最大密实状态时的孔隙比，称为最小孔隙比；

　　　e——砂土的天然孔隙比。

根据砂土的相对密实度可将砂土划分为密实、中密和松散三种状态，具体划分标准见表6-3。

表 6-3　砂土密实度划分标准

密实状态	密实	中密	松散
相对密实度 D_r	1～0.67	0.67～0.33	0.33～0

【例题 6-3】　某砂层的天然重度 $\gamma = 18.2kN/m^3$，含水率 $\omega = 13\%$，土粒的比重 $G_s = 2.65$，最小孔隙比 $e_{min} = 0.40$，最大孔隙比 $e_{max} = 0.85$，该土层处于什么状态？

解：（1）求土层的天然孔隙比 e

$$e = \frac{G_s \gamma_w (1+\omega)}{\gamma} - 1 = \frac{2.65 \times 9.8 \times (1+0.13)}{18.2} - 1 = 0.612$$

（2）求相对密度 D_r

$$D_r = \frac{e_{max} - e}{e_{max} - e_{min}} = \frac{0.85 - 0.612}{0.85 - 0.40} = 0.529$$

因为 $0.33 < D_r = 0.529 < 0.67$，故该砂层处于中密状态。

由于砂土较难采取原状土样，天然孔隙比不易测定，所以《建筑地基基础设计规范》采用标准贯入试验锤击数 N 来划分砂土的密实度，详见表6-4。

表 6-4 砂土的密实度

标准贯入试验锤击数 N	密实度	标准贯入试验锤击数 N	密实度
$N \leqslant 10$	松散	$15 < N \leqslant 30$	中密
$10 < N \leqslant 15$	稍密	$N > 30$	密实

6.4.1.2 砂土碎石土的密实度

碎石土既不易获得原状土样，也难于将贯入器打入土中，根据《建筑地基基础设计规范》（GB 50007—2011）要求，可用重型圆锥动力触探锤击数 $N_{63.5}$ 来划分密实度，如表 6-5 所示。

表 6-5 碎石土的密实度

重型圆锥动力触探试验锤击数 $N_{63.5}$	密实度	重型圆锥动力触探试验锤击数 $N_{63.5}$	密实度
$N_{63.5} \leqslant 5$	松散	$10 < N_{63.5} \leqslant 20$	中密
$5 < N_{63.5} \leqslant 10$	稍密	$N_{63.5} > 20$	密实

注：1. 本表适用于平均粒径小于或等于 50mm 且最大粒径不超过 100mm 的卵石、碎石、圆砾、角砾。
2. 表内 $N_{63.5}$ 为经综合修正后的平均值。

对于平均粒径大于 50mm 或最大粒径大于 100mm 的碎石土，由于其颗粒较粗，更不易取得原状土样，也难以进行触探试验。根据《规范》要求对于这类土可在现场进行观察，根据骨架颗粒的含量和排列、可挖性和可钻性来鉴别。

6.4.2 黏性土的稠度

6.4.2.1 黏性土的稠度状态

所谓稠度，是指黏性土在某一含水率时的稀稠程度或软硬程度。黏性土处在某种稠度时所呈现出的状态，称为稠度状态。黏性土有四种稠度状态，即固态、半固态、可塑状态和流动状态。土的状态不同，稠度不同，强度及变形特性也不同，土的工程性质不同。

所谓界限含水率是指黏性土从一个稠度状态过渡到另一个稠度状态时的分界含水率，也称为稠度界限。黏性土的物理状态随其含水率的变化而有所不同，四种稠度状态之间有三个界限含水率，分别叫做缩限 ω_s、塑限 ω_p 和液限 ω_L，如图 6-15 所示。

（1）缩限 ω_s　是指固态与半固态之间的界限含水率。当含水率小于缩限 ω_s 时，土体的体积不随含水率的减小而缩小。

（2）塑限 ω_p　是指半固态与可塑态之间的界限含水率。

（3）液限 ω_L　是指可塑状态与流动状态之间的界限含水率。

如图 6-15 所示，当土中含水率很小时，水全部为强结合水，此时土粒表面的结合水膜很薄，土颗粒靠得很近，颗粒间的结合水联结很强。因此，当土粒之间只有强结合水时，按水膜厚薄不同，土呈现为坚硬的固态或半固态；随着含水率的增加，土粒周围结合水膜加厚，结合水膜中除强结合水外还有弱结合水，此时，土处于可塑状态。土在这一状态范围内，具有可塑性，即被外力塑成任意形状而土体表面不发生裂缝或断裂，外力去掉后仍能保持其形变的特性。黏性土只有在可塑状态时，才表现出可塑性；当含水率继续增加，土中除结合水外还有自由水时，土粒多被自由水隔开，土粒间的结合水联结消失，土就处于流动状态。

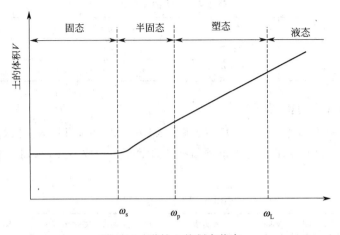

图 6-15　黏性土的稠度状态

6.4.2.2　塑性指数与液性指数

（1）塑性指数 I_p　塑性指数 I_p 是指液限与塑限的差值，其表达式为：

$$I_p = \omega_L - \omega_p \tag{6-18}$$

塑性指数表明了黏性土处在可塑状态时含水率的变化范围，习惯上用直接去掉％的数值来表示。它的大小与土的黏粒含量及矿物成分有关，土的塑性指数愈大，说明土中黏粒含量愈多，土处在可塑状态时水率变化范围也就愈大，I_p 值也愈大；反之，I_p 值愈小。所以，塑性指数是一个能反映黏性土性质的综合性指数，工程上可采用塑性指数对黏性土进行分类和评价。按塑性指数大小，《建筑地基基础设计规范》（GB 50007—2011）对黏性土的分类标准为：黏土（$I_p > 17$）；粉质黏土（$10 < I_p \leqslant 17$）。

（2）液性指数 I_L　土的含水率在一定程度上可以说明土的软硬程度。只知道土的天然含水率还不能说明土所处的稠度状态，还必须把天然含水率 ω 与这种土的塑限 ω_p 和液限 ω_L 进行比较，才能判定天然土的稠度状态。

黏性土的液性指数为天然含水率与塑限的差值和液限与塑限的差值之比。其表达式为：

$$I_L = \frac{\omega - \omega_p}{\omega_L - \omega_p} = \frac{\omega - \omega_p}{I_p} \tag{6-19}$$

液性指数是黏性土软硬程度的物理性能指标。液性指数 I_L 越大，土越软弱，反之土越坚硬。《建筑地基基础设计规范》按液性指数大小将黏性土的软硬状态划分为五种状态，见表 6-6。

表 6-6　黏性土的状态

液性指数 I_L	状　态	液性指数 I_L	状　态
$I_L \leqslant 0$	坚　硬	$0.75 < I_L \leqslant 1$	软　塑
$0 < I_L \leqslant 0.25$	硬　塑	$I_L > 1$	流　塑
$0.25 < I_L \leqslant 0.75$	可　塑		

【例题 6-4】　从某地基中取原状土样，测得土的液限 $\omega_L = 46.8\%$，塑限 $\omega_p = 26.7\%$，天然含水率 $\omega = 38.4\%$，根据《建筑地基基础设计规范》（GB 50007—2011），该地基土为何种土？该地基土处于什么状态？

解：由下式求塑性指数：

$$I_p = \omega_L - \omega_p = 46.8 - 26.7 = 20.1$$

由下式求液性指数：

$$I_L = \frac{\omega - \omega_p}{\omega_L - \omega_p} = \frac{38.4 - 26.7}{46.8 - 26.7} = 0.58$$

根据《建筑地基基础设计规范》（GB 50007—2011），$I_p = 20.1 > 17$，所以该土为黏土；$I_L = 0.58$，$0.25 < I_L < 0.75$，该土处于可塑状态。

6.5 土的压实性

在工程建设中，常用土料填筑土堤、土坝、路基和地基等，土料是由固体颗粒和孔隙及存在于孔隙中的水和气体组成的松散集合体。土的压实性就是指土体在一定的击实功能作用下，土颗粒克服粒间阻力，产生位移，颗粒重新排列，使土的孔隙比减小、密度增大，从而提高土料的强度，减小其压缩性和渗透性。对土料压实的方法主要有碾压、夯实、震动三类，但在压实过程中，即使采用相同的压实功能，对于不同种类、不同含水率的土，压实效果也不完全相同。因此，为了技术上可靠和经济上的合理，必须对填土的压实性进行研究。

6.5.1 土的击实特征

6.5.1.1 击实试验

研究土的击实性的方法有两种：一是在室内用标准击实仪进行击实试验；另一种是在现场用碾压机具进行碾压试验，施工时以施工参数（包括碾压设备的型号、震动频率及重量、铺土厚度、加水量、碾压遍数等）及干密度同时控制。

室内击实试验标准击实仪如图 6-16 所示，该击实仪主要由击实筒、击实锤和导筒组成。

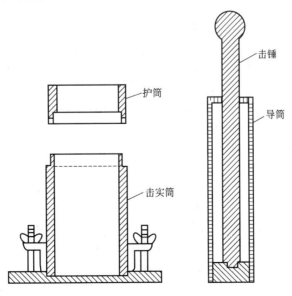

图 6-16 标准击实仪

  击实试验时，先将待测的土料按不同的预定含水率（不少于 5 个），制备成不同的试样。取制备好的某一试样，分三层装入击实筒，在相同击实功（即锤重、锤落高度和锤击数三者的乘积）下击实试样，称为筒和筒土质量。根据已知击实筒的体积测算出试样湿密度，用推土器推出试样，测试样含水率，然后计算出该试样的干密度，不同试样得到不同的干密度 ρ_d 和含水率 ω。以干密度为纵坐标，含水率为横坐标，绘制干密度 ρ_d 与含水率 ω 的关系曲线，如图 6-17 所示，即为土的击实曲线，击实试验的目的就是用标准击实方法，测定土的干密度和含水率的关系，从击实曲线上确定土的最大干密度 ρ_{dmax} 和相应的最优含水率 ω_{op}，为填土的设计与施工提供重要的依据。

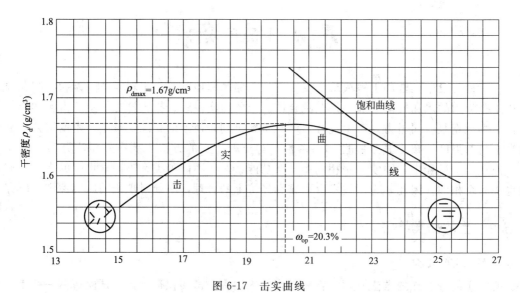

图 6-17 击实曲线

6.5.1.2 影响土击实性的因素

  （1）土的含水率 击实曲线上的干密度随着含水率的变化而变化，在含水率较小时，土粒周围的结合水膜较薄，土粒间的结合水的联结力较大，可以抵消部分击实功的作用，土粒不易产生相对移动而挤密，所以土的干密度较小。如果土的含水率过大，使孔隙中出现了自由水并将部分空气封闭。在击实瞬时荷载的作用下，不可能使土中多余的水分和封闭气体排出，从而孔隙水压力不断升高，抵消了部分击实功，击实效果反而下降，结果使土的干密度减小。当 ω 在 ω_{op} 附近时，由于含水率适当，水在土体中起一种润滑作用，土粒间的结合水的联结力和摩阻力较小，土中孔隙水压力和封闭气体的抵消作用也较小，土粒间易于移动而挤密，故土的干密度增大；在相同的击实功下，土粒易排列紧密，可得到较大的干密度。黏性土的最优含水率一般接近黏性土的塑限，可近似取为 $\omega_{op} = \omega_p + 2\%$。

  将不同含水率及所对应的土体达到饱和状态时的干密度点绘于图 6-17 中，得到饱和度为 $S_r = 100\%$ 的饱和曲线。从图中可见，试验的击实曲线在峰值以右逐渐接近于饱和曲线，并且大体上与它平行，但永不相交。这是因为在任何含水率下，填土都不会被击实到完全饱和状态，土内总存留一定量的封闭气体，故填土是非饱状态。试验证明，一般黏性土在其最佳击实状态下（击实曲线峰点），其饱和度通常约为 80%。

  （2）击实功 击实功对最优含水率和最大干密度的影响，对于同一种土用不同击实功进行击实试验后表明，击实功愈大，击实干密度也愈大，而土的最优含水率则愈小。但是这种增大击实功是有一定限度的，超过这一限度，即使增加击实功，土的干密度的增加也不明显。另外，在排水不畅的情况下，经历多次的反复击实，甚至会导致土体密度不加大而土体结构被破坏的结果，出现工程上所谓的"橡皮土"现象。

（3）土粒级配　在相同的击实功条件下，级配不同的土，其击实特性是不相同的。对粗粒含量多、颗粒级配良好的土，最大干密度较大，最优含水率较小。

粗粒土的击实性也与含水率有关。一般在完全干燥或者充分洒水饱和的状态下，容易击实到较大的干密度。而在潮湿状态，由于毛细压力的作用，增加了土粒间的连接，填土不易击实，干密度显著降低。在击实功能一定时，对其充分洒水使土料接近饱和，击实后得到的密度较大，粗粒土一般不做击实试验。

6.5.2　填土击实质量控制

土料的填筑，施工质量是关键，细粒土的填筑标准通常是根据击实试验确定。最大干密度是评价土的压实度的一个重要指标，它的大小直接决定着现场填土的压实质量是否符合施工技术规范的要求。由于黏性填土存在着最优含水率，因此在填土施工时应将土料的含水率控制在最优含水率左右，以期用较小的能量获得最好的压实效果。故在确定土的施工含水率时，应将土料的性质、填筑部位、施工工艺和气候条件等因素综合考虑，一般在最优含水率 ω_{op} 的 $-2\%\sim+3\%$ 范围内选取。

在工程实践中，常用压实度 P 来控制施工质量，压实度是设计填筑干密度 ρ_d 与室内击实试验的最大干密度 ρ_{dmax} 之比值，即

$$P=\frac{\text{设计填筑干密度 } \rho_d}{\text{标准击实试验的最大干密度 } \rho_{dmax}} \tag{6-20}$$

未经压实的松土，干密度一般为 $1.12\sim1.33\text{g/cm}^3$，压实后可达 $1.58\sim1.83\text{g/cm}^3$，大多为 $1.63\sim1.73\text{g/cm}^3$。我国土石坝工程设计规范中规定，黏性土料1、2级坝和高坝，填土的压实度应不低于 $0.97\sim0.99$；3级及其以下的中坝，压实度应不低于 $0.95\sim0.97$。压实度越接近1，表示压实质量越高。

施工质量的检查方法一般可以 $200\sim500\text{cm}^3$ 环刀（环刀压入碾压土层的 $2/3$ 深度处）或灌砂（水）法测湿密度、含水率并计算其干密度。土料碾压筑堤压实质量应符合率标准，见表6-7。

表 6-7　土料碾压筑堤压实质量合格标准

项次	填 筑 类 型	筑 堤 材 料	压实干密度合格率下限/%	
			1、2级土堤	3级土堤
1	新填筑堤	黏性土	85	80
		少黏性土	90	85
2	老堤加高培厚	黏性土	85	80
		少黏性土	85	80

注：1. 不合格干密度不得低于设计干密度值的 96%。

2. 不合格样不得集中在局部范围内。

另外，级配情况对砂土、砂砾土等粗粒土的击实性影响较大，粗粒土的密实程度是用其相对密实度 D_r 的大小来衡量。

【例题 6-5】 某一施工现场需要填土，基坑的体积为 $2000 m^3$，土场是从附近土丘开挖，经勘察，土的比重为 2.70，含水率为 15%，孔隙比为 0.60；要求填土的含水率为 17%，干密度为 $1.76 t/m^3$。

(1) 取土场土的密度、干密度和饱和度是多少？

(2) 应从土场开采多少方土？

(3) 碾压时应洒多少水？填土的孔隙比是多少？

解：(1) 求取土场土的密度 ρ、干密度 ρ_d 和饱和度 S_r

干密度：
$$\rho_d = \frac{G_s \rho_w}{1+e} = \frac{2.70 \times 1}{1+0.6} = 1.69 \ (t/m^3)$$

由 $\rho_d = \frac{\rho}{1+\omega}$，得土的密度：

$$\rho = \rho_d(1+\omega) = 1.69 \times (1+0.15) = 1.94 \ (t/m^3)$$

饱和度：
$$S_r = \frac{\omega G_s}{e} = \frac{15\% \times 2.70}{0.60} = 67.5\%$$

(2) 求应从土场开采的土方数 V

由 $\rho_d = \frac{m_s}{V}$

得 $m_s = 1.76 \times 2000 = 3520 \ (t)$，则应从土场开采的土方数为：

$$V = \frac{m_s}{\rho_d} = \frac{3520}{1.69} = 2082.8 \ (m^3)$$

(3) 求碾压时应洒水的质量 m_w 和填土的孔隙比 e

由 $\omega = \frac{m_w}{m_s}$，得碾压时应洒水的质量为：

$$m_w = 3520 \times (0.17 - 0.15) = 70.4 \ (t)$$

填土的孔隙比：
$$e = \frac{G_s \rho_w}{\rho_d} - 1 = \frac{2.70 \times 1}{1.76} - 1 = 0.534$$

6.6　土的工程分类

　　自然界的土类众多，工程性质各异。为便于研究，需要按其主要特征进行分类。一般粗粒土按粒度成分和级配特征划分，细粒土则按塑性指数和液限划分，而有机土和特殊性土则分别单独各列为一类。不过，不同部门由于研究的目的不同，分类方法也各有差异。现将水利部《土的工程分类标准》（GB/T 50145—2007）和原建设部《建筑地基基础设计规范》（GB 50007—2011）的分类方法分别作一简要介绍。

6.6.1　水利部《土的工程分类标准》（GB/T 50145—2007）分类法

6.6.1.1　分类符号及符号构成

　　(1) 分类符号　GB/T 50145—2007 对各类土的分类名称都配有以英文字母组合的分类符号，以表示组成土的成分和级配特征，见表 6-8。

表 6-8 土的分类符号

土类	漂石（块石）	卵石（碎石）	砾（角砾）	砂	粉土	黏土	细粒土
符号	B	C_b	G	S	M	C	F
土类	混合土	有机质土	级配良好	级配不良	高液限	低液限	
符号	SI	O	W	P	H	L	

注：细粒土为黏土和粉土的合称，混合土为粗粒土与细粒土的合称。

（2）符号构成　表示土类的符号按下列规定构成。

① 由 1 个符号构成时，即表示土的名称。例如：S——砂；M——粉土。

② 由 2 个符号构成时，第一个表示土的主要成分，第二个符号表示土的特征指标（土的液限高低或级配好坏）。例如：GW——级配良好砂；SP——级配不良砂。

③ 由 3 个符号构成时，第 1 个符号表示土的主要成分，第 2 个表示液限的高低（或级配的好坏），第 3 个符号表示土中所含的次要成分。例如：CHS——含砂高液限黏土；MLG——含砾低液限粉土。

④ 有机质土，第 1 个符号表示土的主要成分，第 2 个表示液限的高低（或级配的好坏），再在各相应土类代号之后缀以代号 O，如 CHO——有机质高液限黏土；MLO——有机质低液限粉土。

6.6.1.2　分类的基本规定

按照《土的工程分类标准》（GB/T 50145—2007），土的分类应根据下列指标确定。

（1）土颗粒组成及其特征。

（2）土的塑性指标：液限 ω_L、塑限 ω_P 和塑性指数 I_P。

（3）土中有机质含量。

土按其不同粒组的相对含量划分为：巨粒类土、粗粒类土和细粒类土。巨粒类土应按粒组划分；粗粒类土应按粒组、级配和细粒土含量划分；细粒类土应按塑性图、所含粒组类别以及有机质含量划分。

6.6.1.3　土的分类

（1）巨粒类土的分类　巨粒组（$d>60\text{mm}$）的含量大于 15% 的土，称为巨粒类土。巨粒类土按表 6-9 分类。

表 6-9 巨粒类土的分类

土类	粒 组 含 量		土类代号	土类名称
巨粒土	巨粒含量 >75%	漂石含量大于卵石含量	B	漂石（块石）
		漂石含量不大于卵石含量	Cb	卵石（碎石）
混合巨粒土	50%<巨粒 含量≤75%	漂石含量大于卵石含量	BSI	混合土漂石（块石）
		漂石含量不大于卵石含量	CbSI	混合土卵石（碎石）
巨粒混合土	15%<巨粒 含量≤50%	漂石含量大于卵石含量	SIB	漂石（块石）混合土
		漂石含量不大于卵石含量	SICb	卵石（碎石）混合土

注：巨粒混合土可根据所含粗粒或细粒的含量进行细分。

如果试样中巨粒组含量不大于 15% 时，可扣除巨粒，按粗粒类土或细粒类土的相应规定分类；当巨粒对土的总体性状有影响时，可将巨粒计入砾粒组进行分类。

（2）粗粒类土的分类　粗粒组（$60 \geqslant d \geqslant 0.075\text{mm}$）的含量大于 50% 的土，称为粗类土。粗粒类土又分为砾类土和砂类土。当粗粒类土中砾料组（$60 \geqslant d > 2\text{mm}$）含量大于砂粒组（$2 \geqslant d > 0.075\text{mm}$）含量的土称为砾类土；砾粒组含量不大于砂粒组含量的土称为砂类土。砾类土和砂类土又根据其中的细粒含量和类别及粒粗组的级配再细分,见表 6-10、表 6-11。

表 6-10 砾类土的分灰

土类	粗 组 含 量		土类代号	土类名称
砾	细粒含量<5%	级配:$C_u \geq 5,1 \leq C_u \leq 3$	GW	级配良好砾
		级配:不同时满足上述要求	GP	级配不良砾
含细粒土砾	5%≤细粒含量<15%		GF	含细粒土砾
细粒土质砾	15%≤细粒含量<50%	细粒组中粉粒含量不大于50%	GC	黏土质砾
		细粒组中粉粒含量大于50%	GM	粉土质砾

表 6-11 砂类土的分类

土类	粒 组 含 量		土类代号	土类名称
砂	细粒含量<5%	级配:$C_u \geq 5,1 \leq C_c \leq 3$	SW	级配良好砂
		级配:不同时满足上述要求	SP	级配不良砂
含细粒土砂	5%≤细粒含量<15%		SF	含细粒土砂
细粒土质砂	15%≤细粒含量<50%	细粒组中粉粒含量不大于50%	SC	黏土质砂
		细粒组中粉粒含量大于50%	SM	粉土质砂

(3) 细粒类土的分类 土中细粒组 ($d \leq 0.075mm$) 含量不小于50%的土,称为细粒类土。细粒类土又分为细粒土(粗粒组含量不大于25%的土)、含粗粒的细粒土(粗粒组含量大于25%且不大于50%的土)和有机质土(有机质含量小于10%且不小于5%的土)。

细粒土应根据塑性图和表 6-12 分类,塑性图见图 6-18 所示。

表 6-12 细粒土分类表

土的塑性指标在塑性图中的位置		土 类 代 号	土 类 名 称
塑性指数(I_P)	液限(ω_L)		
$I_P \geq 0.73(\omega_L - 20)$ 和 $I_P \geq 7$	$\omega_L \geq 50\%$	CH	高液限黏土
	$\omega_L < 50\%$	CL	低液限黏土
$I_P < 0.73(\omega_L - 20)$ 或 $I_P < 4$	$\omega_L \geq 50\%$	MH	高液限粉土
	$\omega_L < 50\%$	ML	低液限粉土

注:黏土-粉土过渡区(CL-ML)的土可按相邻土层的类别细分。

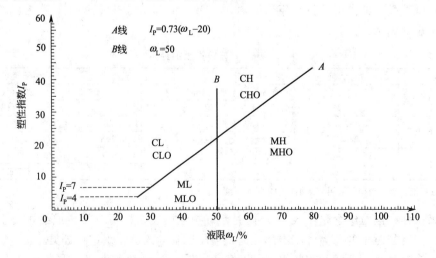

图 6-18 塑性图

注:1. 塑性图中液限为76g液限仪锥尖入土深度为17mm所对应的含水率。
2. 图中虚线之间区域为黏土-粉土过渡区。

含粗粒的细粒土分类应先按表 6-12 的规定确定细粒土名称,再按下列规定最终定名:

① 粗粒中砾粒含量大于砂粒含量,称为含砾细粒土,应在细粒土代号后加代号 G,如 CHG——含砾高液限黏土。

② 粗粒中砾粒含量不大于砂粒含量,称为含砂细粒土,应在细粒土代号后加代号 S,如 MLS——含砂低液限粉土。

有机质土的分类是按表 6-12 规定定出细粒土名称,再在各相应土类代号之后加代号 O,如 CHO——有机质高液限黏土。

自然界中还分布有许多特殊性质的土,如黄土、红黏土、膨胀土、冻土等特殊土。工程实践中遇到时,可选择相应的规范查用。

【例题 6-6】　从某无机土样的颗粒级配曲线上查得大于 0.075mm 的颗粒含量为 97%,大于 2mm 的颗粒含量为 63%,大于 60mm 的颗粒含量为 7%,$d_{60}=3.55$mm,$d_{30}=1.65$mm,$d_{10}=0.3$mm。试按《土的工程分类标准》(GB/T 50145—2007)规范对土分类定名。

解:① 因该土样的粗粒组含量为:$97\%-7\%=90\%$,大于 50%,该土属粗粒类土;

② 因该土样砾粒组含量为:$63\%-7\%=56\%$,大于 50%,该土属于砾类土;

③ 因该土样细粒组含量为:$100\%-97\%=3\%$,小于 5%,查表 6-10,该土属于砾,需根据级配情况进行细分;

④ 该土的不均匀系数　　$C_{\mathrm{u}}=\dfrac{d_{60}}{d_{10}}=\dfrac{3.55}{0.3}=11.8>5$,

曲率系数　　$C_{\mathrm{c}}=\dfrac{d_{30}^2}{d_{60}d_{10}}=\dfrac{1.65^2}{3.55\times0.3}=2.65$ 在 1～3 之间

故属良好级配,因此该土定名为级配良好砾,即 GW。

6.6.2　建设部(GB 50007—2011)分类法

《建筑地基基础设计规范》(GB 50007—2011)将作为建筑地基的土(岩)分为岩石、碎石土、砂土、粉土、黏性土和人工填土六大类,另有淤泥质土、红黏土、膨胀土、黄土等特殊土。

6.6.2.1　岩石

作为建筑地基的岩石根据其坚硬程度和完整程度分类。岩石按饱和单轴抗压强度标准值分为坚硬岩、较坚硬岩、较软岩、软岩和极软岩 5 个等级,见表 6-13;岩石风化程度可分为未风化、微风化、中等风化、强风化和全风化岩石见表 6-14。

表 6-13　岩石坚硬程度的划分

坚硬程度类别	坚硬岩	较硬岩	较软岩	软岩	极软岩
饱和单轴抗压强度标准值 f_{rk}/MPa	$f_{\mathrm{rk}}>60$	$60\geqslant f_{\mathrm{rk}}>30$	$30\geqslant f_{\mathrm{rk}}>15$	$15\geqslant f_{\mathrm{rk}}>5$	$f_{\mathrm{rk}}\leqslant5$

表 6-14　岩石风化程度划分

风化特征	特　　征
未风化	岩质新鲜,偶见风化痕迹
微风化	结构基本未变,仅节理面有渲染或略有变色,有少量风化裂隙
中等风化	1. 结构部分破坏,沿节理面有次生矿物 2. 风化裂隙发育,岩体被切割成块状 3. 用镐难挖,用岩心钻方可钻进

风化特征	特 征
强风化	1. 结构大部分破坏,矿物成分显著变化 2. 风化裂隙很发育,岩体破碎 3. 用镐可挖,干钻不易钻进
全风化	1. 结构基本破坏,但尚可辨认 2. 有残余结构强度 3. 可用镐挖,干钻可钻进

6.6.2.2 碎石土

粒径大于 2mm 的颗粒含量超过总质量的 50% 的土为碎石土,根据粒组含量及颗粒形状可进一步分为漂石或块石、卵石或碎石、圆砾或角砾。分类标准见表 6-15。

表 6-15 （GB 50007—2011）**碎石土的分类**

土 的 名 称	颗 粒 形 状	粒 组 含 量
漂石 块石	圆形及亚圆形为主 棱角形为主	粒径大于 200mm 的颗粒超过总质量 50%
卵石 碎石	圆形及亚圆形为主 棱角形为主	粒径大于 20mm 的颗粒超过总质量 50%
圆砾 角砾	圆形及亚圆形为主 棱角形为主	粒径大于 2mm 的颗粒超过总质量 50%

注：分类时,应根据粒组含量由上到下以最先符合者确定。

6.6.2.3 砂土

粒径大于 2mm 的颗粒含量不超过总质量的 50%、粒径大于 0.075mm 的颗粒含量超过全重 50% 的土为砂土。根据粒组含量可进一步分为砾砂、粗砂、中砂、细砂和粉砂,分类标准见表 6-16。

表 6-16 （GB 50007—2011）**砂土的分类**

土 的 名 称	粒 组 含 量
砾砂	粒径大于 2mm 的颗粒占全重的 25%～50%
粗砂	粒径大于 0.5mm 的颗粒超过全重的 50%
中砂	粒径大于 0.25mm 的颗粒超过全重的 50%
细砂	粒径大于 0.075mm 的颗粒超过全重的 85%
粉砂	粒径大于 0.075mm 的颗粒超过全重的 50%

注：1. 定名时应根据颗粒级配由大到小以最先符合者确定。

2. 当砂土中,小于 0.075mm 的土的塑性指数大于 10 时,应冠以"含黏性土"定名,如含黏性土的粗砂等。

6.6.2.4 粉土

塑性指数 $I_p \leqslant 10$ 且粒径大于 0.075mm 的颗粒含量不超过全重 50% 的土为粉土。

6.6.2.5 黏性土

塑性指数 $I_p > 10$ 的土为黏性土。黏性土按塑性指数大小又分为：黏土（$I_p > 17$）；粉质黏土（$10 < I_p \leqslant 17$）。

6.6.2.6 人工填土

人工填土是指由于人类活动而形成的堆积物。人工填土物质成分较复杂,均匀性也较差,按组成和成因可分为：

（1）素填土　是指由碎石、砂土、粉土或黏性土等所组成的填土；

（2）压实填土　是指经过压实或夯实的素填土；

（3）杂填土　是指含有建筑物垃圾、工业废料及生活垃圾等杂物的填土；

（4）冲填土　是指由水力冲填泥沙形成的填土。

在工程建设中所遇到的人工填土，各地区往往不一样。在历代古城，一般都保留有人类文化活动的遗物或古建筑的碎石、瓦砾。在山区，常是由于平整场地而堆积、未经压实的素填土。城市建设常遇到的是煤渣、建筑垃圾或生活垃圾堆积的杂填土，一般是不良地基，多需进行处理。

6.6.2.7　特殊土

《建筑地基基础设计规范》（GB 50007—2011）又把淤泥、淤泥质土、红黏土和膨胀土及湿陷性土单独制定了它们的分类标准。

（1）淤泥和淤泥质土。淤泥是指在静水或缓慢流水环境中沉积，并经生物化学作用形成，其天然含水率大于液限，天然孔隙比 $e \geq 1.5$ 的黏性土。当天然含水率大于液限，而天然孔隙比 $1 \leq e < 1.5$ 的黏性土或粉土为淤泥质土。

淤泥和淤泥质土的主要特点是含水率大、强度低、压缩性高、透水性差、固结需时间长。一般地基需要预压加固。

（2）红黏土。红黏土是指碳酸盐岩系的岩石经红土化作用形成的高塑性黏土。其液限一般大于50%。红黏土经再搬运后，仍保留其基本特征，其液限 ω_L 大于45%的土称为次红黏土。

（3）膨胀土。土中黏粒成分主要由亲水性矿物组成，同时具有显著的吸水膨胀和失水收缩特性，其自由膨胀率大于或等于40%的黏性土为膨胀土。膨胀土一般强度较高，压缩性较低，易被误认为工程性能较好的土，但由于具有胀缩性，在设计和施工中如果没有采取必要的措施，会对工程造成危害。

（4）湿陷性土。是指在一定压力下浸水后产生附加沉降，其湿陷系数大于或等于0.015的土。湿陷性土浸水后，其强度会迅速降低，并产生显著的附加沉降，需进行处理。

【例题 6-7】　已知从某土样的颗粒级配曲线上查得：大于0.005mm的颗粒含量为84%，大于0.075mm的颗粒含量为64%，大于2mm的颗粒含量为8.5%，大于0.25mm的颗粒含量为38.5%，试按 GB/T 50145—2007 和 GB 50007—2011 对土分类定名。

解：（1）用 GB/T 50145—2007 规范对土定名

该土粗粒组含量为64%；砾粒组含量为8.5%；砂粒组含量为 $64\% - 8.5\% = 55.5\%$；细粒组含量为 $100\% - 64\% = 36\%$；粉粒含量为 $84\% - 64\% = 20\%$；粒含量为 $100\% - 84\% = 16\%$。

① 因该土样粗粒组含量为 $64\% > 50\%$，所以该土属粗粒类土；

② 因该土样砾粒组含量为 $8.5\% <$ 砂粒组含量为 55.5%，所以该土属于砂类土；

③ 因该土样细粒土含量为36%，查表6-11，在 $15\% \sim 50\%$ 之间，所以该土为含细粒土质砂，应根据塑性图进一步细分；

④ 因该土细粒组中粉粒含量为 $20/36 \times 100\% = 55.6\% > 50\%$，故该土的最后定名为粉土质砂，即 MC。

（2）用 GB 50007—2011 规范对土定名

① 因该土样大于0.075mm的颗粒含量为 $64\% > 50\%$，而且大于2mm的颗粒含量为 $8.5\% < 50\%$，所以该土属砂土；

② 因大于0.25mm的颗粒含量为 $38.5\% < 50\%$，大于0.075mm的颗粒含量为64%，查表6-16，该土定名为粉砂。

本章小结

　　土的物理性质与工程分类是土力学的基本内容之一，土的类型及其基本物理性质指标也是建筑物基础设计计算所必需的基本资料。

　　本章内容主要包括：土的成因、组成与结构、物理性质指标、物理状态指标、压实性及土的工程分类。

　　(1) 土是岩石经风化的产物，是由各种大小不同的土颗粒按一定比例组成的松散集合体。大多数土都是在第四纪地质历史时期内形成的，又称第四纪沉积物。沉积年代不同、地质作用不同、成土的岩石不同，使各种土的工程有很大的差别。

　　(2) 一般情况下，天然状态的土是由固相（土颗粒）、液相（水中水）和气相（土中气体）三部分组成，称为土的三相组成。

　　(3) 土的固相（包括土粒的成分、土粒大小与级配以及土的结构等）对土的工程性质起决定作用。土粒分为无机矿物颗粒与有机质，无机矿物颗粒由原生矿物和次生矿物组成；土的颗粒大小分析试验方法有筛分法和密度计法两种，筛分法适用于粗粒土，密度计法适用于细粒土；土的颗粒级配好坏可用不均匀系数 C_u 和曲率系数 C_c 判别，级配良好的土必须同时满足两个条件，即 $C_u \geqslant 5$ 和 $C_c = 1 \sim 3$，如不能同时满足这两个条件，则为级配不良的土；土的结构类型主要取决于土的颗粒大小，通常有单粒结构、蜂窝结构和絮凝结构三种类型。

　　(4) 土中水（包括结合水与自由水）对黏性土的工程性质也有很大的影响。结合水是指受土粒表面电场力作用失去自由活动的水，包括强结合水和弱结合水两种类型；自由水是指土孔隙中位于结合水以外的水，包括毛细水和重力水两种类型。

　　(5) 土中气体（包括自由气体和封闭气体）对土的工程性质影响较小。

　　(6) 土的物理性质指标包括实测指标（如土的密度、含水率和土粒比重）和换算指标（如土的干重度、饱和重度、浮重度、孔隙比、孔隙率和饱和度等）两大类。

　　(7) 无黏性土的密实程度对其工程性质有很大的影响，砂土的密实度可用孔隙比 e、相对密度 D_r 或标准贯入试验锤击数 N 来判别；黏性土的工程性质与其含水率的大小关系密切，其界限含水率液限 ω_L 与塑限 ω_p 可通过试验测定，塑性指数 I_p 是黏性土分类的重要指标，液性指数 I_L 是判别黏性土软硬程度的一个物理指标。

　　(8) 黏性土的压实性可通过室内击实试验成果来研究，击实试验所得到的最优含水率 ω_{op} 和最大干密度 ρ_{dmax} 是填土施工质量的重要控制指标。

　　(9) 土的工程分类不同行业有不同的分类标准，按照《建筑地基基础设计规范》（GB 50007—2011），地基土主要有：碎石土、砂土、粉土、黏性土、人工填土及淤泥质土、红黏土、膨胀土、黄土等特殊土。

习　题

　　[6-1]　某饱和黏性土的含水率为 $\omega = 38\%$，比重 $G_s = 2.71$，试利用三相图求土的孔隙比 e 和干重度 γ_d。

（答案：$e = 1.03$，$\gamma_d = 13.1 \text{kN/m}^3$）

[6-2]　某地基土测得：比重 $G_s = 2.68$，含水率为 $\omega = 28\%$，湿密度 $\rho = 1.86\ \text{g/cm}^3$，试求该土的干密度 ρ_d、饱和密度 ρ_{sat}、浮密度 ρ'、孔隙比 e、孔隙率 n、饱和度 S_r。

（答案：$\rho_d = 1.45\text{g/cm}^3$，$\rho_{sat} = 1.91\text{g/cm}^3$，$\rho' = 0.91\text{g/cm}^3$，$e = 0.844$，$n = 45.8\%$，$S_r = 88.9\%$）

[6-3]　某工程取土样进行液塑限试验，测得液限 $\omega_L = 40\%$，塑限 $\omega_p = 25\%$，天然含水率 $\omega = 20\%$，求塑性指数 I_p 和液性指数 I_L。该地基土处于什么状态？

（答案：$I_p = 15$，$I_L = -0.33$，坚硬状态）

[6-4]　某土料场土料为低液限黏土，天然含水率 $\omega = 21\%$，比重 $G_s = 2.70$，室内标准击实试验得到最大干密度 $\rho_{dmax} = 1.85\text{g/cm}^3$。设计取压实度 $P = 0.95$，并要求压实后土的饱和度 $S_r \leqslant 90\%$，问土料的天然含水率是否适于填筑？碾压时土料应控制多大的含水率？

（答案：料场含水率 ω 为 21%，应进行翻晒处理；控制含水率 ω 应为 17.8%）

[6-5]　从某土样颗粒级配曲线上查得：大于 0.075mm 的颗粒含量为 38%，大于 2mm 的颗粒含量为 13%，并测得该土样细粒部分的液限 $\omega_L = 46\%$，塑限 $\omega_p = 28\%$，试按（GB/T 50145—2007）规范对土分类定名。

（答案：GB/T 50145—2007 定名含砂低液限粉土 MLS）

7 土的渗透性

本章提要

　　在建筑物地基和土工建筑物中，地下水在水头差的作用下，通常会透过土体的孔隙发生流动，这种现象称为渗透或渗流，而土体被水透过的性能称为土的渗透性。水的渗透将引起渗漏和渗透变形两个方面的问题。渗漏将造成水量损失，影响闸坝蓄水的工程效益；渗透变形将引起土体内部应力状态发生变化，改变其稳定条件，甚至危及整个建筑物的安全。

　　土体的渗透性问题是土力学研究的重要问题之一，本章主要讨论水在土中渗透的基本规律、渗透性指标及土体的渗透变形问题。

　　本章的重点是达西定律、渗透系数及其测定方法，以及土体的渗透变形问题。

7.1 达西定律及其适用范围

7.1.1 渗流的概念

　　在水头差作用下，水通过土中的孔隙而流动的现象叫渗透，而土体被水透过的性能称为土的渗透性。土的渗透性属于土的力学性质，它是土力学研究的主要课题之一。地基和土工建筑物中水的渗透，将引起渗漏和渗透变形两个方面的问题。渗漏将造成水量损失，影响闸坝蓄水的工程效益；渗透变形将引起土体内部应力状态发生变化，改变其稳定条件，甚至危及整个建筑物的安全。

　　在土体中流动的水叫渗流，如图 7-1 所示。土坝挡水后，水在浸润线以下的坝体中产生渗流；水闸挡水后，在上下游水位差作用下，水从上游经过闸基渗透到下游。

7.1.2 达西定律

　　1856 年，法国工程师达西对不同粒径的砂土做渗透试验时，发现渗流为层流状态时，水渗透流速与水力坡降成正比。其表达式为：

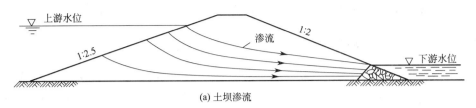

(a) 土坝渗流

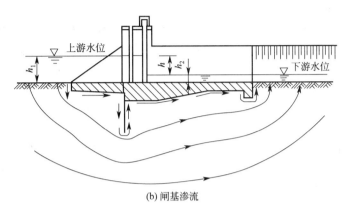

(b) 闸基渗流

图 7-1 坝、闸渗流示意图

$$v = k\frac{h}{L} = ki \tag{7-1}$$

或

$$Q = kAit \tag{7-2}$$

式中 v——断面平均渗透流速，cm/s；

     i——水力坡降，是水头差 h 与渗透路径 L 之比，即 $i = h/L$；

     k——比例系数，即土的渗透系数，cm/s；

     Q——渗透流量，cm^3；

     A——垂直于渗流方向的土样截面面积，cm^2。

     t——渗透时间，s；

 式(7-1) 是法国工程师达西通过试验得出的，称为达西定律。由式(7-1) 可知，当 $i = 1$ 时，$v = k$，表明渗透速度 k 是单位水力坡降时的渗透速度，它是表示土体渗透性强弱的指标，其大小主要取决于土的类型。各种土的渗透系数参考值见表 7-1。

表 7-1   各种土的渗透系数参考值

土的类别	渗透系数 k		土的类别	渗透系数 k	
	m/d	cm/s		m/d	cm/s
黏土	<0.005	$<6 \times 10^{-6}$	细砂	1.0~5	$1 \times 10^{-3} \sim 6 \times 10^{-3}$
粉质黏土	0.005~0.1	$6 \times 10^{-6} \sim 1 \times 10^{-4}$	中砂	5~20	$6 \times 10^{-3} \sim 2 \times 10^{-2}$
粉土	0.1~0.5	$1 \times 10^{-4} \sim 6 \times 10^{-4}$	粗砂	20~50	$2 \times 10^{-2} \sim 6 \times 10^{-2}$
黄土	0.25~0.5	$3 \times 10^{-4} \sim 6 \times 10^{-4}$	圆砾	50~100	$6 \times 10^{-2} \sim 1 \times 10^{-1}$
粉砂	0.5~1.0	$6 \times 10^{-4} \sim 1 \times 10^{-3}$	卵石	100~500	$1 \times 10^{-1} \sim 6 \times 10^{-1}$

 应该指出，达西定律中的渗透速度 v 为土样全截面时的平均流速，并非渗流在土孔隙中运动的实际流速 v'，由于实际过水截面小于土体全截面，因此，实际平均流速 v' 大于达西定律中的平均渗透速度 v，两者的关系为：

$$v' = v/n \tag{7-3}$$

式中 n——土的孔隙率。

但为了简便，在工程设计中，除特别指出外，常用达西定律中计算的平均渗透速度 v。

7.1.3 达西定律的适用范围

达西定律适用于地下水的流动状态属于层流的大多数情况。砂土、砂粒含量较高的黏性土，其渗透规律符合达西定律 [见图 7-2(a)]。在实际工程中，对砂性土和较疏松的黏性土，如坝基和灌溉渠道的渗透量及基坑、水井的涌水量均可用达西定律来解决。

对于密实黏土，因为其孔隙主要为结合水所填充，由于结合水膜的黏滞阻力，当水力坡降较小时，渗透速度与水力坡降呈非线性关系，甚至不发生渗流，只有当水力坡降达到某一数值，克服了结合水膜的黏滞阻力以后，才发生渗流，引起发生渗流的水力坡降称为密实黏土起始水力坡降，以 i_b 表示 [见图 7-2(b)]。为了简化，这时达西定律公式可写成如下的形式：

$$v = k(i - i_b) \tag{7-4}$$

对于粗粒土（如砾石、卵石等），当水力坡降较小时，其渗透规律符合达西定律，而当水力坡降大于某值后，渗透速度与水力坡降的关系就表现为非线性的紊流规律 [见图 7-2(c)]，此时达西定律已不适用。

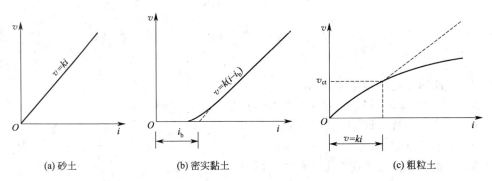

(a) 砂土 (b) 密实黏土 (c) 粗粒土

图 7-2 土的渗透流速与水力坡降的关系

7.1.4 渗透系数的测定方法

渗透系数 k 是衡量土体渗透性强弱的一个重要力学性质指标，也是渗透计算时用到的一个基本参数。由于自然界中土的沉积条件复杂，渗透系数 k 值相差很大，因此渗透系数难以用理论计算求得，只能通过试验直接测定。

渗透系数测定方法可分为室内渗透试验和现场渗透试验两大类。室内渗透试验可根据土的类别，选择不同的仪器进行试验；现场渗透试验可采用试坑（或钻孔）注水法（测定非饱和土的渗透系数）或抽水法（测定饱和土的渗透系数）进行试验。室内与现场渗透试验的基本原理相同，均以达西定律为依据。关于现场渗透试验，可参考水文地质方面的书籍，在这里主要介绍室内渗透试验。

室内渗透试验的仪器种类和试验方法较多，按试验原理可划分为常水头试验法和变水头试验法两种。

7.1.4.1 常水头试验法

常水头试验法适用于透水性较强的粗粒土。常水头试验法是指在整个试验过程中，水头

差 h 保持不变，其试验装置如图 7-3 所示，计算公式为：

$$k = \frac{QL}{Aht} \tag{7-5}$$

式中　Q——时间 t 秒内流经土样的水量，cm^3；

　　　　L——土样厚度（即渗透路径），cm；

　　　　A——土样的横截面积，cm^2；

　　　　t——试验经过的时间，s。

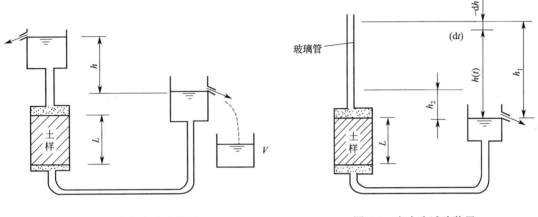

图 7-3　常水头试验装置　　　　　　　　图 7-4　变水头试验装置

7.1.4.2　变水头试验法

由于细粒土的渗透性很小，在短时间内流经土样的水量少，若采用常水头试验法，难以准确测定其渗透系数，因此，细粒土（如粉土和黏土）常采用变水头试验法测定渗透系数。变水头试验就是在试验过程中，渗透水头随时间而变化的一种试验方法。其试验装置如图 7-4 所示。计算公式为：

$$k = \frac{aL}{At} \ln \frac{h_1}{h_2} \tag{7-6}$$

式中　a——变水头管截面积，cm^2；

　　　　h_1——开始时的水头，cm；

　　　　h_2——终止时的水头，cm。

其他符号意义同前。

7.1.4.3　成层土的渗透系数

天然地基往往由渗透性不同的土层所组成，其各向渗透性也不尽相同。对于成层土，应分别测定各层土的渗透系数，然后根据渗流方向求出与层面平行或与层面垂直时的平均渗透系数。

（1）与层面平行的渗流情况　当渗流方向与土层层面平行时，如图 7-5 所示，假如各层土的渗透系数各向同性，分别为 k_1、k_2、$\cdots$、k_n，厚度为 H_1、H_2、$\cdots$、H_n，总厚度为 H，经过公式推导可得整个地基的平均渗透系数 k_x 的计算公式如下：

$$k_x = \frac{1}{H}(k_1 H_1 + k_2 H_2 + \cdots + k_n H_n) \tag{7-7}$$

（2）与层面垂直的渗流情况　当渗流方向与土层层面垂直时，如图 7-6 所示，经过公式推导可得整个地基的平均渗透系数 k_y 的计算公式如下：

$$k_y = \frac{H}{\dfrac{H_1}{k_1} + \dfrac{H_2}{k_2} + \cdots + \dfrac{H_n}{k_n}} \tag{7-8}$$

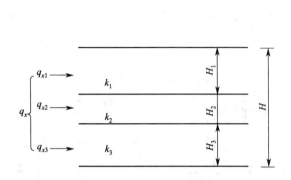
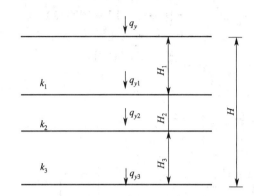

图 7-5　与层面平行的渗流　　　　　　图 7-6　与层面垂直的渗流

　　比较式(7-7) 与式(7-8) 可知，对于成层土地基，当渗流平行层面流动时，整个地基的平均渗透系数 k_x 主要取决于最透水土层的渗透系数和厚度；而当渗流垂直层面流动时，整个地基的平均渗透系数 k_y 则主要取决于最不透水土层的渗透系数和厚度。因此，平行层面渗流的平均渗透系数 k_x 总是大于垂直层面渗流的平均渗透系数 k_y。

7.1.4.4　影响渗透系数的主要因素

　　渗透系数表明了水在土中流动的难易程度，其值的大小，受土粒的大小与级配、土的密实度、封闭气体含量及水温等因素的影响。

　　(1) 土粒大小与级配。土粒大小与级配直接决定着土中孔隙的大小，对土的渗透系数影响最大。粗粒土颗粒愈粗、愈均匀、愈浑圆，渗透系数则愈大；细粒土颗粒愈细黏粒含量愈多，渗透系数则愈小。

　　(2) 土的密实度。同一种土，在不同密实状态下具有不同的渗透系数。土的密度增加，孔隙比变小，土的渗透性随之减小。因此，在测定渗透系数时，必须考虑实际土的密度状态，并控制土样孔隙比与实际相同，或者在不同孔隙比下测定土的渗透系数，绘出孔隙比与渗透系数的关系曲线，从中查出所需孔隙比下的渗透系数。

　　(3) 封闭气体的含量。土中封闭气体的存在，使土的有效渗透面积减小，渗透系数降低。封闭气体含量愈多，土的渗透性愈弱。做渗透试验时，土的渗透系数受土体饱和度影响，饱和度低的土，可能存在有封闭气体，渗透系数将减小。为了保证试验的可靠性，要求土样必须充分饱和。

　　(4) 水的温度。渗透系数直接受水的动力黏滞系数的影响，不同的水温，水的动力黏滞系数不同。水温愈高，水的动力黏滞系数就愈小，水在土中的渗透速度则愈大。同一种土在不同的温度下，将有不同的渗透系数。在某一温度 T 下测定的渗透系数，应换算为标准温度 20℃ 下的渗透系数，即：

$$k_{20} = k_T \frac{\eta_T}{\eta_{20}} \tag{7-9}$$

式中　k_T、k_{20}——分别为 T 和 20℃时土的渗透系数，cm/s；

　　　　η_T、η_{20}——分别为 T 和 20℃时水的动力黏滞系数，kPa·s。

【例题 7-1】 用常水头渗透仪做实验，试样的截面面积 $A=81.7\text{cm}^2$，试样长度 $L=12.5\text{cm}$，水头差 $h=86.0\text{cm}$，在 2min 内流经土样的水量 $Q=733\text{cm}^3$，水温为 15℃。试求该试样的渗流系数。

解：(1) 水温为 15℃ 时的渗透系数 k_{15}

$$k_{15}=\frac{QL}{Aht}=\frac{733\times12.5}{81.7\times86\times2\times60}=1.09\times10^{-2}\text{cm/s}$$

(2) 标准温度 20℃ 下的渗透系数 k_{20}

由《土工试验规程》查得：$\dfrac{\eta_{15}}{\eta_{20}}=1.133$

则：$k_{20}=k_{15}\dfrac{\eta_{15}}{\eta_{20}}=1.09\times10^{-2}\times1.133=1.23\times10^{-2}\text{cm/s}$

7.2 渗透力及渗透变形

7.2.1 渗透力

水在土体中流动时，将会引起水头损失，而这种水头损失是由于水在土体孔隙中流动时力图拖曳土粒而消耗能量的结果。根据牛顿第三定律可知，水在土体中流动时受到土骨架阻力的同时，水必然对土骨架产生一个相等的反作用力。将渗流时水作用在单位土体上的作用力称为单位渗透力，简称渗透力，以 j 表示。

在图 7-7 中沿渗流方向取一个长度为 L，横截面积为 A 的柱体来研究。因 $h_1>h_2$，水从截面 1 流向截面 2，水头差为 h。由于土中渗流速度一般很小，其流动水流的惯性力可以忽略不计。现假设所取土柱孔隙中完全充满水，并考虑土柱中的土颗粒对渗流阻力的影响，则作用于土柱中水体上的力有：

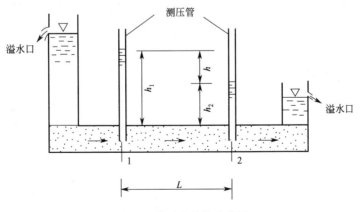

图 7-7 渗透力计算示意图

(1) 截面 1 上的总水压力 $P_1=\gamma_\text{w}h_1A$，其方向与渗流方向一致；

(2) 截面 2 上的总水压力 $P_2=\gamma_\text{w}h_2A$，其方向与渗流方向相反；

(3) 土柱中的土颗粒对渗流水的总阻力 F，其大小应和总渗透力 J 相等，即 $F=J=jLA$，方向与渗流方向相反。

根据渗流方向力的平衡条件得：

$$J = P_1 - P_2$$

或

$$jLA = \gamma_w(h_1 - h_2)A$$

则渗透力

$$j = \frac{h_1 - h_2}{L}\gamma_w = i\gamma_w \tag{7-10}$$

因此渗透力是一种体积力，单位为 kN/m^3，其大小与水力坡降成正比，方向与渗流方向一致。

由于渗透力的方向与渗流方向一致，因此它对土体稳定性有着很大的影响。如图 7-8 所示的水闸地基，渗流的进口处 A 点受到向下渗流的作用，渗透力与土的有效重力方向一致，渗透力增大了土有效重力的作用，对土体稳定有利；在渗流近似水平部位的 B 点处，渗透力与土的有效重力近似正交，它使土粒产生向下游移动的趋势，对土体稳定不利；在渗流的出逸处 C 点，受向上的渗流作用，渗透力与土的有效重力方向相反，渗透力起到了减轻土有效重力的作用，对土体的稳定不利，渗透力愈大，渗流对土体稳定性的影响就愈大，在渗流出口处，当向上的渗透力大于土的有效重力时，则土粒将会被渗流挟带向上涌出，土体失去稳定，发生渗透破坏。因此，在对闸坝地基、土坝、基坑开挖等情况进行土体稳定分析时，应考虑渗透力的影响。

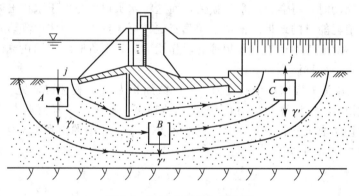

图 7-8　渗流对闸基土的作用

7.2.2　渗透变形的类型

渗透变形是指在渗流作用下，土体颗粒移动流失，导致土体变形以至破坏的现象，也称为渗透破坏。土体在渗流作用下发生破坏，由于土体颗粒级配和结构的不同，有流土、管涌、接触冲刷和接触流失四种破坏类型。

7.2.2.1　流土

流土是指在上升的渗流作用下局部土体表面的隆起、顶穿，或者粗细颗粒群同时浮动而流失的现象。前者多发生于表层为黏性土与其他细粒土组成的土体或较均匀的粉细砂层中，后者多发生在不均匀的砂土层中。

流土一般发生在无保护的渗流出口处，而不会发生在土体内部。开挖基坑或渠道时出现的所谓"流砂"现象，就是流土的常见形式。如图 7-9(a) 所示，河堤覆盖层下流砂涌出的现象是由于覆盖层下有一强透水砂层，而堤内、外水头差大，从而弱透水层的薄弱处被顶穿，大量砂土涌出，危及河堤的安全；在图 7-9（b）中，由于细砂层的承压水作用，当基坑开挖至细砂层时，在渗透力的作用下，细砂向上涌出，出现大量流土，引起房屋地基不均匀变形，上部结构开裂，影响房屋的正常使用。流土的发生一般是突发性的，对工程危害较大。

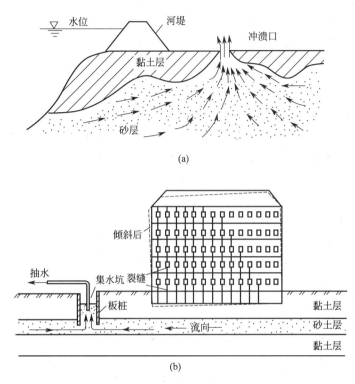

(a)

(b)

图 7-9 流土的危害

7.2.2.2 管涌

管涌是指土体中的细颗粒在渗流作用下，由骨架孔隙通道流失的现象，主要发生在沙砾石地基中。管涌可以发生在土体的所有部位。如图 7-10 所示为坝基发生管涌的现象。首先细颗粒在粗颗粒的孔隙中移动；随着土中孔隙的逐渐扩大，渗流速度不断增大，较粗的颗粒也被水流逐渐冲走；最后导致土体内部形成贯通的渗流通道，酿成溃坝（堤）的严重后果。由此可见，管涌的发生要有一定的发展过程，因而是一种渐进性的破坏。

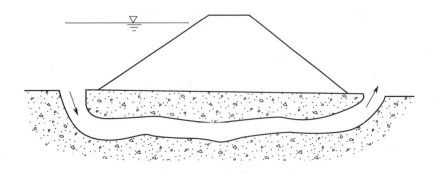

图 7-10 坝基发生管涌的现象

7.2.2.3 接触冲刷

接触冲刷是指当渗流沿着两种渗透系数不同的土层接触面，或建筑物与地基的接触面流动时，沿接触面带走细颗粒的现象。

7.2.2.4 接触流失

接触流失是指在层次分明、渗透系数相差悬殊的两土层中，当渗流垂直于层面将渗透系数小的一层中的细颗粒带到渗透系数大的一层中的现象。

流土与管涌主要发生在单一土层中，接触冲刷和接触流失则主要发生在多层结构土层中。

7.2.2.5 渗透变形类型的判别

土体发生渗透变形可能导致建筑物丧失稳定性，因此在工程中需要对不同土发生渗透的类型进行判别，以便采取相应的处理措施。土渗透变形特征应根据土的颗粒组成、密度和结构状态综合分析确定。按照《水利水电工程地质勘察规范》（GB 50487—2008）土的渗透变形特征按下列方法判别。

(1) 黏性土的渗透变形主要是流土和接触流失两种类型。

(2) 不均匀系数小于等于 5 的无黏性土，其渗透变形为流土。

(3) 对于不均匀系数大于 5 的无黏性土，采用细颗粒含量 P 判别，当 $P \geqslant 35\%$ 时为流土；$P < 25\%$ 时为管涌；当 $25\% \leqslant P < 35\%$ 时为过渡型。

细颗粒含量应按下面的方法确定。

级配不连续的土：颗粒级配曲线上至少有一个以上粒组的颗粒含量小于或等于 3%，以上述粒组在颗粒级配曲线上形成的平缓段的最大粒径和最小粒径的平均值或最小粒径作为粗、细颗粒的区分粒径 d，相应于该粒径的颗粒含量为细颗粒含量 P。

级配连续的土：粗、细颗粒的区分粒径 d 按下式确定

$$d = \sqrt{d_{70} d_{10}} \tag{7-11}$$

式中　d_{70}——小于该粒径的含量占总土质量 70% 的颗粒粒径，mm；

　　　d_{10}——小于该粒径的含量占总土质量 10% 的颗粒粒径，mm。

(4) 接触冲刷宜采用下列方法判别。

对于双层结构地基，当两层土的不均匀系数均小于或等于 10，且符合下式规定的条件时，不会发生接触冲刷。

$$\frac{D_{10}}{d_{10}} \leqslant 10 \tag{7-12}$$

式中　D_{10}、d_{10}——分别代表较粗和较细一层土的颗粒粒径，小于该粒径的含量占总土质量10%，mm；

(5) 接触流失宜采用下列方法判别。

对于渗流向上的情况，符合下列条件将不会发生接触流失。

① 不均匀系数等于或小于 5 的土层：

$$\frac{D_{15}}{d_{85}} \leqslant 5 \tag{7-13}$$

式中　D_{15}——较粗一层土的颗粒粒径，小于该粒径的含量占总土质量 15%，mm；

　　　d_{85}——较细一层土的颗粒粒径，小于该粒径的含量占总土质量 85%，mm。

② 不均匀系数小于或等于 10 的土层：

$$\frac{D_{20}}{d_{70}} \leqslant 7 \tag{7-14}$$

式中　D_{20}——较粗一层土的颗粒粒径，小于该粒径的含量占总土质量 20%，mm；

　　　d_{70}——较细一层土的颗粒粒径，小于该粒径的含量占总土质量 70%，mm。

7.2.3　渗透变形的临界水力坡降

渗透破坏是当渗透水力坡降达到一定值后才可能发生的，土体开始发生渗透变形时的水力坡降，称为临界水力坡降（也称抗渗坡降），它表示土抵抗渗透破坏的能力。土的临界水力坡降是评价土体或水工建筑物渗透稳定的重要参数，选用合理与否，直接关系到建筑物的造价和安全。对重要工程，应尽可能结合实际条件通过试验确定，一般工程，可用半经验公式确定。

7.2.3.1　流土型的临界水力坡降

如前所述，渗透力与渗透方向一致，在堤坝下游渗流逸出面处，若为一水平面，由渗流产生的向上的渗透力与土的重力方向相反。如果向上的渗透力足够大，就会导致流土的发生，其条件就是 $j > \gamma'$。当渗透力与土的有效重度相等时，土体处于即将发生流土的临界状态，此时的水力坡降即为流土的临界水力坡降，用 i_{cr} 表示。流土的临界水力坡降 i_{cr} 可用下式计算：

$$i_{cr} = \frac{\gamma'}{\gamma_w} = (G_s - 1)(1 - n) = \frac{\gamma_{sat} - \gamma_w}{\gamma_w} \tag{7-15}$$

上式主要适用于无黏性土。由式(7-15)可知，流土的临界水力坡降取决于土的物理性质，当土粒比重 G_s 和孔隙率 n 已知时，则该土的临界水力坡降即为一定值，一般在 0.8～1.2 之间。

流土往往发生在渗流的逸出处，如果工程中用渗流逸出处的水力坡降 i 与其临界水力坡降 i_{cr} 比较，即可判别发生流土的可能性。

若 $i < i_{cr}$，则土体处于稳定状态，不发生流土；

若 $i = i_{cr}$，则土体处于即将发生流土的临界状态；

若 $i > i_{cr}$，则土体发生流土。

在设计中，应考虑流土发生历时短及土的复杂性等因素，确保建筑物的安全，所以常将临界水力坡降除以适当的安全系数作为允许水力坡降 $[i]$，设计中将出逸处的水力坡降 i 控制在允许水力坡降 $[i]$ 之内，即要求：

$$i \leqslant [i] = i_{cr} / K \tag{7-16}$$

式中　K——安全系数，一般取 1.5～2.0；当渗透稳定对水工建筑物的危害较大时取 2.0；对于特别重要的工程也可取 2.5。

7.2.3.2　管涌型和过渡型的临界水力坡降

渗透力能带动细颗粒在孔隙中滚动或移动而开始发生管涌，也可以用临界水力坡降表示。但管涌的临界水力坡降的影响因素较多，对于重要工程，需通过渗透破坏试验确定，通常可按图 7-11 所示的渗透试验装置进行，试验时，可将水头逐渐升高，直至开始发生管涌。除目测细颗粒的移动判断外，还要建立水力坡降与渗透速度的关系来判断管涌是否发生。如图 7-12 所示，当水力坡降增至某一数值后（A 点），i-v 关系曲线明显转折，这说明细颗粒已被带出，孔隙通道加大，渗透速度随之增大。最后取其 A 点对应的水力坡降和肉眼观察到细颗粒移动时的水力坡降两者中的较小值，作为管涌的临界水力坡降 i_{cr}。

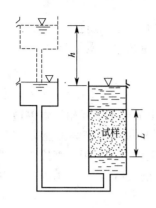

图 7-11　管涌试验装置示意图

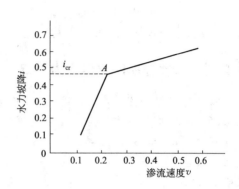

图 7-12　i-v 关系曲线

由于管涌临界水力坡降的影响因素较多，国内外学者对此进行了大量研究。对于无黏性土发生管涌的临界水力坡降，可按式（7-17）或式（7-18）计算：

$$i_{cr} = 2.2(G_s-1)(1-n)^2 \frac{d_5}{d_{20}} \tag{7-17}$$

$$i_{cr} = \frac{42d_3}{\sqrt{\dfrac{k}{n^3}}} \tag{7-18}$$

式中　d_5——小于该粒径颗粒含量为 5% 所对应的粒径，mm；

d_{20}——小于该粒径颗粒含量为 20% 所对应的粒径，mm；

d_3——小于该粒径颗粒含量为 3% 所对应的粒径，mm；

n——孔隙比；

k——渗透系数，cm/s。

同样的，把发生管涌的临界水力坡降 i_{cr} 除以安全系数 K 可得到发生管涌的临界水力坡降 $[i]$。

当无试验资料时，无黏性土的允许水力坡降 $[i]$ 也可按表 7-2 选用。

表 7-2　无黏性土允许水力坡降

允许水力坡降	渗透变形类型					
	流土型			过渡型	管涌型	
	$C_u \leqslant 3$	$3 < C_u \leqslant 5$	$C_u > 5$		级配连续	级配不连续
$[i]$	0.25~0.35	0.35~0.50	0.50~0.80	0.25~0.40	0.15~0.25	0.10~0.20

注：本表不适用于渗流出口有反滤层的情况。

7.2.4　渗透变形的防治

土产生渗透变形的原因很多，如土的类别、颗粒组成、密度、水流条件等，致使发生渗透破坏的机理也各自不同，但产生流土、管涌的主要原因基本上有两方面：一是渗流特征，即上下游水位差形成的水力坡降；二是土的类别及组成特性。因此，防治渗透变形的工程措施基本上归结为两类：一类是降低水力坡降，常可设置水平与垂直防渗体，从而增加渗径长度，在允许的条件下，也可以减小上下游的水头差，达到降低水力坡降的目的，使其水力坡降不超过允许值，保持土体的渗透稳定；另一类是增强渗流逸出处土体抗渗能力，采用排水或适当加固措施,如排水沟、反滤层等,顺畅渗透水流,减小下游逸出处的渗透力,拦截被渗流挟带的细颗粒,防止产生渗流破坏。

7.2.4.1 水工建筑物的防渗措施

(1) 设置垂直防渗体延长渗径。心墙坝的黏土截水槽示意图,如图 7-13 所示;心墙坝的混凝土防渗墙示意图,如图 7-14 所示;水闸板桩防渗示意图,如图 7-15 所示;另帷幕灌浆及新发展的防渗技术,如劈裂灌浆、深层搅拌桩、高压喷射注浆等也在广泛应用。

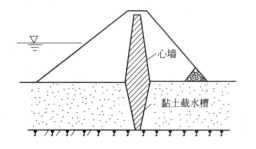

图 7-13 心墙坝的黏土截水槽示意图

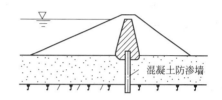

图 7-14 心墙坝的混凝土防渗墙示意图

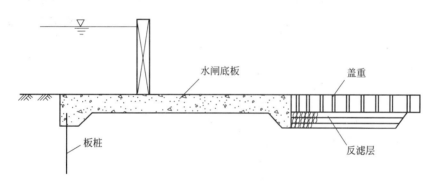

图 7-15 水闸板桩防渗示意图

(2) 设置水平黏土铺盖或铺设土工合成材料,与坝体防渗体连接,延长渗径长度。如图 7-16 为坝体水平黏土铺盖防渗措施;江河堤防工程中的吹填固堤工程,通过增加堤宽,延长渗径长度,防止渗透变形。

(3) 设置反滤层和盖重。在渗流逸出部位铺筑 2~3 层不同粒径的无黏性土料(砂、砾、卵石或碎石)即为反滤层,其作用是滤土排水。它是一项提高抗渗能力、防止渗透变形很有效的措施。在下游可能发生流土的部位设置透水盖重,增强土体抵抗流土破坏的能力,如图 7-15 和图 7-16 所示。

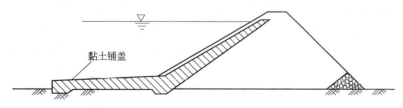

图 7-16 水平黏土铺盖示意图

(4) 设置减压设备。减压措施常根据上面相对不透水层的厚薄采用排水沟或减压井切入下面不透水层中，以减小渗透压力，提高抗渗能力。

7.2.4.2 基坑开挖的防渗措施

在地下水位以下开挖基坑时，若采用明式排水开挖，坑内外造成水位差，则基坑底部的地下水将向上渗流，地基中将产生向上的渗透力。当渗透水力坡降大于临界水力坡降 i_{cr} 时，坑底泥砂翻涌，出现流砂现象，不仅给施工带来很大困难，甚至影响邻近建筑物的安全，所以在开挖基坑时要防止流砂的发生。其主要措施有：

（1）井点降水。井点降水法，即先在基坑范围以外设置井点降低地下水位后再开挖，减少或消除基坑内外的水位差，达到降低水力坡降的目的。

（2）设置板桩。设置板桩，可增长渗径长度，减小水力坡降。板桩沿坑壁打入，其深度要超过坑底，使受保护土体内的水力坡降小于临界水力坡降，同时还可以起到加固坑壁的效果。

（3）采用水下挖掘或枯水期开挖。采用水下挖掘或枯水期开挖也可进行土层加固处理，如冻结法、注浆法。

【例题 7-2】 某基坑工程基坑在细砂层中开挖，经施工抽水，待水位稳定后，实测水位从初始水位 5.5m 降到 3.0m。渗流路径长 10m。根据场地勘察报告：细砂层饱和重度 $\gamma_{sat}=18.7kN/m^3$，$k=4.5\times10^{-3}cm/s$。试求渗透速度 v 和渗流力 j，并判别是否会产生流砂现象。

解：水力坡降：$i=\dfrac{5.5-3.0}{10}=0.25$

渗透速度：$v=ki=4.5\times10^{-2}\times0.25=1.125\times10^{-3}$ （cm/s）

渗流力：$j=i\gamma_w=0.25\times9.8=2.45$ （kN/m^3）

细砂的有效重度 $\gamma'=\gamma_{sat}-\gamma_w=18.7-9.8=8.9kN/m^3>j=2.45kN/m^3$

所以不会因基坑抽水而产生流砂现象。

本章小结

土体的渗透性问题是土力学研究的重要问题之一，本章主要讨论水在土中渗透的基本规律、渗透性指标及土体的渗透变形问题。

土在水头差作用下，水透过土体孔隙的现象称为渗透，而土体被水透过的性质称为土的渗透性；当渗流为层流时，水在土中的渗透速度与水力坡降呈线性关系（即达西定律 $v=ki$），其中线性系数 k 称为渗透系数，渗透系数是表示土的渗透性强弱的一个重要力学性质指标，也是渗流计算的一个基本参数，渗透系数受土粒大小与级配、土的密实度、封闭气体含量、水的温度等因素的影响，渗透系数的检测在室内有常水头试验法和变水头试验法两种。

渗流作用在单位土体中土颗粒上的作用力称为渗透力。渗透力可能导致土体产生渗透破坏，土体在渗流作用下发生破坏，由于土体颗粒级配和土体结构的不同，有流土、管涌、接触冲刷和接触流失四种破坏类型。流土与管涌主要发生在单一土层中，接触冲刷和接触流失则主要发生在多层结构土层中。黏性土发生渗透变形的类型一般为流土；无黏性土发生渗透变形的类型，可能是流土型，也可能是管涌型或过渡型，主要取决于其颗粒组成与级配。水力坡降是防治渗透破坏的关键。

 习 题

[7-1] 对某细砂进行常水头渗透试验。土样的长度为 10cm，土样的横截面积为 86cm²，水位差为 8.0cm，经测试在 120s 内渗透的水量为 300cm³，试验时水温为 15℃。试求该土样的渗透系数 k_{20} 和渗透速度 v。

（参考答案：$k_{20}=4.12\times10^{-2}$cm/s，$v=3.30\times10^{-2}$cm/s）

[7-2] 对某原状土样进行变水头试验，试样高为 4cm，横截面积为 30cm²，变水头管的内截面面积为 1cm²，试验开始时总水头差为 195cm，20min 后降至 185cm，水的温度为 15℃。求该土样的渗透系数 k_{20}。

（参考答案：$k_{20}=6.61\times10^{-6}$cm/s）

[7-3] 某工程基坑中，因抽水引起水流由下而上流动，水头差为 4.0m，渗径长度为 8.0m，试求渗透力 j 的大小。

（参考答案：$j=4.9$kN/m³）

[7-4] 某板桩围堰，如下图所示。已知基坑土质为细砂，土粒比重为 2.70，孔隙比为 0.7。若防止细砂发生流砂的安全系数 K 为 1.5，试问板桩的最小打入深度 t 为多少？

（参考答案：2.25m）

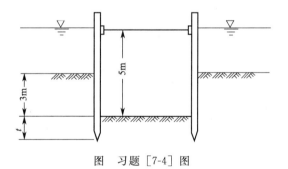

图 习题[7-4]图

8 土中应力及地基变形计算

本章提要

　　土体在自身重力、建筑物荷载或其他因素（如土中水的渗流、地震等）作用下，均可产生土中应力。土中应力将引起土体或地基的变形，使建造在土体上的建筑物（如土坝、路堤、房屋、桥梁等）发生下沉、倾斜等。当变形超过允许值时，往往会影响建筑物的正常使用，甚至使建筑物遭到破坏。当土中应力超过土的强度时，将导致土体破坏，使其失去稳定。

　　土中应力按其起因分为自重应力和附加应力，自重应力是指土体由自身重力作用在地基土中产生的有效应力；附加应力是指受外荷载（建筑物荷载、堤坝荷载、交通荷载等）作用在地基中产生的应力。它是引起地基变形的主要原因，也是导致土体强度破坏和失稳的重要原因。

　　建筑物的荷载通过基础传给地基，使天然土层原有的应力状态发生变化，在附加三向应力分量作用下，地基中产生了竖向、侧向和剪切位移。地基表面的竖向变形称为地基沉降，或基础沉降，而地基沉降的大小与土体的压缩性高低直接相关。

　　本章将主要介绍土中应力计算、土的压缩性与地基沉降计算。

8.1 土的自重应力

8.1.1 均质土中的自重应力

　　在计算土体自重应力时，通常把土体（或地基）看成均质、连续、各向同性的半无限体。在半无限土体中，任意竖直面和水平面上剪应力均为零，土体内相同深度处各点的自重应力相等。如图 8-1(a) 为均质天然地基，重度为 γ，在任意深度 z 处的水平面 a—a 上任取一单位面积的土柱进行分析。由土柱的静力平衡条件可知，z 深度处的竖向有效自重应力（简称自重应力）应等于单位面积上的上覆土柱的有效重力，即

$$\sigma_{cz} = \gamma z \tag{8-1}$$

σ_{cz}沿水平面均匀分布，且与 z 成正比，所以 σ_{cz} 随深度 z 线性增加，呈三角分布，如图 8-1（b）所示。

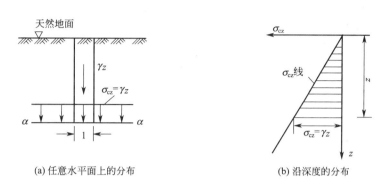

(a) 任意水平面上的分布　　　　　(b) 沿深度的分布

图 8-1　均质土中竖向自重应力

8.1.2　成层土或有地下水时的自重应力

地基土往往是成层的，不同土层具有不同的重度，因此，自重应力必须分层计算，即

$$\sigma_{cz} = \sum_{i=1}^{n} \gamma_i h_i \tag{8-2}$$

式中　σ_{cz}——天然地面下任意深度处的自重应力，kPa；

　　　n——深度 z 范围内的土层总数；

　　　h_i——第 i 层土的厚度，m；

　　　γ_i——第 i 层土的天然重度，对地下水位以下的土层取浮重度 γ_i'，kN/m³。

同时地基中往往又存在有地下水，在地下水位以下的透水层，因土粒受到水的浮力作用，应以浮重度计算自重应力；在地下水位以下的不透水层，例如，岩层或密实黏土，由于不透水层不存在水的浮力，因此，在其层面及层面以下的自重应力应按上覆土层的水、土总重计算，如图 8-2 所示。

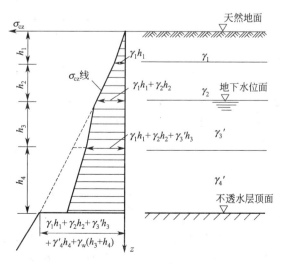

图 8-2　成层土中自重应力沿深度的分布

【例题 8-1】 试绘制图 8-3 所示地基剖面土的自重应力沿深度的分布图。

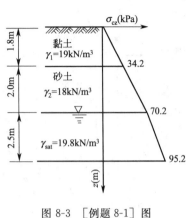

图 8-3 ［例题 8-1］图

解：（1）在地面处

$$\sigma_{cz} = 0$$

（2）$z = 1.8m$ 处

$$\sigma_{cz} = \gamma_1 h_1 = 19 \times 1.8$$
$$= 34.2 \text{（kPa）}$$

（3）$z = 3.8m$ 处

$$\sigma_{cz} = \gamma_1 h_1 + \gamma_2 h_2$$
$$= 34.2 + 18 \times 2$$
$$= 70.2 \text{（kPa）}$$

（4）$z = 6.3m$

$$\sigma_{cz} = \gamma_1 h_1 + \gamma_2 h_2 + \gamma_2' h_3$$
$$= 70.2 + (19.8 - 9.8) \times 2.5$$
$$= 95.2 \text{（kPa）}$$

据此绘制自重应力分布曲线（图 8-3）。

8.1.3　地下水位升降时的土中自重应力

地下水升降，使地基土中自重应力也相应发生变化。图 8-4（a）为地下水位下降的情况，如在软土地区，因大量抽取地下水，以致地下水位长期大幅度下降，使地基中自重应力增加，从而引起地面大面积沉降的严重后果。我国的地面沉降灾害始于 20 世纪 20 年代的上海和天津市区，到 60 年代两市地面沉降灾害已十分严重。据初步统计，到 2003 年，我国地面沉降面积已达 93855 平方千米，形成了长江三角洲、华北平原及汾渭断陷盆地等地面沉降灾害严重区，涉及 50 多个城市，其中沉降中心累计最大沉降量超过 2m 的有上海、天津、太原、西安、无锡、沧州等城市。

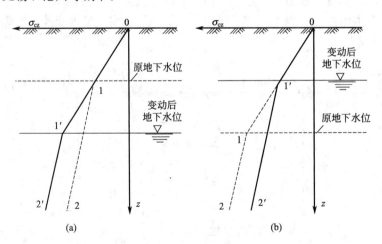

图 8-4　地下水升降对土中自重应力的影响
0-1-2 线为原来自重应力的分布；0-1'-2' 线为地下水位变动后自重应力的分布

图 8-4(b) 为地下水位长期上升的情况，如在人工抬高蓄水水位地区（如筑坝蓄水）或工业废水大量渗入地下的地区。水位上升将引起地基承载力下降，湿陷性土的塌陷现象等，也必须引起注意。

8.2 基 底 压 力

建筑物的荷载是能过基础传给地基的。由基础底面传至地基单位面积上的压力，称为基底压力（或称为接触压力），地基对基础的作用力称为地基反力。在计算地基附加应力以及设计基础结构时，必须首先确定基底压力的大小和分布情况。

8.2.1 基底压力的分布规律

试验和理论都已证明，基底压力分布是比较复杂的问题，它不仅与基础的形状、尺寸、刚度和埋深等因素有关，而且也与土的性质、种类、荷载的大小和分布等因素有关。

柔性基础刚度很小，在荷载作用下，基础的变形与地基土表面的变形协调一致，如土坝、土堤、路基等土工建筑物，其基底压力分布和大小与作用在基底面上的荷载分布和大小相同。当基底面上的荷载为均匀分布时，基底压力也是均匀分布，如图 8-5 所示。

刚性基础的刚度很大，在荷载作用下，基础本身几乎不变形，基底始终保持为平面，不能适应地基变形，如混凝土基础和砖石基础。这类基础基底压力分布与作用在基底面上的荷载大小、土的性质及基础埋深等因素有关。试验表明，中心受压的刚性基础随荷载的增大，基底压力分别为马鞍形、抛物线形、钟形等三种分布形态，如图 8-6 所示。

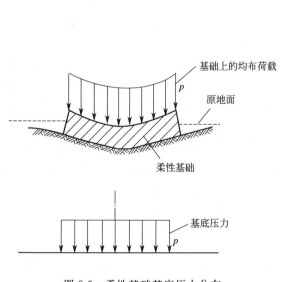

图 8-5 柔性基础基底压力分布

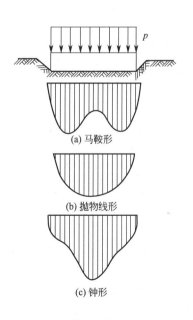

(a) 马鞍形

(b) 抛物线形

(c) 钟形

图 8-6 刚性基础基底压力分布

实际工程中作用在基础上的荷载，由于受地基承载力的限制，一般不会很大，且基础都有一定的埋深，其基底压力分布接近马鞍形，并趋向于直线分布，因此，常假定基底压力为直线变化，按材料力学公式计算基底压力。

8.2.2 基底压力的简化计算

8.2.2.1 中心荷载下的基底压力

承受竖向中心荷载作用的基础，其荷载的合力通过基底形心，基底压力为均匀分布。

$$p = \frac{F+G}{A} \tag{8-3}$$

式中 p——基底压力，kPa；

     F——上部结构传至基础顶面的竖向力，kN；

     A——基础底面积，m^2；

     G——基础自重及其上回填土重，kN，$G = \gamma_G A d$，其中 γ_G 为基础及回填土的平均重度，一般取 20kN/m^3，地下水位以下应取有效重度，d 必须从设计地面或室内、外平均地面算起。

对于条形基础可沿长度方向取一单位长度进行基底压力计算。

8.2.2.2 偏心荷载下的基底压力

基础承受单向偏心竖向荷载作用，如图 8-7 所示的矩形基础，为了抵抗荷载的偏心作用，通常取基础长边 l 与偏心方向一致。假定基底压力为直线分布，基底两端最大压力 p_{max} 与最小压力 p_{min}，对于工程中常见的，偏心距 $e \leqslant l/6$ 时，其值可按下式计算，即

$$\left.\begin{array}{r} p_{max} \\ p_{min} \end{array}\right\} = \frac{F+G}{A}\left(1 \pm \frac{6e}{l}\right) \tag{8-4}$$

式中 $e = M/(F+G)$，M 为作用于基础底面的力矩，kN·m。

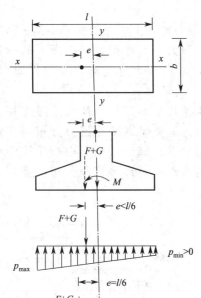

图 8-7   单向偏心荷载作用下矩形基础基底压力分布

由式（8-4）可见，当 $e < l/6$ 时，$p_{min} > 0$，基底压力为梯形分布，如图 8-7（a）所示；当 $e = l/6$ 时，$p_{min} = 0$，基底压力为三角形分布，如图 8-7（b）所示。当 $e > l/6$ 时，$p_{min} < 0$，基底出现拉应力，而基础与地基之间是不能承受拉力，此时基础与地基之间发生局部脱开，使其基底压力 重新分布，p_{max} 将

增加很多，所以在工程设计中一般不允许 $e > l/6$，以便充分发挥地基承载力。

对于条形基础，仍沿长边方向取 1m 进行计算，偏心方向与基础宽度一致，基底压力分别为：

$$\left.\begin{array}{r} p_{max} \\ p_{min} \end{array}\right\} = \frac{F+G}{b}\left(1 \pm \frac{6e}{b}\right) \tag{8-5}$$

另外，水工建筑物的基础往往承受有水平荷载 P_H，其引起的水平基底压力 p_h，常假定为沿基础底面均匀分布，即

$$p_h = \frac{P_H}{A} \tag{8-6}$$

8.2.3 基底附加压力

建筑物修建前地基土的自重应力早已存在，并且一般地基在自重应力作用下的变形已经完成，只有建筑物荷载引起的地基应力，才能导致地基产生新的变形。建筑物基础一般都有一定的埋深，建筑物修建时进行的基坑开挖，减小了地基原有的自重应力，相当于加了一个负荷载。因此，在计算地基附加应力时，应该在基底压力中扣除基底处原有的自重应力，剩余的部分称为基底附加压力。显然，在基底压力相同时，基础埋深越大，基底附加压力越小，越有利于减小地基的沉降。根据该原理可以进行地基基础的补偿性设计。

对于基底压力为均布的情况，其基底附加压力为：

$$p_0 = p - \gamma_m d \tag{8-7}$$

对于偏心荷载作用下梯形分布的基底压力，其基底附加压力为：

$$p_{0max} = p_{max} - \gamma_m d \tag{8-8}$$
$$p_{0min} = p_{min} - \gamma_m d$$

式中　γ_m——基础底面以上土的加权平均重度，kN/m^3；

　　　d——基础埋深，m，从天然地面算起，对于新填土地区则从原地面算起。

8.3　地基中的附加应力

地基中的附加应力是指外荷载作用下附加产生的应力增量。目前附加应力的计算，通常是假定地基土体为均匀、连续、各向同性的半无限空间弹性体，按照弹性理论计算，其结果可满足工程精度要求。

8.3.1 竖向集中力作用下地基中的附加应力

在半无限空间土体上作用有一竖向集中力 P，如图 8-8 所示，该力在土体内任一点 M $(x，y，z)$ 引起的竖向附加应力 σ_z（kPa）可用下式计算，即

$$\sigma_z = K \frac{P}{z^2} \tag{8-9}$$

式中　K——竖向集中力作用下的地基竖向附加应力数，可由 r/z 的值查表 8-1。

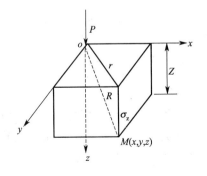

图 8-8　竖向集中下的 σ_z

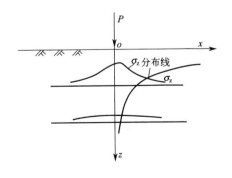

图 8-9　竖向集中力下的 σ_z分布

由公式(8-9)计算所得的附加应力 σ_z 的分布，如图 8-9 所示。从图中可以看出，在某深度的水平面上，距集中力的作用线越远，σ_z 越小，σ_z 沿水平面向外衰减；在集中力作用线上深度越大，σ_z 越小，σ_z 沿深度向下衰减，这是因为应力分布面积随深度而增大所所致。这种现象称为附加应力的扩散现象。

表 8-1　竖向集中力作用下的地基竖向附加应力系数 K

r/z	K	r/z	K	r/z	K	r/z	K	r/z	K
0	0.4775	0.5	0.2733	1.0	0.0844	1.5	0.0251	2.0	0.0085
0.1	0.4657	0.6	0.2214	1.1	0.0658	1.6	0.0200	2.5	0.0035
0.2	0.4329	0.7	0.1762	1.2	0.0513	1.7	0.0160	3.0	0.0015
0.3	0.3849	0.8	0.1386	1.3	0.0402	1.8	0.0129	4.0	0.0004
0.4	0.3294	0.9	0.1083	1.4	0.0317	1.9	0.0105	5.0	0.0001

如果地基上有多个相邻竖向集中力 P_1，P_2，P_3……作用时，如图 8-10 所示。它们在地基中任一点 M 产生的附加应力，可根据叠加原理，利用公式(8-9)计算，即

$$\sigma_z = K_1\frac{P_1}{z^2} + K_2\frac{P_2}{z^2} + K_3\frac{P_3}{z^2} + \cdots \tag{8-10}$$

在相邻多个集中力作用下，各个集中力都向土中产生应力扩散，结果将使地基中的 σ_z 增大，这种现象称为附加应力积聚现象，如图 8-11 所示。

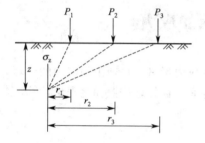

图 8-10　多个集中力引起的 σ_z

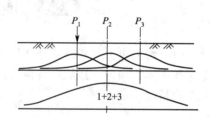

图 8-11　σ_z 的积聚现象

在工程中，由于附加应力的扩散与积聚作用，邻近基础将互相影响，引起附加沉降，这在软土地基中尤为明显。例如，新建筑物可能使旧建筑物发生倾斜或产生裂缝；水闸岸墙建成后，往往引起闸底板开裂等等。

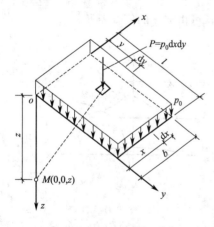

图 8-12　均布竖向荷载角点下的 σ_{cz}

8.3.2　矩形基础地基中的附加应力

矩形基础通常是指 $l/b < 10$（水利工程 $l/b < 5$）的基础，矩形基础下地基中任一点的附加应力与该点对 x、y、z 三轴的位置有关，故属空间问题。

8.3.2.1　均布竖向荷载情况

设矩形基础的底面长边为 l，短边为 b，作用于地基上的均布竖向荷载为 p_0，如图 8-12 所示。在基础角点下任意深度处产生的竖向附加应力 σ_z（kPa），可用下式求得，即

$$\sigma_z = K_c p_0 \tag{8-11}$$

式中 K_c——矩形基础受均布竖向荷载作用时角点下的竖向附加应力系数，可由 l/b 与 z/b 的值查表 8-2。

表 8-2 矩形基础均布竖向荷载作用时角点下的竖向附加应力系数 K_c 值

z/b	l/b										
	1.0	1.2	1.4	1.6	1.8	2.0	3.0	4.0	5.0	6.0	10.0
0	0.2500	0.2500	0.2500	0.2500	0.2500	0.2500	0.2500	0.2500	0.2500	0.2500	0.2500
0.2	0.2486	0.2489	0.2490	0.2491	0.2491	0.2491	0.2492	0.2490	0.2492	0.2492	0.2492
0.4	0.2401	0.2420	0.2429	0.2434	0.2437	0.2439	0.2442	0.2443	0.2443	0.2443	0.2443
0.6	0.2229	0.2275	0.2300	0.2315	0.2324	0.2329	0.2339	0.2341	0.2342	0.2342	0.2342
0.8	0.1999	0.2075	0.2120	0.2147	0.2165	0.2176	0.2196	0.2200	0.2202	0.2202	0.2202
1.0	0.1752	0.1851	0.1911	0.1955	0.1981	0.1999	0.2034	0.2042	0.2044	0.2045	0.2046
1.2	0.1516	0.1626	0.1705	0.1758	0.1793	0.1818	0.1870	0.1882	0.1885	0.1887	0.1888
1.4	0.1308	0.1423	0.1508	0.1569	0.1613	0.1644	0.1712	0.1730	0.1735	0.1738	0.1740
1.6	0.1123	0.1241	0.1329	0.1436	0.1445	0.1482	0.1567	0.1590	0.1598	0.1601	0.1604
1.8	0.0969	0.1083	0.1172	0.1241	0.1294	0.1334	0.1434	0.1463	0.1474	0.1478	0.1482
2.0	0.0840	0.0947	0.1034	0.1103	0.1158	0.1202	0.1314	0.1350	0.1363	0.1368	0.1374
2.2	0.0732	0.0832	0.0917	0.0984	0.1039	0.1084	0.1205	0.1248	0.1264	0.1271	0.1277
2.4	0.0642	0.0734	0.0812	0.0879	0.0934	0.0979	0.1108	0.1156	0.1175	0.1184	0.1192
2.6	0.0566	0.0651	0.0725	0.0788	0.0842	0.0887	0.1020	0.1073	0.1095	0.1106	0.1116
2.8	0.0502	0.0580	0.0649	0.0709	0.0761	0.0805	0.0942	0.0999	0.1024	0.1036	0.1048
3.0	0.0447	0.0519	0.0583	0.0640	0.0690	0.0732	0.0870	0.0931	0.0959	0.0973	0.0987
3.2	0.0401	0.0467	0.0526	0.0580	0.0627	0.0668	0.0806	0.0870	0.0900	0.0916	0.0933
3.4	0.0361	0.0421	0.0477	0.0527	0.0571	0.0611	0.0747	0.0814	0.0847	0.0864	0.0882
3.6	0.0326	0.0382	0.0433	0.0480	0.0523	0.0561	0.0694	0.0763	0.0799	0.0816	0.0837
3.8	0.0296	0.0348	0.0395	0.0439	0.0479	0.0516	0.0645	0.0717	0.0753	0.0773	0.0796
4.0	0.0270	0.0318	0.0362	0.0403	0.0441	0.0474	0.0603	0.0674	0.0712	0.0733	0.0758
4.2	0.0247	0.0291	0.0333	0.0371	0.0407	0.0439	0.0563	0.0634	0.0674	0.0696	0.0724
4.4	0.0227	0.0268	0.0306	0.0343	0.0376	0.0407	0.0527	0.0597	0.0639	0.0662	0.0692
4.6	0.0209	0.0247	0.0283	0.0317	0.0348	0.0378	0.0493	0.0564	0.0606	0.0630	0.0663
4.8	0.0193	0.0229	0.0262	0.0294	0.0324	0.0352	0.0463	0.0533	0.0576	0.0601	0.0635
5.0	0.0179	0.0212	0.0243	0.0274	0.0302	0.0328	0.0435	0.0504	0.0547	0.0573	0.0610
6.0	0.0127	0.0151	0.0174	0.0196	0.0218	0.0238	0.0325	0.0388	0.0431	0.0460	0.0506
7.0	0.0094	0.0112	0.0130	0.0147	0.0164	0.0180	0.0251	0.0306	0.0346	0.0376	0.0428
8.0	0.0073	0.0087	0.0101	0.0114	0.0127	0.0140	0.0198	0.0246	0.0283	0.0311	0.0367
9.0	0.0058	0.0069	0.0080	0.0091	0.0102	0.0112	0.0161	0.0202	0.0235	0.0262	0.0319
10.0	0.0047	0.0056	0.0065	0.0074	0.0083	0.0092	0.0132	0.0167	0.0198	0.0222	0.0280

若附加应力计算点不位于角点下，可将荷载作用面积划分为几个部分，每一部分都是矩形，且使要求得应力之点位于所划分的几个矩形的公共角点下面，利用公式（8-11）分别计算各部分荷载产生的 σ_z，最后利用叠加原理计算出全部的 σ_z，这种方法称为角点法，如图 8-13 所示。

（1）计算点 N 在基底面内，如图 8-13（a）所示，则

$$\sigma_z = (K_{c1} + K_{c2} + K_{c3} + K_{c4}) p_0$$

（2）计算点 N 在基底边缘下，如图 8-13（b）所示，则

$$\sigma_z = (K_{c1} + K_{c2}) p_0$$

（3）计算点 N 在基底边缘外侧，如图 8-13（c）所示，则

$$\sigma_z = (K_{c1} + K_{c2} - K_{c3} - K_{c4}) p_0$$

其中，下标 1、2、3、4 分别为矩形 $Neag$、$Ngbf$、$Nedh$ 和 $Nhcf$ 的编号。

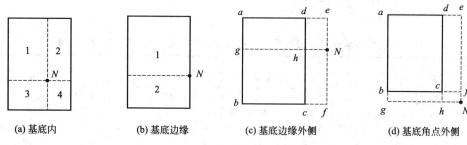

(a) 基底内　　(b) 基底边缘　　(c) 基底边缘外侧　　(d) 基底角点外侧

图 8-13　用角点法计算 σ_z

（4）计算点 N 在基底角点外侧，如图 8-13(d) 所示，则

$$\sigma_z = (K_{c1} - K_{c2} - K_{c3} + K_{c4}) p_0$$

其中，下标 1、2、3、4 分别为矩形 $Neag$、$Nfbg$、$Nedh$ 和 $Nfch$ 的编号。

需要指出，矩形基础受竖向均布竖向荷载作用情况下，在应用角点法计算附加应力，确定每个矩形荷载的 K_c 值时，l 始终为矩形基底的长度，b 始终为基底的短边。

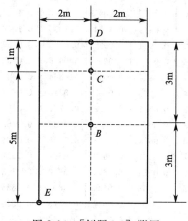

图 8-14　[例题 8-2] 附图

【例题 8-2】 某矩形基础，基底面积为 4m×6m，如图 8-14 所示，其上作用有均布荷载 $p_0 = 200$ kPa，求 B、C、D、E 各点下处的竖向附加应力。

解：（1）B 点。通过 B 点将基础底面划分成四个相等矩形，由 $l_1/b_1 = 3/2 = 1.5$，$z/b_1 = 2/2 = 1.0$，查表 8-2 得 $K_{c1} = 0.1933$，则

$$\sigma_z = 4 K_{c1} p_0$$
$$= 4 \times 0.1933 \times 200 = 154.6 \ (\text{kPa})$$

（2）C 点。通过 C 点将基础底面划分成四个小矩形。$l_1 = l_2 = 2$m，$b_1 = b_2 = 1$m，$l_3 = l_4 = 5$m，$b_3 = b_4 = 2$m。由 $l_1/b_1 = 2/1 = 2.0$，$z/b_1 = 2/1 = 2.0$，查得 $K_{c1} = 0.1202$；由 $l_3/b_3 = 5/2 = 2.5$，$z/b_3 = 2/2 = 1.0$，查得 $K_{c3} = 0.2017$，则

$$\sigma_z = 2(K_{c1} + K_{c3}) p_0$$
$$= 2 \times (0.1202 + 0.2017) \times 200 = 128.8 \ (\text{kPa})$$

（3）D 点。通过 D 点将基础划分为两个相等的矩形，由 $l_1/b_1 = 6/2 = 3.0$，$z/b_1 = 2/2 = 1.0$，查得，$K_{c1} = 0.2034$，则

$$\sigma_z = 2 K_{c1} p_0$$
$$= 2 \times 0.2034 \times 200 = 81.4 \ (\text{kPa})$$

（4）E 点。由 $l/b = 6/4 = 1.5$，$z/b = 2/4 = 0.5$，查得 $K_c = 0.2370$，则

$$\sigma_z = K_c p_0$$
$$= 0.2370 \times 200 = 47.4 \ (\text{kPa})$$

8.3.2.2　三角形分布竖向荷载情况

设矩形基础上作用的竖向荷载沿宽度 b 方向呈三角形分布（沿 l 方向的荷载不变），最大荷载强度为 p_t，如图 8-15 所示。

对于零荷载角点下任意深度处的 σ_z（kPa），可用下式求得，即

$$\sigma_z = K_t p_t \qquad (8\text{-}12)$$

式中 K_t——矩形基础受三角形分布竖向荷载作用时零荷载角点下的竖向附加应力系数，可由 l/b 与 z/b 的值查表 8-3。查表时，b 始终为沿荷载变化方向的基底边长，另一边为 l。

对于荷载最大值角点下的 σ_z，可利用均布荷载和三角形荷载叠加而得，即：

$$\sigma_z = (K_c - K_t) p_t$$

对于矩形基底内、外各点下任意深度处的附加应力，仍可用角点法进行计算。

图 8-15　三角形竖向荷载角点下的 σ_z

表 8-3　矩形基础受三角形分布竖向荷载作用零荷载角点下的竖向附加应力系数 K_t 值

z/b	l/b										
	0.2	0.4	0.6	0.8	1.0	1.2	1.4	1.6	1.8	2.0	4.0
0.2	0.0223	0.0280	0.0296	0.0301	0.0304	0.0305	0.0305	0.0306	0.0306	0.0306	0.0306
0.4	0.0269	0.0420	0.0487	0.0517	0.0531	0.0539	0.0543	0.0545	0.0546	0.0547	0.0549
0.6	0.0259	0.0448	0.0560	0.0621	0.0654	0.0673	0.0684	0.0690	0.0694	0.0696	0.0702
0.8	0.0232	0.0421	0.0553	0.0637	0.0688	0.0720	0.0739	0.0751	0.0759	0.0764	0.0776
1.0	0.0201	0.0375	0.0508	0.0602	0.0666	0.0708	0.0735	0.0753	0.0766	0.0774	0.0794
1.2	0.0171	0.0324	0.0450	0.0546	0.0615	0.0664	0.0698	0.0721	0.0738	0.0749	0.0779
1.4	0.0145	0.0278	0.0392	0.0483	0.0554	0.0606	0.0644	0.0672	0.0692	0.0707	0.0748
1.6	0.0123	0.0238	0.0339	0.0424	0.0492	0.0545	0.0586	0.0616	0.0639	0.0656	0.0708
1.8	0.0105	0.0204	0.0294	0.0371	0.0435	0.0487	0.0528	0.0560	0.0585	0.0604	0.0666
2.0	0.0090	0.0176	0.0255	0.0324	0.0384	0.0434	0.0474	0.0507	0.0533	0.0553	0.0624
2.5	0.0063	0.0125	0.0183	0.0236	0.0284	0.0326	0.0362	0.0393	0.0419	0.0440	0.0529
3.0	0.0046	0.0092	0.0135	0.0176	0.0214	0.0249	0.0280	0.0307	0.0331	0.0352	0.0449
5.0	0.0018	0.0036	0.0054	0.0071	0.0088	0.0104	0.0120	0.0135	0.0148	0.0161	0.0248
7.0	0.0009	0.0019	0.0028	0.0038	0.0047	0.0056	0.0064	0.0073	0.0081	0.0089	0.0152
10.0	0.0005	0.0009	0.0014	0.0019	0.0023	0.0028	0.0033	0.0037	0.0041	0.0046	0.0084

8.3.2.3　均布水平荷载情况

矩形基础受水平均布荷载作用，如图 8-16 所示。在基础角点下的 σ_z，可用下式计算，即

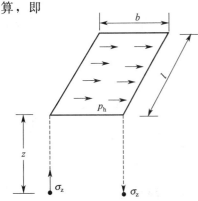

图 8-16　水平均布荷载下的 σ_z

$$\sigma_z = \mp K_h p_h \qquad (8\text{-}13)$$

式中 K_h——矩形基础受水平均布荷载作用时角点下的竖向附加应力系数，可由 l/b 与 z/b 的值查表 8-4。查表时，b 始终为平行于水平荷载方向的基底边长，另一边为 l。

8.3.2.4　梯形竖向荷载及均布水平荷载情况

矩形基础受梯形竖向荷载及均布水平荷载作用，这种情况在水利工程中经常遇到。可将荷载分为均布竖向荷载、三角形分布竖向荷载及均布水平荷载，分别按前述的三种情况计算附加应力，然后叠加，即可得出地基

内任意点的附加应力。

表 8-4　矩形基础受水平均布荷载作用角点下的竖向附加应力系数 K_h 值

z/b	l/b										
	1.0	1.2	1.4	1.6	1.8	2.0	3.0	4.0	6.0	8.0	10.0
0.0	0.1592	0.1592	0.1592	0.1592	0.1592	0.1592	0.1592	0.1592	0.1592	0.1592	0.1592
0.2	0.1518	0.1523	0.1526	0.1528	0.1529	0.1529	0.1530	0.1530	0.1530	0.1530	0.1530
0.4	0.1328	0.1347	0.1356	0.1362	0.1365	0.1367	0.1371	0.1372	0.1372	0.1372	0.1372
0.6	0.1091	0.1121	0.1139	0.1150	0.1156	0.1160	0.1168	0.1169	0.1170	0.1170	0.1170
0.8	0.0861	0.0900	0.0924	0.0939	0.0948	0.0955	0.0967	0.0969	0.0970	0.0970	0.0970
1.0	0.0666	0.0708	0.0735	0.0753	0.0766	0.0774	0.0790	0.0794	0.0795	0.0796	0.0796
1.2	0.0512	0.0553	0.0582	0.0601	0.0615	0.0624	0.0645	0.0650	0.0652	0.0652	0.0652
1.4	0.0395	0.0433	0.0460	0.0480	0.0494	0.0505	0.0528	0.0534	0.0537	0.0537	0.0538
1.6	0.0308	0.0341	0.0366	0.0385	0.0400	0.0410	0.0436	0.0443	0.0446	0.0447	0.0447
1.8	0.0242	0.0270	0.0293	0.0311	0.0325	0.0336	0.0362	0.0370	0.0374	0.0375	0.0375
2.0	0.0192	0.0217	0.0237	0.0253	0.0266	0.0277	0.0303	0.0312	0.0317	0.0318	0.0318
2.5	0.0113	0.0130	0.0154	0.0157	0.0167	0.0176	0.0202	0.0211	0.0217	0.0219	0.0219
3.0	0.0070	0.0083	0.0093	0.0102	0.0110	0.0117	0.0140	0.0150	0.0156	0.0158	0.0159
5.0	0.0018	0.0021	0.0024	0.0027	0.0030	0.0030	0.0043	0.0050	0.0157	0.0059	0.0060
7.0	0.0007	0.0008	0.0009	0.0010	0.0012	0.0013	0.0018	0.0022	0.0027	0.0029	0.0030
10.0	0.0002	0.0003	0.0003	0.0004	0.0004	0.0005	0.0007	0.0008	0.0011	0.0013	0.0014

8.3.3　条形基础地基中的附加应力

当基础的长宽比 $l/b = \infty$ 时，其上作用的荷载沿长度方向分布相同，则地基中在垂直于长度方向，各个截面的附加应力分布规律均相同，与长度无关，此种情况地基中的应力状态属于平面问题。在实际工程中，当基础的长宽比 $l/b \geqslant 10$（水利工程中 $l/b \geqslant 5$）时，可按条形基础计算地基中的附加应力。

8.3.3.1　均布竖向荷载情况

如图 8-17 所示，宽度为 b 的条形基础底面上，作用有均布竖向荷载 p_0。将坐标原点 O 取在基础一侧的端点上，荷载作用的一侧为 x 正方向，则地基中任意点 M 的竖向附加应力 σ_z，可用下式求得，即

$$\sigma_z = K_z^s p_0 \tag{8-14}$$

式中　K_z^s——条形基础受均布竖向荷载作用下的竖向附加应力系数，可由 x/b 与 z/b 的值查表 8-5。

8.3.3.2　三角形分布竖向荷载情况

如图 8-18 所示，宽度为 b 的条形基础底面上，作用有三角形分布的竖向荷载，其荷载最大值为 p_t。现将坐标原点 O 取在荷载强度为零侧的端点上，以荷载强度增大方向为 x 正方向，则地基中任意点 M 的竖向附加应力 σ_z，可用下式求得，即

$$\sigma_z = K_z^t p_t \tag{8-15}$$

式中　K_z^t——条形基础受三角形分布竖向荷载作用下的附加应力系数，可由 x/b 与 z/b 的值查表 8-6。

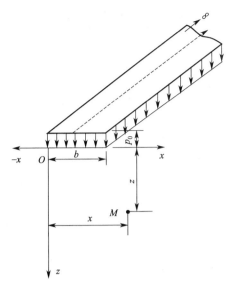

图 8-17 条形基础受均布竖向荷载下的 σ_z

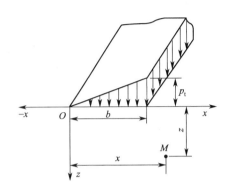

图 8-18 条形基础三角形分布竖向荷载下的 σ_z

表 8-5 条形基础受均布竖向荷载作用下的竖向附加应力系数 K_z^s 值

z/b	x/b								
	-0.5	-0.25	0	0.25	0.50	0.75	1.00	1.25	1.50
0.01	0.001	0.000	0.500	0.999	0.999	0.999	0.500	0.000	0.001
0.1	0.002	0.011	0.499	0.988	0.997	0.988	0.499	0.011	0.002
0.2	0.011	0.091	0.498	0.936	0.978	0.936	0.498	0.091	0.011
0.4	0.056	0.174	0.489	0.797	0.881	0.797	0.489	0.174	0.056
0.6	0.111	0.243	0.468	0.679	0.756	0.679	0.468	0.243	0.111
0.8	0.156	0.276	0.440	0.586	0.642	0.586	0.440	0.276	0.156
1.0	0.186	0.288	0.409	0.511	0.549	0.511	0.409	0.288	0.186
1.2	0.202	0.287	0.375	0.450	0.478	0.450	0.375	0.287	0.202
1.4	0.210	0.279	0.348	0.400	0.420	0.400	0.348	0.279	0.210
1.6	0.212	0.268	0.321	0.360	0.374	0.360	0.321	0.268	0.212
1.8	0.209	0.255	0.297	0.326	0.337	0.326	0.297	0.255	0.209
2.0	0.205	0.242	0.275	0.298	0.306	0.298	0.275	0.242	0.205
2.5	0.188	0.212	0.231	0.244	0.248	0.244	0.231	0.212	0.188
3.0	0.171	0.186	0.198	0.206	0.208	0.206	0.198	0.186	0.171
3.5	0.154	0.165	0.173	0.178	0.179	0.178	0.173	0.165	0.154
4.0	0.140	0.147	0.153	0.156	0.158	0.156	0.153	0.147	0.140
4.5	0.128	0.133	0.137	0.139	0.140	0.139	0.137	0.133	0.128
5.0	0.117	0.121	0.124	0.126	0.126	0.126	0.124	0.121	0.117

8.3.3.3 水平均荷载情况

图 8-19 为条形基础受水平均布荷载（ p_h ）作用的情况，将坐标原点 O 取在水平荷载起始端点侧，以水平荷载作用方向为 x 正方向，则地基中任意点 M 的竖向附加应力 σ_z，可用下式求得，即

$$\sigma_z = K_z^h p_h \tag{8-16}$$

式中 K_z^h——条形基础受水平面均布荷载作用下的竖向附加应力系数，可由 x/b 与 z/b 的值查表 8-7。

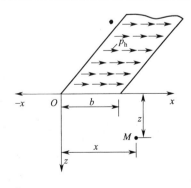

图 8-19 条形基础水平均布荷载下的 σ_z

表 8-6　条形基础受三角形分布竖向荷载作用下的竖向附加应力系数 K_z^t 值

z/b	x/b								
	−0.5	−0.25	0	0.25	0.50	0.75	1.00	1.25	1.50
0.01	0.000	0.000	0.003	0.249	0.500	0.750	0.497	0.000	0.000
0.1	0.000	0.002	0.032	0.251	0.498	0.737	0.468	0.010	0.002
0.2	0.003	0.009	0.061	0.255	0.489	0.682	0.437	0.050	0.009
0.4	0.010	0.036	0.110	0.263	0.441	0.534	0.379	0.137	0.043
0.6	0.030	0.066	0.140	0.258	0.378	0.421	0.328	0.177	0.080
0.8	0.050	0.089	0.155	0.243	0.321	0.343	0.285	0.188	0.106
1.0	0.065	0.104	0.159	0.224	0.275	0.286	0.250	0.184	0.121
1.2	0.070	0.111	0.154	0.204	0.239	0.246	0.221	0.176	0.126
1.4	0.083	0.114	0.151	0.186	0.210	0.215	0.198	0.165	0.127
1.6	0.087	0.114	0.143	0.170	0.187	0.190	0.178	0.154	0.124
1.8	0.089	0.112	0.135	0.155	0.168	0.171	0.161	0.143	0.120
2.0	0.090	0.108	0.127	0.143	0.153	0.155	0.147	0.134	0.115
2.5	0.086	0.098	0.110	0.119	0.124	0.125	0.121	0.113	0.103
3.0	0.080	0.088	0.095	0.101	0.104	0.105	0.102	0.098	0.091
3.5	0.073	0.079	0.084	0.088	0.090	0.090	0.089	0.086	0.081
4.0	0.067	0.071	0.075	0.077	0.079	0.079	0.078	0.076	0.073
4.5	0.062	0.065	0.067	0.069	0.070	0.070	0.070	0.068	0.066
5.0	0.057	0.059	0.061	0.063	0.063	0.063	0.063	0.062	0.060

表 8-7　条形基础受水平均布荷载作用下的竖向附加应力系数 K_z^h 值

z/b	x/b							
	−0.25	0	0.25	0.50	0.75	1.00	1.25	1.50
0.01	−0.001	−0.318	−0.001	0	0.001	0.318	0.001	0.001
0.1	−0.042	−0.315	−0.039	0	0.039	0.315	0.042	0.011
0.2	−0.116	−0.306	−0.103	0	0.103	0.306	0.116	0.038
0.4	−0.199	−0.274	−0.159	0	0.159	0.274	0.199	0.103
0.6	−0.212	−0.234	−0.147	0	0.147	0.234	0.212	0.144
0.8	−0.197	−0.194	−0.121	0	0.121	0.194	0.197	0.158
1.0	−0.175	−0.159	−0.096	0	0.096	0.159	0.175	0.157
1.2	−0.153	−0.131	−0.078	0	0.078	0.131	0.153	0.147
1.4	−0.132	−0.108	−0.061	0	0.061	0.108	0.132	0.133
1.6	−0.113	−0.089	−0.050	0	0.050	0.089	0.113	0.121
1.8	−0.098	−0.075	−0.041	0	0.041	0.075	0.098	0.108
2.0	−0.085	−0.064	−0.034	0	0.034	0.064	0.085	0.096
2.5	−0.061	−0.044	−0.023	0	0.023	0.044	0.061	0.076
3.0	−0.045	−0.032	−0.017	0	0.017	0.032	0.045	0.055
3.5	−0.034	−0.024	−0.012	0	0.012	0.024	0.034	0.043
4.0	−0.027	−0.019	−0.010	0	0.010	0.019	0.027	0.034
4.5	−0.022	−0.015	−0.008	0	0.008	0.015	0.022	0.028
5.0	−0.018	−0.012	−0.006	0	0.006	0.012	0.018	0.023

8.3.3.4　梯形竖向荷载及均布水平荷载情况

条形基础受梯形竖向荷载及均布水平荷载作用，这种情况在水利工程中经常遇到。可将荷载分为均布竖向荷载、三角形分布竖向荷载及均布水平荷载，分别按前述的三种情况计算附加应力，然后进行叠加即可。

【**例题 8-3**】 某水闸基础宽度 $b=15\text{m}$，长度 $l=150\text{m}$，其上作用有偏心竖向荷载与水平荷载，如图 8-20 所示。试绘出基底中心点 O 以及 A 点以下 30m 深度范围内的附加应力的分布曲线（基础埋深不大，可不计埋深的影响）。

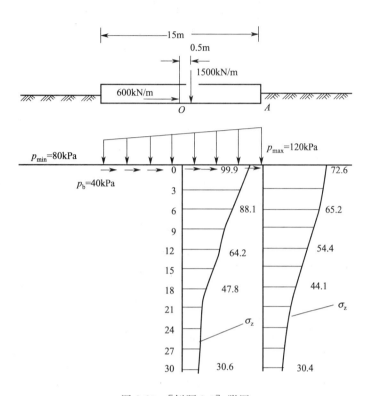

图 8-20 ［例题 8-3］附图

解：1. 基底压力的计算

因 $l/b=150/15=10$，故属条形基础。

（1）竖向基底压力

$$\left.\begin{array}{c}p_{\max}\\p_{\min}\end{array}\right\}=\frac{F+G}{b}\left(1\pm\frac{6e}{b}\right)=\frac{1500}{15}\left(1\pm\frac{6\times0.5}{15}\right)=\frac{120}{80}(\text{kPa})$$

（2）水平基底压力

$$p_{\text{h}}=\frac{P_{\text{H}}}{b}=\frac{600}{15}=40(\text{kPa})$$

2. 基础中心 O 点下的竖向附加应力

在计算时，应用叠加原理，将梯形分布的竖向荷载分解成两部分，即均布竖向荷载 $p_0=80\text{kPa}$ 和三角形分布竖向荷载 $p_{\text{t}}=40\text{kPa}$，另有水平均布荷载 $p_{\text{h}}=40\text{kPa}$，即

$$\sigma_z=p_0 K_z^{\text{s}}+p_{\text{t}} K_z^{\text{t}}+p_{\text{h}} K_z^{\text{h}}$$

O 点下不同深度的附加应力计算结果见表 8-8。根据计算结果绘出 O 点下的 σ_z 沿深度分布曲线，如图 8-20。

表 8-8 基础中心 O 点下的附加应力计算

基底以下深度 z/m	z/b	均布荷载 $p_0=80kPa$		三角形荷载 $p_t=40kPa$		水平均布荷载 $p_h=40kPa$		总附加应力 σ_z /kPa
		$x/b=7.5/15=0.5$		$x/b=7.5/15=0.5$		$x/b=7.5/15=0.5$		
		K_z^s	σ_{z1}	K_z^t	σ_{z2}	K_z^h	σ_{z3}	
0.15	0.01	0.999	79.92	0.500	20.00	0	0	99.9
1.5	0.1	0.997	79.76	0.498	19.92	0	0	99.7
3.0	0.2	0.978	78.24	0.489	19.56	0	0	97.8
6.0	0.4	0.881	70.48	0.441	17.64	0	0	88.1
9.0	0.6	0.756	60.48	0.378	15.12	0	0	75.6
12.0	0.8	0.642	51.36	0.321	12.84	0	0	64.2
15.0	1.0	0.549	43.92	0.275	11.00	0	0	54.9
18.0	1.2	0.478	38.24	0.239	9.56	0	0	47.8
21.0	1.4	0.420	33.60	0.210	8.40	0	0	42.0
30.0	2.0	0.306	24.48	0.153	6.12	0	0	30.6

3. 基底 A 点下的竖向附加应力

计算过程同上，σ_z 的计算结果见表 8-9，σ_z 分布曲线见图 8-20。

表 8-9 基底 A 点下的附加应力计算

基底以下深度 z/m	z/b	均布荷载 $p_0=80kPa$		三角形荷载 $p_t=40kPa$		水平均布荷载 $p_h=40kPa$		总附加应力 σ_z /kPa
		$x/b=15/15=1.0$		$x/b=15/15=1.0$		$x/b=15/15=1.0$		
		K_z^s	σ_{z1}	K_z^t	σ_{z2}	K_z^h	σ_{z3}	
0.15	0.01	0.500	40.00	0.497	19.88	0.318	12.72	72.6
1.5	0.1	0.499	39.92	0.468	18.72	0.315	12.60	71.2
3.0	0.2	0.498	39.84	0.437	17.48	0.306	12.24	69.6
6.0	0.4	0.489	39.12	0.379	15.16	0.274	10.96	65.2
9.0	0.6	0.468	37.44	0.328	13.12	0.234	9.36	59.9
12.0	0.8	0.440	35.20	0.285	11.40	0.194	7.76	54.4
15.0	1.0	0.409	32.72	0.250	10.00	0.159	6.36	49.1
18.0	1.2	0.375	30.00	0.221	8.84	0.131	5.24	44.1
21.0	1.4	0.348	27.84	0.198	7.92	0.108	4.36	40.1
30.0	2.0	0.275	22.00	0.147	5.88	0.064	2.56	30.4

8.4 土的压缩性

8.4.1 基本概念

地基土在压力作用下体积减小的特性称为土的压缩性。土体产生压缩变形的原因有以下三个方面：一是土粒本身的压缩变形；二是孔隙中水和空气的压缩变形；三是孔隙中部分水和空气被挤出，土粒互相靠拢，孔隙体积变小。试验研究表明，在工程实践中所遇到的压力（常小于 $600kPa$）作用下，土粒和水的压缩量很小，可以忽略不计。因此，土的压缩变形主要是由于孔隙减小的缘故，可以用压力与孔隙体积之间的变化来说明土的压缩性，并用于计算地基沉降量。

对于饱和土，土的压缩主要是孔隙水逐渐向外排出，孔隙体积减小所引起的。饱和砂土，由于透水性强，在一定压力作用下土中水易于排出，压缩过程能较快地完成。而饱和黏性土，由于透水性弱，土中水不能迅速排出，压缩过程常需相当长的时间才能完成。这种土的压缩随时间而增长的过程，称为土的固结。关于土的固结理论将在第六节中讨论。

8.4.2 侧限压缩试验与压缩性指标

8.4.2.1 侧限压缩试验

室内压缩试验是用压缩仪（或称固结仪）进行的，如图 8-21 所示。试验时用环刀切取土样，装在刚性护环内，通过加压活塞逐级施加压力。在每级压力下，待土样压缩稳定后，由百分表测出变形量，然后再加下一级压力。土样中的孔隙水通过透水石排出。土样由于受到环刀和刚性护环的限制，只能在竖直方向产生压缩变形，不能产生侧向膨胀，故称为侧限压缩实验。

在压缩试验中，土粒体积可认为不变，因此，土样在各级压力 p_i 作用下的变形，常用孔隙比 e 的变化来表示，如图 8-22 所示。设土样的截面积为 A，令 $V_s = 1$。在加压前，则有

$$V_v = e_0 \qquad V = 1 + e_0$$

$$\frac{V_s}{V} = \frac{1}{1 + e_0} \qquad V_s = \frac{V}{1 + e_0} = \frac{AH_0}{1 + e_0}$$

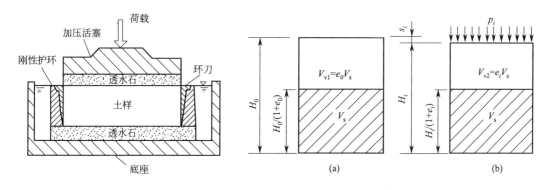

图 8-21　侧限压缩试验示意图　　　图 8-22　压缩试验土样变形示意图

设在压力 p_i 作用下，土样的稳定变形量为 s_i，土样的高度 $H_i = H_0 - s_i$，此时土样的孔隙比为 e_i，则

$$V_s = \frac{AH_i}{1 + e_i} = \frac{A(H_0 - s_i)}{1 + e_i}$$

由于加前后土样的截面积 A 和土粒体积 V_s 均不变，化简可得：

$$e_i = e_0 - (1 + e_0)\frac{s_i}{H_0} \tag{8-17}$$

式中，e_0 为土的初始孔隙比，可由土的三个实测物理指标求得：

$$e_0 = \frac{G_s \rho_w (1 + \omega)}{\rho} - 1$$

这样，只要测定了土样在各级压力 p_i 作用下的稳定变形量 s_i 后，就可根据公式（8-17）算出相应的孔隙比 e_i。然后以横坐标表示压力 p，纵坐标表示孔隙比 e，可绘制出 e-p 曲线，如图 8-23 所示；或以横坐标表示压力的常用对数 $\lg p$，纵坐标表示孔隙比 e，绘出 e-$\lg p$ 曲线，如图 8-24 所示。

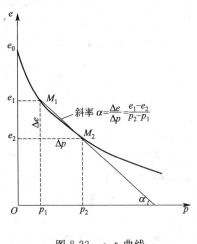

图 8-23 e-p 曲线   图 8-24 e-$\lg p$ 曲线

8.4.2.2　压缩性指标

（1）压缩系数 a。

e-p 曲线的坡度可以反映土的压缩性的高低，压缩曲线越陡，说明随着压力的增加，土的孔隙比减小越多，则土的压缩性越高；若曲线越平缓，则土的压缩性越低。在工程上，当压力 p 的变化范围不大时，如图 8-23 中从 p_1 到 p_2，压缩曲线上相应的 M_1M_2 段可近似地看作直线，即用割线 M_1M_2 代替曲线，土在此段的压缩性可用该割线的斜率来反映，该割线 M_1M_2 的斜率称为土体在该段的压缩系数，即

$$a = \frac{e_1 - e_2}{p_2 - p_1} \tag{8-18}$$

式中 a——土的压缩系数，kPa^{-1} 或 MPa^{-1}；

　　　　p_1——增压前的压力，kPa；

　　　　p_2——增压后的压力，kPa；

　　　　e_1、e_2——增压前、后土体在 p_1 和 p_2 作用下压缩稳定后的孔隙比。

由公式(8-18)可知，a 越大，说明压缩曲线越陡，表明土的压缩性越高；a 越小，则曲线越平缓，表明土的压缩性越低。但必须注意，由于压缩曲线并非直线，故同一种土的压缩系数并非常数，它取决于压力间隔（$p_2 - p_1$）及起始压力 p_1 的大小。从对土评价的一致性出发，《建筑地基基础设计规范》（GB 50007—2011）中规定，取压力 $p_1 = 100\text{kPa}$、$p_2 = 200\text{kPa}$ 对应的压缩系数 a_{1-2} 作为判别土压缩性的标准。按照 a_{1-2} 的大小将土的压缩性划分如下：

$a_{1-2} < 0.1\text{MPa}^{-1}$　　属低压缩性土；

$0.1\text{MPa}^{-1} \leqslant a_{1-2} < 0.5\text{MPa}^{-1}$　　属中压缩性土；

$a_{1-2} \geqslant 0.5\text{MPa}^{-1}$　　属高压缩性土。

（2）压缩模量 E_s。根据 e-p 曲线可求出另一个压缩性指标，即压缩模量。它是指土在侧限压缩的条件下，竖向压力增量 $\Delta p (p_2 - p_1)$ 与相应的应变变化量的比值，其单位为 kPa 或 MPa，表达式为：

$$E_s = \frac{\Delta p}{s_i / H_1} = \frac{p_2 - p_1}{(e_1 - e_2)/(1 + e_1)} = \frac{1 + e_1}{a} \tag{8-19}$$

E_s 越大，表示土的压缩性越低；反之，E_s 越小，则表示土的压缩性越高。同样可以用 $p_1 = 100\text{kPa}$、$p_2 = 200\text{kPa}$ 对应的压缩模量 E_{s1-2}，按下面的标准划分土的压缩性：

$E_{s1-2}<4\text{MPa}$ 　　　　　　　　　　　　属高压缩性土;

$4\text{MPa}\leqslant E_{s1-2}\leqslant15\text{MPa}$ 　　　　　　　属中压缩性土;

$E_{s1-2}>15\text{MPa}$ 　　　　　　　　　　　属低压缩性土。

（3）压缩指数 C_c。由图 8-24 中的 $e\text{-}\lg p$ 曲线可以看出，此曲线开始一段呈曲线，其后很长一段为直线，此直线段的斜率称为土的压缩指数 C_c，即

$$C_c=\frac{e_1-e_2}{\lg p_2-\lg p_1} \tag{8-20}$$

压缩指数也可以表示土的压缩性的高低，其值越大，压缩曲线也越陡，土的压缩性越高;反之，土的压缩性越低。按《水工设计手册》规定，$C_c<0.2$ 为低压缩性土，$0.2\leqslant C_c\leqslant0.35$ 为中压缩性土，$C_c>0.35$ 为高压缩性土。

8.4.3 土的受荷历史对压缩性的影响

在做压缩试验时，如加压到某一级荷载达到压缩稳定后，逐级卸荷，可以看到土的一部分变形可以恢复（即弹性变形），而另一部分变形不能恢复（即残余变形）。如果卸荷后又逐级加荷便可得到再加压曲线，再加压曲线比原压缩曲线平缓得多，如图 8-25 所示。这说明，土在历史上若受过大于现在所受的压力，其压缩性将大大降低。为了考虑受荷历史对地基土压缩性的影响，需知道土的前期固结压力 p_c。

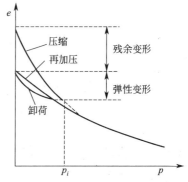

图 8-25　土的压缩、卸荷、再加压曲线

土的前期固结压力是指土层形成后的历史上所经受过的最大固结压力。将土层所受的前期固结压力 p_c 与土层现在所受的自重应力 σ_{cz} 的比值称为超固结比，以 OCR 表示。根据 OCR 可将天然土层分为三种固结状态。

8.4.3.1 正常固结土（$OCR=1$）

一般土体的固结是在自重应力的作用下伴随土的沉积过程逐渐达到的。当土体达到固结稳定后，土层的应力未发生明显变化，即前期固结压力等于目前土层的自重应力，这种状态的土称为正常固结的土。如图 8-26（a）所示，工程中大多数建筑物地基均为正常固结土。

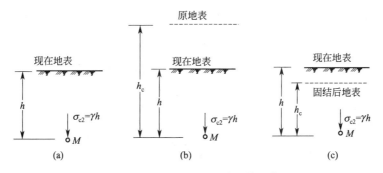

图 8-26　天然土层的三种固结状态

8.4.3.2 超固结土（$OCR>1$）

当土层在历史上经受过较大的固结压力作用而达到固结稳定后，由于受到强烈的侵蚀、

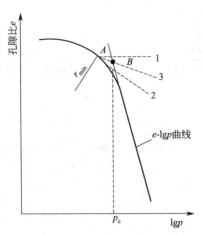

图 8-27　卡萨格兰德法确定 p_c

冲刷等原因，使其目前的自重应力小于前期固结压力，这种状态的土称为超固结土，如图 8-26(b) 所示。

8.4.3.3　欠固结土（OCR<1）

土层沉积历史短，在自重应力作用下尚未达到固结稳定，这种状态的土称为欠固结土，如图 8-26(c) 所示。

前期固结压力 p_c 可用卡萨格兰德的经验作图法确定，如图 8-27 所示。在 e-$\lg p$ 曲线上找出曲率半径最小的一点 A，过 A 点作水平线 $A1$ 和切线 $A2$，作 $\angle 1A2$ 的平分线 $A3$ 并与 e-$\lg p$ 曲线中直线段的延长线相交于 B 点，B 点所对应的压力就是前期固结压力。

8.5　地基最终沉降量计算

地基最终沉降量是指在荷载作用下地基土层被压缩达到相对稳定时的沉降量。其计算方法很多，目前工程中应用最多的是分层总和法。

8.5.1　分层总和法计算地基最终沉降量

8.5.1.1　基本假设与公式

分层总和法通常假设地基压缩时不允许侧向变形，即采用侧限条件下的压缩试验成果进行计算。为了弥补这样的沉降量偏小的缺点，通常采用基础中心点下的附加应力 σ_z 进行计算。假定地基土层的厚度为 H；该土层在建筑物施工前的初始应力（即平均自重应力 $\bar{\sigma}_{cz}$）为 p_1，其相应的孔隙比为 e_1；建筑物施工后在该土层引起了平均附加应力 $\bar{\sigma}_z$，则总应力 $p_2 = p_1 + \bar{\sigma}_z$，其相应的孔隙比为 e_2。即单一土层的地基最终沉降量 s 由公式（8-17）变形可得

$$s = \frac{e_1 - e_2}{1 + e_1} H \tag{8-21}$$

若以压缩系数 a 表示，则

$$s = \frac{a}{1 + e_1} \bar{\sigma}_z H \tag{8-22}$$

若以压缩模量表示，则

$$s = \frac{1}{E_s} \bar{\sigma}_z H \tag{8-23}$$

8.5.1.2　计算所需的资料

计算地基最终沉降量所需的资料包括：基础的平面布置型式、尺寸及埋深，荷载的大小与分布，工程地质剖面图，地下水位，土的重度及压缩曲线等。

8.5.1.3　计算步骤

首先根据地基的土质条件、基础类型、基底面积、荷载大小及分布等情况,在基底范围内选定几个沉降计算点,分别按下列步骤计算出各点的沉降量。

(1) 将地基分层。先将不同土层的分界面和地下水面作为分层界面,然后再按每层厚度 $H_i \leqslant 0.4b$(基础宽度 b 不大时)或 $H_i \leqslant 0.25b$(基础宽度较大,如水闸地基)将同一土层细分为若干个水平土层。

(2) 计算基底压力和基底附加压力。

(3) 计算各分层界面处的自重应力 σ_{cz} 和附加应力 σ_z,并绘出它们的分布曲线。

(4) 确定压缩层计算深度。考虑到基底下一定深度处,附加应力对地基的压缩变形影响甚微,以致其下土层的沉降量可以忽略不计。因此,工程中常以基底至这个深度作为压缩层的计算深度,用 Z_n 表示。压缩层计算深度的下限,一般取 $\sigma_z \leqslant 0.2\sigma_{cz}$ 处,在该深度以下若有软黏土,则应取 $\sigma_z \leqslant 0.1\sigma_{cz}$ 处。

(5) 计算各分层的平均自重应力 $\bar{\sigma}_{czi}$ 和平均附加应力 $\bar{\sigma}_{zi}$。平均应力取上、下分层面应力的算术平均值,即:$\bar{\sigma}_{czi} = (\sigma_{czi-1} + \sigma_{czi})/2$,$\bar{\sigma}_{zi} = (\sigma_{zi-1} + \sigma_{zi})/2$。

(6) 在 $e\text{-}p$ 曲线上由 $p_{1i} = \bar{\sigma}_{czi}$ 和 $p_{2i} = (\bar{\sigma}_{czi} + \bar{\sigma}_{zi})$ 查出相应的孔隙比 e_{1i} 和 e_{2i}。

(7) 计算各土层的沉降量 s_i 及总沉降 s。

$$s_i = \frac{e_{1i} - e_{2i}}{1 + e_{1i}} H_i \qquad s = \sum_{i=1}^{n} s_i$$

【例题 8-4】　一水闸基础宽度 $b = 20\text{m}$,长度 $l = 200\text{m}$,作用在基底上的荷载如图 8-28 (a) 所示,沿宽度方向的竖向偏心荷载 $P = 360000\text{kN}$(偏心距 $e = 0.5\text{m}$),水平荷载 $P_H = 30000\text{kN}$。地基分两层,上层为软黏土,湿重度 $\gamma = 19.62\text{kN/m}^3$,浮重度 $\gamma' = 9.81\text{kN/m}^3$,下层为中密砂,地下水位在基底以下 3m 处。在基底以下 0~3m、3~8m、8~15m 范围内软黏土的压缩曲线如图 8-29 中的Ⅰ、Ⅱ、Ⅲ所示,试计算基础中心点(点 2)和两侧边点(点 1、3)的最终沉降量。

解:1. 地基分层

共分四层,其中:$H_1 = 3\text{m}$、$H_2 = 5\text{m}$、$H_3 = 3.5\text{m}$、$H_4 = 3.5\text{m}$,最大分层厚度为 5m = 0.25b,符合水闸地基分层要求,如图 8-28(b) 所示。

2. 计算基底压力和基底附加压力

因 $l/b = 200/20 = 10 > 5$,可按条形基础计算。基础每米长度上所受的竖向荷载 $(F+G) = 360000/200 = 1800\text{kN/m}$,所受水平荷载 $P_H = 30000/200 = 150\text{kN/m}$,即

竖向基底压力为:

$$p_{\max} = \frac{F+G}{b}\left(1 + \frac{6e}{b}\right) = \frac{1800}{20} \times \left(1 + \frac{6 \times 0.5}{20}\right) = 103.5\,(\text{kPa})$$

$$p_{\min} = \frac{F+G}{b}\left(1 - \frac{6e}{b}\right) = \frac{1800}{20} \times \left(1 - \frac{6 \times 0.5}{20}\right) = 76.5\,(\text{kPa})$$

基底附加压力为:

$$p_{0\max} = p_{\max} - \gamma_m d = 103.5 - 19.62 \times 3 = 44.64\,(\text{kPa})$$

$$p_{0\min} = p_{\min} - \gamma_m d = 76.5 - 19.62 \times 3 = 17.64\,(\text{kPa})$$

水平基底压力为:

$$p_h = \frac{P_H}{b} = \frac{150}{20} = 7.5\,(\text{kPa})$$

基底压力及基底附加压力分布如图 8-28(b) 所示。

3. 计算各分层面处的自重应力

基底处（$z=0$）　　　　　　　　$\sigma_{c0}=\gamma_{m}d=19.62\times3=58.86$（kPa）

地下水位处（$z=3m$）　　　　　$\sigma_{c3}=19.63\times(3+3)=117.72$（kPa）

基底以下 8m 处（$z=8m$）　　　$\sigma_{c8}=117.72+9.81\times5=166.77$（kPa）

基底以下 11.5m 处（$z=11.5m$）　$\sigma_{c11.5}=166.77+9.81\times3.5=201.11$（kPa）

中密砂层顶面处（$z=15m$）　　　$\sigma_{c15}=201.11+9.81\times3.5=235.44$（kPa）

自重应力 σ_{cz} 分布如图 8-28(b) 所示。

4. 各分层面处的附加应力计算

以基础中心点为例，将竖向基底附加压力分为均布荷载和三角形荷载，其中均布竖向荷载 $p_0=17.64kPa$，三角形竖向荷载 $p_t=44.64-17.64=27kPa$。此外，水平荷载 $p_h=7.5kPa$，各荷载在地基中引起的附加应力计算见表 8-10，附加应力分布见图 8-28(b)。

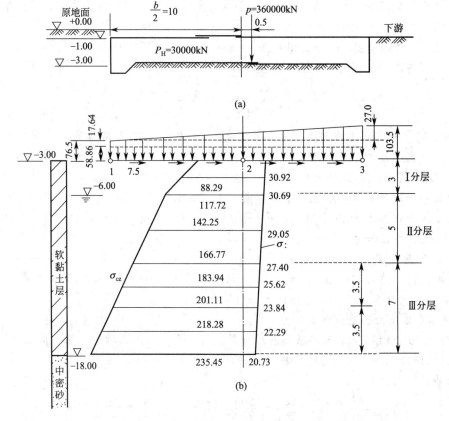

图 8-28 ［例题 8-4］附图① （应力单位：kPa；长度单位：m）

表 8-10　基础中心点（点 2）下的附加应力计算

z /m	z/b	$b=20m$ $p_0=17.64kPa$		$x/b=0.5m$ $p_t=27.0kPa$		$p_h=7.5kPa$		$\sum\sigma_z$ /kPa
		K_z^s	σ_z/kPa	K_z^t	σ_z/kPa	K_z^h	σ_z/kPa	
0	0	1.00	17.64	0.50	13.50	0	0	31.14
3	0.15	0.99	17.46	0.49	13.23	0	0	30.69
8	0.40	0.88	15.52	0.44	11.88	0	0	27.40
11.5	0.58	0.77	13.58	0.38	10.26	0	0	23.84
15	0.75	0.67	11.82	0.33	8.91	0	0	20.73

5. 确定压缩层计算深度

当深度 $z=15\text{m}$ 处,附加应力 $\sigma_z=20.73\text{kPa}<0.1\sigma_{cz}=23.5\text{kPa}$,故压缩层计算深度 Z_n 可取 15m。

6. 计算各土层自重应力与附加应力的平均值

第一层自重应力平均值 $\bar{\sigma}_{cz1}$ 与附加应力平均值 $\bar{\sigma}_{z1}$ 为:

$$\bar{\sigma}_{cz1}=(58.86+117.72)/2=88.29(\text{kPa})$$
$$\bar{\sigma}_{z1}=(31.14+30.69)/2=30.92(\text{kPa})$$

同理计算其他各土层的应力平均值,见表8-11。

7. 计算基中心点的沉降量

由初始应力平均值 $(\bar{\sigma}_{czi})$ 查出初始孔隙比 e_{1i},由最终应力平均值 $(\bar{\sigma}_{czi}+\bar{\sigma}_{zi})$ 查出最终孔隙比 e_{2i},求出各土层的沉降量 s_i,然后求和得到基础中心点的沉降量 s。见表8-11。

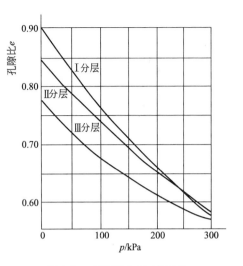

图 8-29 〔例题 8-4〕附图②

表 8-11 基础中心点的沉降量计算

分层编号	分层厚 H_i/cm	$\bar{\sigma}_{czi}$ /kPa	$\bar{\sigma}_{zi}$ /kPa	$\bar{\sigma}_{czi}+\bar{\sigma}_{zi}$ /kPa	e_{1i}	e_{2i}	s_i /cm	s /cm
Ⅰ	300	88.29	30.92	119.21	0.783	0.745	6.4	
Ⅱ	500	142.25	29.05	171.30	0.695	0.665	8.9	21.1
Ⅲ₁	350	183.94	25.62	209.56	0.619	0.604	3.2	
Ⅲ₂	350	218.28	22.29	240.57	0.602	0.590	2.6	

按上述同样方法可以计算出点 1 和点 3 的沉降量分别为 4.3cm 和 7.2cm。

8.5.2 "规范法"计算地基最终沉降量

现行《建筑地基基础设计规范》(GB 50007—2011)所推荐的地基最终沉降量计算方法是修正形式的分层总和法。它也采用侧限条件的压缩性指标,但运用了地基平均附加应力系数计算;还规定了地基沉降计算深度的新标准及提出地基沉降计算经验系数,使得计算成果接近于实测值。

地基平均附加应力系数 $\bar{\alpha}$ 的定义:从基底至地基任意深度 z 范围内的附加应力分布图面积 A 对基底附加压力与地基深度的乘积 p_0z 之比值,$\bar{\alpha}=A/p_0z$,也就是 $A=p_0\bar{\alpha}z$。假设地基土是均质的,在侧限条件下的压缩模量 E_s 不随深度而变,则从基底至任意深度 z 范围内的压缩量 s' 为:

$$s'=\int_0^z\varepsilon\mathrm{d}z=\frac{1}{E_s}\int_0^z\sigma_z\mathrm{d}z=\frac{p_0}{E_s}\int_0^zK\mathrm{d}z=\frac{A}{E_s}=\frac{p_0z\bar{\alpha}}{E_s} \tag{8-24}$$

成层土地基中第 i 层的沉降量 s_i 为:

$$s_i'=p_0(z_i\bar{\alpha}_t-z_{i-1}\bar{\alpha}_{i-1})/E_{si} \tag{8-25}$$

则按分层总和法计算地基沉降量的公式为:

$$s'=\sum s_i'=\sum p_0(z_i\bar{\alpha}_i-z_{i-1}\bar{\alpha}_{i-1})/E_{si} \tag{8-26}$$

式中　　z_{i-1}、z_i——分别为第 i 层的上层面与下层面至基础底面的距离,m;

　　　　$\bar{\alpha}_{i-1}$、$\bar{\alpha}_i$——z_{i-1} 和 z_i 范围内竖向平均附加应力系数;

E_{si}——第 i 层土的压缩模量，MPa 或 kPa；

$p_0 z_{i-1}\bar{\alpha}_{i-1}$、$p_0 z_i\bar{\alpha}_i$——$z_{i-1}$ 和 z_i 范围内竖向附加应力面积 A_{i-1} 和 A_i，kPa·m。

矩形基础受均布荷载作用基础中心点下地基平均附加应力系数值 $\bar{\alpha}_i$ 见表 8-12。

表 8-12　矩形基础受均布荷载作用基础中心点下地基平均附加应力系数值 $\bar{\alpha}_i$

z/b	l/b											
	1.0	1.2	1.4	1.6	1.8	2.0	2.4	2.8	3.2	3.6	4.0	5.0
0	1.000	1.000	1.000	1.000	1.000	1.000	1.000	1.000	1.000	1.000	1.000	1.000
0.2	0.987	0.990	0.991	0.992	0.992	0.992	0.993	0.993	0.993	0.993	0.993	0.993
0.4	0.936	0.947	0.953	0.956	0.958	0.960	0.961	0.962	0.962	0.963	0.963	0.963
0.6	0.858	0.878	0.890	0.898	0.903	0.906	0.910	0.912	0.913	0.914	0.914	0.915
0.8	0.775	0.801	0.810	0.831	0.839	0.844	0.851	0.855	0.857	0.858	0.859	0.860
1.0	0.689	0.738	0.749	0.764	0.775	0.783	0.792	0.798	0.801	0.803	0.804	0.806
1.2	0.631	0.663	0.686	0.703	0.715	0.725	0.737	0.744	0.749	0.752	0.754	0.756
1.4	0.573	0.605	0.629	0.648	0.661	0.672	0.687	0.696	0.701	0.705	0.708	0.711
1.6	0.524	0.556	0.590	0.599	0.613	0.625	0.614	0.651	0.658	0.663	0.666	0.670
1.8	0.482	0.513	0.537	0.556	0.571	0.583	0.600	0.611	0.619	0.624	0.629	0.633
2.0	0.446	0.475	0.499	0.518	0.533	0.545	0.563	0.575	0.284	0.590	0.594	0.600
2.2	0.414	0.443	0.466	0.484	0.499	0.511	0.530	0.543	0.552	0.558	0.563	0.570
2.4	0.387	0.414	0.436	0.454	0.469	0.481	0.500	0.513	0.523	0.530	0.535	0.543
2.6	0.362	0.389	0.410	0.428	0.442	0.455	0.473	0.487	0.496	0.504	0.509	0.518
2.8	0.341	0.366	0.387	0.404	0.418	0.430	0.449	0.463	0.472	0.480	0.486	0.495
3.0	0.322	0.346	0.366	0.383	0.397	0.409	0.427	0.441	0.451	0.459	0.465	0.477
3.2	0.305	0.328	0.348	0.364	0.377	0.389	0.407	0.420	0.431	0.439	0.445	0.455
3.4	0.289	0.312	0.331	0.346	0.359	0.371	0.388	0.402	0.412	0.420	0.427	0.437
3.6	0.276	0.297	0.315	0.330	0.343	0.353	0.372	0.385	0.395	0.403	0.410	0.421
3.8	0.263	0.284	0.301	0.316	0.328	0.339	0.356	0.369	0.379	0.388	0.394	0.405
4.0	0.251	0.271	0.288	0.302	0.314	0.325	0.342	0.355	0.365	0.373	0.379	0.391
4.2	0.241	0.260	0.276	0.290	0.300	0.312	0.328	0.341	0.352	0.359	0.366	0.377
4.4	0.231	0.250	0.265	0.278	0.290	0.300	0.316	0.329	0.339	0.347	0.353	0.365
4.6	0.222	0.240	0.255	0.268	0.279	0.289	0.305	0.317	0.327	0.335	0.341	0.353
4.8	0.214	0.231	0.245	0.258	0.269	0.279	0.294	0.300	0.316	0.324	0.330	0.342
5.0	0.206	0.223	0.237	0.249	0.260	0.269	0.284	0.296	0.306	0.313	0.320	0.332

注：l、b 为矩形基底的长边与短边，z 为基底以下的深度。

地基沉降计算深度 Z_n 应满足下列条件：由该深度处向上取按表 8-13 规定的计算厚度 Δz（图 8-30）所得的计算沉降量 s_n' 应满足下式要求（包括考虑相邻荷载的影响）：

$$s_n' \leqslant 0.025 s' \tag{8-27}$$

表 8-13　计算厚度 Δz 值

b/m	$b \leqslant 2$	$2 < b \leqslant 4$	$4 < b \leqslant 8$	$8 < b \leqslant 15$	$15 < b \leqslant 30$	$b > 30$
$\Delta z/m$	0.3	0.6	0.8	1.0	1.2	1.5

按上式所确定的沉降计算深度下如有较软弱土层时，尚应向下继续计算，直至软弱土层中所取规定厚度 Δz 的计算沉降量满足上式为止。

当无相邻荷载影响，基础宽度 b 在 1~30m 范围内时，基础中心点的地基沉降计算深度，也可按下式简化计算，即

$$Z_n = b(2.5 - 0.4\ln b) \tag{8-28}$$

为了提高计算的准确度，地基沉降计算深度范围内的计算沉降量 s' 还需乘以一个沉降计算经验系数 ψ_s，即

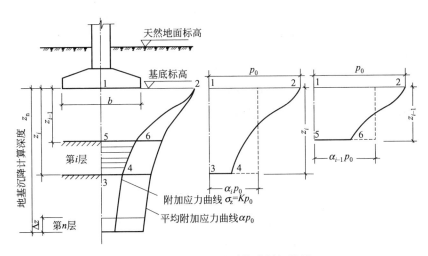

图 8-30 应力面积法计算分层沉降量

$$s = \psi_s s' = \psi_s \sum \frac{p_0}{E_{si}}(z_i \bar{\alpha}_i - z_{i-1}\bar{\alpha}_{i-1}) \tag{8-29}$$

式中 ψ_s——沉降计算经验系数,根据地区沉降观测资料及经验确定,也可采用表 8-14 的数值(表中 f_{ak} 为地基承载力特征值);

E_{si}——基础底面下第 i 层土的压缩模量,按实际应力段取值,kPa。

表 8-14 沉降计算经验系数 ψ_s

基底附加压力	$\bar{E}_s$/MPa				
	2.5	4.0	7.0	15.0	20.0
$p_0 \geqslant f_{ak}$	1.4	1.3	1.0	0.4	0.2
$p_0 \leqslant 0.75 f_{ak}$	1.1	1.0	0.7	0.4	0.2

表 8-14 中 $\bar{E}_s$ 为沉降计算深度范围内压缩模量当量值,应按下式计算:

$$E_s = \sum \Delta A_i / \sum (\Delta A_i / E_{si}) \tag{8-30}$$

式中 ΔA_i——第 i 层土附加应力系数沿土层厚度的积分值,$\Delta A_i = A_i - A_{i-1} = p_0(z_i\bar{\alpha}_i - z_{i-1}\bar{\alpha}_{i-1})$。

表 8-12 为矩形基础受竖向均布荷载作用下基础中心点下地基平均附加应力系数 $\bar{\alpha}_i$。对于其他情况的平均附加应力系数,可由《建筑地基基础设计规范》(GB 50007—2011)中查得这里从略。

【例题 8-5】 某柱基础,基础埋深 $d=1\text{m}$,基础底面尺寸为 4m×2m,上部结构传至基础顶面的荷载 $F=1190\text{kN}$,地基土层如图 8-31 所示。试用"规范法"计算该柱基的最终沉降量。

解:1. 计算基底附加压力 p_0

基底压力 p:

$$p = (F+G)/A = (1190 + 20 \times 4 \times 2 \times 1.5)/(4 \times 2) = 178.75 \approx 179(\text{kPa})$$

基底附加压力 p_0:

$$p_0 = p - \gamma_m d = 179 - 19.5 \times 1.5 = 150\text{kPa} = 0.15(\text{MPa})$$

2. 确定地基沉降计算深度 Z_n

因为不存在相邻荷载影响,故可公式(8-28)估算:

$$Z_n = b(2.5 - 0.4\ln b) = 2 \times (2.5 - 0.4\ln 2) = 4.445\text{m} \approx 4.5\text{m}$$

按该深度，最终沉降量计算至粉质黏土层底面。

3. 确定基础最终沉降计算值 s'

(1) 求平均附加应力系数 $\bar{\alpha}_i$

由 $l/b = 4/2 = 2$，z_i/b 分别查表 8-12 得 $\bar{\alpha}_i$。

(2) 某一层的最终沉降计算值 s'_i 及最终沉降计算值 s'

$$s'_i = p_0(z_i\bar{\alpha}_i - z_{i-1}\bar{\alpha}_{i-1})/E_{si} \qquad s' = \sum s'_i$$

计算结果见表 8-15。

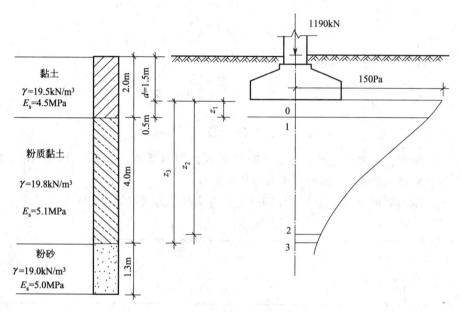

图 8-31　[例题 8-5] 图

表 8-15　[例题 8-5] 计算结果

点号	z_i /m	l/b	z_i/b	$\bar{\alpha}_i$ /mm	$z_i\bar{\alpha}_i$ /mm	$z_i\bar{\alpha}_i - z_{i-1}\bar{\alpha}_{i-1}$ /mm	E_{si} /MPa	s'_i/mm	s'/mm
0	0		0	1.000	0				
1	0.50	4/2＝2	0.25	0.984	492.0	492.0	4.5	16.4	
2	4.20		2.10	0.528	2217.6	1725.6	5.1	50.8	
3	4.50		2.25	0.504	2268.0	50.4	5.1	1.48	68.9

(3) 校核地基沉降计算深度 Z_n

根据规范规定，由表 4-5 查得 $\Delta z = 0.3\text{m}$，计算出 $s'_n = 1.48\text{mm} < 0.025 s' = 1.72\text{mm}$，表明所取 $z_n = 4.5\text{m}$ 符合要求。

4. 确定沉降计算经验系数 ψ_s

$$\overline{E}_s = \frac{p_0 \sum(z_i\bar{\alpha}_i - z_{i-1}\bar{\alpha}_{i-1})}{p_0 \sum[(z_i\bar{\alpha}_i - z_{i-1}\bar{\alpha}_{i-1})/E_{si}]} = \frac{492 + 1725.6 + 50.4}{\dfrac{492}{4.5} + \dfrac{1725.6}{5.1} + \dfrac{50.4}{5.1}} = 5 \text{ (MPa)}$$

设 $p_0 = f_{ak}$ 由表 8-14 内插查得：$\psi_s = 1.2$。

5. 计算柱基的最终沉降量 s

$$s = \psi_s s' = 1.2 \times 68.9 = 82.7\text{(mm)}$$

8.5.3 地基变形验算

8.5.3.1 地基变形特征

按地基承载力选定了适当的基础底面尺寸，一般已保证建筑物在防止地基剪切破坏方面具有足够的安全度，但是，在荷载作用下，地基土总是要产生压缩变形，使建筑物产生沉降。由于不同建筑物的结构类型、整体刚度、使用要求的差异，对地基变形的敏感程度、危害、变形要求也不同。因此，对于各类建筑结构，如何控制对其不利的沉降形式称为"地基变形特征"，使之不会影响建筑物的正常使用甚至破坏，也是地基基础设计必须予以充分考虑的一个基本问题。

地基变形特征一般分为：沉降量、沉降差、倾斜、局部倾斜。

（1）沉降量——指独立基础中心点的沉降值或整幢建筑物基础的平均沉降值。

对于单层排架结构，在低压缩性的地基上一般不会因沉降而损坏，但在中高压缩性的地基上，应该限制柱基沉降量，尤其是要限制多跨排架中受荷较大的中排柱基的沉降量不宜过大，以免支承于其上的相邻屋架发生对倾而使端部相碰。

（2）沉降差——一般指相邻柱基中心点的沉降量之差。

框架结构主要因柱基的不均匀沉降而使结构受剪扭而损坏，因此其地基变形由沉降差控制。

（3）倾斜——指基础倾斜方向两端点的沉降差与其距离的比值。

高耸结构和高层建筑的整体刚度很大，可近似看成刚性结构，其地基变形应由建筑物的整体倾斜控制，必要时应控制平均沉降量。

对于有吊车的工业厂房，还应验算桥式吊车轨面沿纵向或横向的倾斜，以免因倾斜而导致吊车自动滑行或卡轨。

（4）局部倾斜——指砌体承重结构沿纵向 6～10m 内基础两点的沉降差与其距离的比值。

砌体承重结构对地基的不均匀沉降是很敏感的，其损坏主要是由于墙体挠曲引起局部出现斜裂缝，故砌体承重结构的地基变形由局部倾斜控制。

8.5.3.2 地基变形验算

在地基基础的设计中，一般的步骤是先确定持力层的承载力特征值，然后按要求选定基础底面尺寸，最后（必要时）验算地基变形。地基变形验算的要求是：建筑物的地基变形计算值 Δ 应不大于地基变形允许值 $[\Delta]$，即

$$\Delta \leqslant [\Delta] \tag{8-31}$$

地基变形允许值的确定涉及很多因素，如建筑物的结构特点和具体使用要求、对地基不均匀沉降的敏感程度及结构强度贮备等。我国《建筑地基基础设计规范》（GB 50007—2011）综合分析了国内外各类建筑物的有关资料，提出了表 8-16 所列的建筑物地基变形允许值。对表中未包括的其他建筑物的地基变形允许值，可根据上部结构对地基变形特征的适应能力和使用上的要求确定。

表 8-16 建筑物的地基变形允许值

变 形 特 征	地基土类别	
	中、低压缩性土	高压缩性土
砌体承重结构基础的局部倾斜/mm	0.002	0.003
工业与民用建筑相邻柱基的沉降差		
（1）框架结构	0.002l	0.003l
（2）砌体墙填充的边排柱	0.0007l	0.001l
（3）当基础不均匀沉降时,不产生附加应力的结构	0.005l	0.005l

变 形 特 征		地基土类别	
		中、低压缩性土	高压缩性土
单层排架结构(柱距为 6m)柱基的沉降量/mm		(120)	200
桥式吊车轨面的倾斜(按不调整轨道考虑)/mm			
纵向		0.004	
横向		0.003	
多层和高层建筑的整体倾斜/mm	$H_g \leq 24$	0.004	
	$24 < H_g \leq 60$	0.003	
	$60 < H_g \leq 100$	0.025	
	$H_g > 100$	0.002	
体型简单的高层建筑基础的平均沉降量/mm		200	
高耸结构基础的倾斜/mm	$H_g \leq 20$	0.008	
	$20 < H_g \leq 50$	0.006	
	$50 < H_g \leq 100$	0.005	
	$100 < H_g \leq 150$	0.004	
	$150 < H_g \leq 200$	0.003	
	$200 < H_g \leq 250$	0.002	
高耸结构基础的沉降量/mm	$H_g \leq 100$	400	
	$100 < H_g \leq 200$	300	
	$200 < H_g \leq 250$	200	

注：1. 本表数值为建筑物地基实际最终变形允许值；

2. 有括号者仅适用于中压缩性土；

3. l 为相邻柱基的中心距离（mm）；H_g 为自室外地面起算的建筑物高度（m）。

按"地基规范"要求，地基基础设计等级为甲、乙级的建筑物，均应进行地基变形验算。但进行地基变形验算必须具备比较详细的勘察资料和土工试验成果，这对于地基基础设计等级为丙级的大量中、小型工程来说，往往不易办到，而且也没有必要。为此，"地基规范"在确定各类土的地基承载力特征值时，已经考虑了一般中、小型建筑物在地质条件比较简单的情况下对地基变形的要求。所以，对满足"地基规范"要求，地基基础设计等级为丙级的建筑物，在按承载力特征值确定基础底面尺寸之后，可不进行地基变形验算。

8.6 地基沉降与时间的关系

从 8.5 节知道，土的压缩随时间而增长的过程，称为土的固结。对于饱和土在荷载作用下，土粒互相挤紧，孔隙水逐渐排出，引起孔隙体积减小直到压缩稳定，需要一定的时间过程，这一过程的快慢，取决于土的渗透性，故称饱和土体的固结为渗透固结。地基的固结，也就是地基沉降的过程。对于无黏性土地基，由于渗透性强，压缩性低，地基沉降的过程时间短，一般在施工完成时，地基沉降可基本完成。而黏性土地基，特别是饱和黏土地基，由于渗透性弱，压缩性高，地基沉降的时间过程长，地基沉降往往延续至完工后数年，甚至数十年才能达到稳定。因此，对于建造在黏土地基上的重要建筑物，常常需要了解地基沉降与时间的关系，以便考虑建筑物有关部分的净空、连接方式、施工顺序和速度。关于地基沉降与时间的关系常以饱和土体单向渗透固结理论为基础。下面介绍饱和土体单向渗透固结理论，根据此理论分析地基沉降与时间关系的计算方法及应用。

8.6.1　饱和土的单向渗透固结模型

对于饱和土来说，如果在荷载作用下，孔隙水只朝一个方向向外排出，土体的压缩也只在一个方向发生（一般均指竖直方向），那么，这种压缩过程就称为单向渗透固结。

饱和土是由土粒构成的土骨架和充满于孔隙中的孔隙水两部分组成，显然，外荷载在土中引起的附加应力 σ_z 是由孔隙水和土骨架来分担的，由孔隙水承担的压力，即外荷载作用在孔隙水中引起的应力称为孔隙水压力，用 u 表示，它高于原来承受的静水压力，故又称超静水压力。孔隙水压力和静水压力一样，是各个方向都相等的中性压力，不会使土骨架发生变形。由土骨架承担的压力，即外荷载在土骨架引起的应力称为有效应力，用 σ' 表示，它能使土粒彼此挤紧，引起土的变形。在固结过程中，这两部分应力的比例不断变化，而这一过程中任一时刻 t，根据平衡条件，有效应力 σ' 和孔隙水压力 u 之和总是等于作用在土中的附加应力 σ_z，即 $\sigma_z = u + \sigma'$。

为了说明饱和土的单向渗透固结过程，可用图 8-32 所示的弹簧活塞模型来说明。模型是将饱和土体表示为一个有弹簧、活塞的充满水的容器。弹簧代表土骨架，容器内的水表示土中孔隙水，由容器中水承担的压力相当于孔隙水压力 u，由弹簧承担的压力相当于有效应力 σ'。在荷载刚施加的瞬间（$t=0$），孔隙水来不及排出，此时 $u = \sigma_z$，$\sigma'=0$。其后（$0 < t < \infty$）水从活塞小孔逐渐排出，u 逐渐降低并转化为 σ'，此时 $\sigma_z = \sigma' + u$。最后（$t = \infty$），由于水的停止排出，孔隙水压力 u 等于 0，压力 σ_z 全部转移给弹簧即 $\sigma_z = \sigma'$，渗透固结完成。孔隙水压力 u 等于 0，压力 σ_z 全部转移给弹簧，即 $\sigma_z = \sigma'$，渗透固结完成。

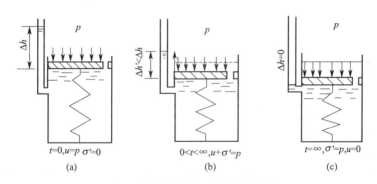

图 8-32　饱和土的单向渗透固结模型（图中 $p = \sigma_z$）

由此可见，饱和土的固结就是孔隙水压力 u 消散和有效应力 σ' 相应增长的过程。

8.6.2　饱和土体的单向渗透固结理论

8.6.2.1　基本假设

饱和土体单向渗透固结理论的基本假设如下：

（1）地基土为均质、各向同性和完全饱和的；

（2）土的压缩完全是由于孔隙体积的减小而引起，土粒和孔隙水均不可压缩；

（3）土的压缩与排水仅在竖直方向发生，侧向既不变形，也不排水；

（4）孔隙水的向外排出服从达西定律，土的固结快慢取决于渗透系数的大小；

（5）在整个固结过程中，假定孔隙比 e、压缩系数 a 和渗透系数 k 为常量；

（6）荷载是连续均布的，并且是一次瞬时施加的。

8.6.2.2 公式

饱和土体的固结过程就是孔隙水压力向有效应力转化的过程。图 8-33 表示一厚度为 H 的饱和黏性土层，顶面透水，底面不透水，孔隙水只能由下向上单向单面排出，土层顶面作用有连续均布荷载 p，属于单向渗透固结情况。

由于荷载 p 是连续均布，土层中的附加应力 σ_z 将沿深度 H 均匀分布，且 $\sigma_z = p$，当刚加压的瞬间（$t = 0$），黏性土层中来不及排水，整个土层中 $u = \sigma_z$，$\sigma' = 0$。经瞬间以后（$0 < t < \infty$），黏性土层顶面的孔隙水先排出，u 下降并转化为 σ'，接着土层深处的孔隙水随着时间的增长而逐渐排出，u 也就逐渐向 σ' 转化，此时土层中 $u + \sigma' = \sigma_z$，直到最后（$t = \infty$），在荷载 p 作用下，应被排出的孔隙水全部排出了，整个土层中 $u = 0$，$\sigma' = \sigma_z$，达到固结稳定。

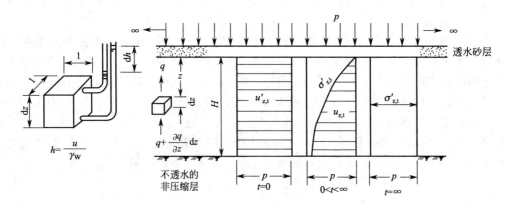

图 8-33　饱和土的固结过程

根据公式推导可得到某一时刻 t，深度 z 处的孔隙水压力表达式如下：

$$u = \frac{4}{\pi} \sigma_z \sum_{m=1}^{\infty} \frac{1}{m} \sin\left(\frac{m\pi z}{2H'}\right) e^{\frac{-m^2\pi^2}{4}T_V} \tag{8-32}$$

式中　m——正整奇数（1、3、5……）；

$\quad\quad e$——自然对数的底；

$\quad\quad H'$——土层最大排水距离，单面排水为土层厚度 H，双面排水取 $H/2$；

$\quad\quad T_V$——时间因数，$T_V = C_V t / H'^2$；

$\quad\quad C_V$——固结系数，$C_V = k(1 + e_1)/(a\gamma_w)$，$m^2/a$；

$\quad\quad k$——土的渗透系数，m/a；

$\quad\quad a$——土的压缩系数，MPa^{-1}；

$\quad\quad e_1$——土层固结前的初始孔隙比；

$\quad\quad \gamma_w$——水的重度，一般取 $\gamma_w = 9.8 kN/m^3$。

8.6.2.3　地基的平均固结度

地基在某一压力作用下，任一时刻的沉降量 s_t 与其最终沉量 s 之比，称为地基在 t 时的平均固结度，用 U_t 表示，即

$$U_t = s_t/s \tag{8-33}$$

由于土体的压缩变形是由有效应力 σ' 引起的，因此，地基中任一深度 z 处，历时 t 后的固结度亦可表达为：

$$U_t = \frac{\sigma'}{\sigma_z} = \frac{\sigma_z - u}{\sigma} = 1 - \frac{u}{\sigma_z} \qquad (8\text{-}34)$$

对于图 8-33 所示的单面排水，附加应力均布的情况，地基的平均固结度经过公式推导可得：

$$U_t = 1 - \frac{8}{\pi^2} \left(e^{-\frac{\pi^2}{4}T_V} + \frac{1}{9} e^{-\frac{9\pi^2}{4}T_V} + \cdots \right) \qquad (8\text{-}35)$$

上式括号内的级数收敛很快，实际应用中取第一项，即

$$U_t = 1 - \frac{8}{\pi^2} e^{-\frac{\pi^2}{4}T_V} \qquad (8\text{-}36)$$

由上式可知，地基平均固结度 U_t 是时间因数 T_V 的函数，它与土中的附加应力分布情况有关，式(8-36)适用于附加应力均匀分布的情况，也适用于双面排水情况。对于地基为单面排水，且上、下附加应力不相等的情况，可由 $\alpha = \sigma_z' / \sigma_z''$（$\sigma_z'$ 为透水面处的附加应力，σ_z'' 为不透水面处的附加应力，对于双面排水 $\alpha = 1$）值，查图 8-34 相应的曲线，得出平均固结度 U_t。

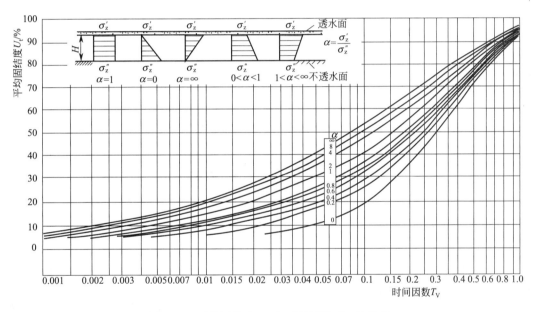

图 8-34 平均固结度 U_t 与时间因数 T_V 的关系

由时间因数 T_V 与平均固结度 U_t 的关系曲线（图 8-34）可解决以下两个问题：

(1) 计算加荷后历时 t 的地基沉降量 s_t。对于此类问题，可先求出地基的最终沉降量 s，然后根据已知条件计算出土层的固结系数 C_V 和时间因数 T_V，由 $\alpha = \sigma_z' / \sigma_z''$ 及 T_V 查出平均固结度 U_t，最后用式(8-33)求出 s_t。

(2) 计算地基沉降量达 s_t 时所需的时间 t。对于此类问题，也可先求出地基的最终沉降量 s，再由式(8-33)求出平均固结度 U_t，最后由 $\alpha = \sigma_z' / \sigma_z''$ 及 U_t 查出时间因数 T_V 并求出所需时间 t。

【例题 8-6】 某地基压缩土层为厚 8m 的饱和软黏土层，上部为透水的砂层，下部为不透水层。软黏土加荷

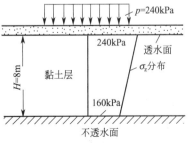

图 8-35 [例题 8-6]附图

之前的孔隙比 $e_1 = 0.7$，渗透系数 $k = 2.0 \text{cm/a}$，压缩系数 $a = 0.25 \text{MPa}^{-1}$，附加应力分布如图 8-35 所示。求：（1）加荷一年后地基沉降量为多少？（2）地基沉降达 10cm 所需的时间？

解：（1）求加荷一年后的地基沉降 s_t

软黏土层的平均附加应力：$\bar{\sigma}_z = (240 + 160)/2 = 200 (\text{kPa})$

地基最终沉降量：$s = \dfrac{a}{1+e_1}\bar{\sigma}_z H = \dfrac{0.25 \times 10^{-3}}{1+0.7} \times 200 \times 800 = 23.5 (\text{cm})$

软黏土的固结系数：$C_V = \dfrac{k(1+e_1)}{a\gamma_w} = \dfrac{2 \times 10^{-2} \times (1+0.7)}{0.25 \times 9.8 \times 10^{-3}} = 13.9 (\text{m}^2/\text{a})$

软黏土的时间因数：$T_V = C_V t / H'^2 = 13.9 \times 1/8^2 = 0.217$

由 $\alpha = \sigma'_z / \sigma''_z = 240/160 = 1.5$ 及 $T_V = 0.217$，查图 8-34 得：$U_t = 0.55$，故

$$s_t = s U_t = 23.5 \times 0.55 = 12.9 (\text{cm})$$

（2）求地基沉降达 10cm 所需的时间 t

固结度：$U_t = s_t / s = 10/23.5 = 0.43$

由 $\alpha = 1.5$ 及 $U_t = 0.43$，查图 8-34 得：$T_V = 0.13$，则

$$t = T_V H'^2 / C_V = 0.13 \times 8^2 / 13.9 = 0.60 (\text{a})$$

固结度：$U_t = s_t / s = 10/23.5 = 0.43$

由 $\alpha = 1.5$ 及 $U_t = 0.43$，查图 8-34 得：$T_V = 0.13$，则

$$t = T_V H'^2 / C_V = 0.13 \times 8^2 / 13.9 = 0.60 (\text{a})$$

 本章小结

土中应力与地基变形计算是土力学的基本内容之一，也是建筑物基础设计计算的基本内容之一。

本章内容主要包括：土中自重应力、基底压力与基底附加压力、地基中的附加应力、土的压缩性、地基最终沉降量计算及地基沉降与时间的关系计算。

（1）自重应力：是指土体自身重力作用所产生的应力。土中自重应力分布有两个基本特点：一是随着深度的增加而加大；二是在相同深度的平面上自重应力处处相等。

（2）基底压力：是指由基础底面传至地基单位面积上的压力。基底压力分布是比较复杂的问题，在实际工程中，常假定基底压力为直线变化，按材料力学公式计算基底压力。

（3）基底附加压力：是指基础底面处在建筑物施工以后所增加的压力，在计算地基附加应力时应采用基底附加压力进行计算。

（4）附加应力：是指受外荷载作用下附加产生的应力增量。附加应力计算可分成空间问题（矩形基础）和平面问题（条形基础）两种情况，应重点掌握其计算方法。地基中的附加应力分布也有两个基本特点：一是在基础底面范围内随着深度的增加而减小；二是在相同深度的平面上随着远离基础而不断减小。

（5）土的压缩性：是指土体在荷载作用下体积减小的特性。表示土的压缩性高低的主要指标有：压缩系数 a、压缩模量 E_s 与压缩指数 C_c。

（6）土的前期固结压力是指土层形成后的历史上所经受过的最大固结压力。将土层所受的前期固结压力 p_c 与土层现在所受的自重应力 σ_{cz} 的比值称为超固结比，以 OCR 表示。根据 OCR 可将天然土层分为正常固结、超固结与欠固结三种固结状态。

（7）地基的最终沉降量：是指地基土在荷载作用下达到变形稳定时的变形量。最终沉降量可以采用分层总和法或《建筑地基基础设计规范》（GB 50007—2011）法计算。

（8）建筑物的地基变形特征可分为：沉降量、沉降差、倾斜与局部倾斜。地基变形验算的要求是：建筑物的地基变形计算值 Δ 应不大于地基变形允许值 $[\Delta]$。

（9）土的固结：是指土体在荷载作用下被压缩的过程。饱和土是由土粒构成的骨架以及充满于孔隙的水组成，在外荷载作用下将产生两种应力，即有效应力与孔隙水压力。饱和土的固结是孔隙水压力不断减小，而有效应力不断增加的过程。

（10）地基的变形都有一个时间过程。砂土地基的地基变形时间过程很短，其地基变形在施工期间大部分都已完成；而饱和黏土地基的地基变形时间过程很长，其地基变形可延续至施工后几年甚至几十年，因此对于修建在饱和黏土地基上的重要建筑物往往需要计算地基变形与时间的关系。

习 题

[8-1] 某地基土层的剖面图和资料如附图 8-1 所示。试计算并绘制竖向自重应力沿深度的分布曲线。

（答案：高程 35m 处，$\sigma_{cz}=141.0$kPa）

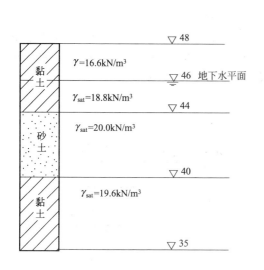

附图 8-1 习题 [8-1] 图

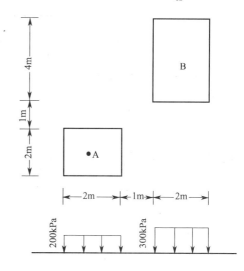

· 附图 8-2 习题 [8-2] 图

[8-2] 有两相邻的矩形基础 A 和 B，其尺寸、相对位置及荷载分布如附图 8-2 所示。考虑相邻基础的影响，试求基础 A 中心点下 $z=2$m 处的竖向附加应力。

（答案：$\sigma_z=69.9$kPa）

[8-3] 如附图 8-3 所示，矩形基础受竖向梯形分布荷载作用，试计算基础中心点下深

度 $z＝2m$ 处的附加应力 σ_z。

（答案：$\sigma_z＝72.1kPa$）

[8-4] 如附图 8-4 所示，宽度 $b＝10m$ 的条形基础受偏心竖向荷载及水平荷载作用，试计算基础中心点 O 及 O_1 点下 20m 深度范围内的附加应力 σ_z，并绘出的分布曲线。

（答案：O 点下 20m 处 $\sigma_z＝36.7kPa$，O_1 点下 20m 处 $\sigma_z＝33.5kPa$）

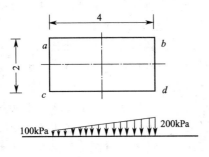

附图 8-3 习题 [8-3] 图

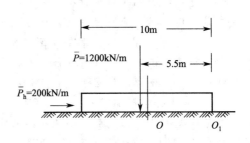

附图 8-4 习题 [8-4] 图

（图中 $\overline{P}＝F＋G$，$\overline{P}_h＝P_H$）

[8-5] 某工程 3 号钻孔土样 3-1 粉质黏土和土样 3-2 淤泥质黏土的压缩试验数据列于附表 8-1，试绘制 e-p 曲线，并计算 a_{1-2} 和评价其压缩性。

（答案：土样 3-1，$a_{1-2}＝0.34MPa^{-1}$）

附表 8-1

垂直压力/kPa		0	50	100	200	300	400
孔隙比	土样 3-1	0.866	0.799	0.770	0.736	0.721	0.714
	土样 3-2	1.085	0.960	0.890	0.803	0.748	0.707

[8-6] 某矩形基础的底面尺寸为 $4m×2.5m$，天然地面下基础埋深为 1m，设计地面高出天然地面 0.4m，计算资料见附图 8-5（地基土的压缩试验资料见附表 8-1）。试分别按分层总和法和"规范法"计算基础中心点的沉降量（已知 $p_0＜0.75f_{ak}$）。

（参考答案：$s＝14.8cm$）

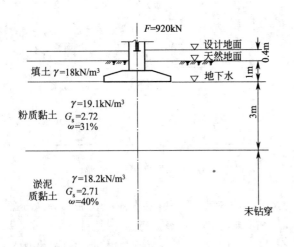

附图 8-5 习题 [8-6] 图

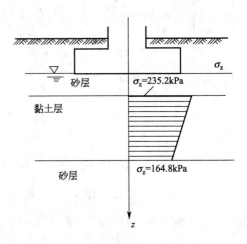

附图 8-6 习题 [8-7] 图

[8-7] 见附图 8-6。某基础压缩层为饱和黏土层，层厚为 10m，上下为砂层。由基底附加压力在黏土层中引起的附加应力 σ_z 分布如附图所示。已知黏土层的物理力学指标为：$a=0.25MPa^{-1}$，$e_1=0.8$，$k=2cm/a$，试求：（1）加荷一年后地基的沉降量；（2）地基沉降量达 25cm 时所需的时间。

（参考答案：$s_t=22.5cm$，$t=1.5a$）

9 土的抗剪强度与地基承载力

本章提要

建筑物由于地基土的原因引起的工程事故中，一方面是由于土体的沉降或沉降差过大造成的，另一方面是由土体的剪切破坏而引起的。本章主要阐述地基的抗剪强度问题。围绕这个问题，将介绍土的抗剪强度及其变化规律、土体应力状态的判定、抗剪强度指标的测定方法、各种地基的破坏型式和地基承载力的确定方法等内容。

9.1 土的抗剪强度与极限平衡条件

9.1.1 土的抗剪强度的基本概念

土与其他建筑材料类似，在一定条件下也会发生破坏。大量的试验研究与对破坏土体的实际观察分析表明，土体的破坏形式除渗透破坏外，都属于强度破坏。如基坑和堤坝的滑坡[见图 9-1(a)]、建筑物基础失稳[见图 9-1(b)]、挡土墙的倾斜或滑动[见图 9-1(c)]等，都是由于土体中某些面上的剪应力超过了土体本身的抗剪强度，引起剪切破坏所致。一旦土体发生剪切破坏，剪切破坏面两侧的土体就会产生较大的相对位移，形成一个滑动面，这种由一部分土体相对于另一部分土体产生滑动破坏的现象也称土体丧失了稳定性。显然，土体丧失稳定的危害性要比土体发生压缩变形的危害性严重得多。为了保证地基与土工建筑物具有足够的稳定性，必须研究土的抗剪强度。

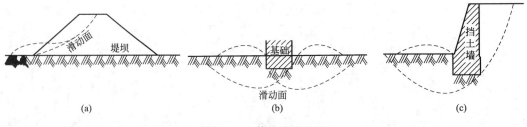

图 9-1 土体的强度破坏

　　土的抗剪强度是指土体抵抗剪切破坏的极限能力,其数值等于剪切破坏时滑动面上的剪应力。而土的抗剪强度又与一般材料的抗剪强度不同,因为土是松散颗粒的集合体,它的破坏主要表现在土粒间的联结强度受到破坏,土粒本身的破坏一般较少考虑;其次,土的抗剪强度是随剪切面上所受的法向应力 σ 而变,不是一个常数,这是土区别于其他建筑材料的一个重要特征。

9.1.2 土的抗剪强度规律——库仑定律

9.1.2.1 库仑定律

　　1776 年,法国学者库仑(C. A. Coulomb),通过对砂土进行大量的试验研究得出,砂土的抗剪强度的表达式为:

$$\tau_f = \sigma \tan\varphi \tag{9-1}$$

　　后来又通过试验进一步提出了黏性土的抗剪强度表达式为:

$$\tau_f = \sigma \tan\varphi + c \tag{9-2}$$

式中　τ_f——土的抗剪强度,kPa;

　　　　σ——剪切面上的正应力,kPa;

　　　　φ——土的内摩擦角,(°);

　　　　c——土的黏聚力,kPa。

　　式(9-1)和式(9-2)分别表示砂土和黏性土的抗剪强度规律,通常统称为库仑定律。根据库仑定律可以绘出图 9-2 所示的库仑直线,其中库仑直线与横轴的夹角称为土的内摩擦角 φ,库仑直线在纵轴上的截距 c 为黏聚力。

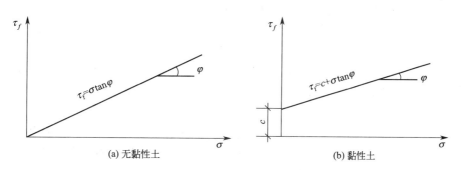

图 9-2　抗剪强度与法向应力之间的关系

　　由库仑定律可以看出,在剪切面上的法向应力 σ 不变时,试验测出的 φ、c 值能反映土的抗剪强度 τ_f 的大小,故称 φ、c 为土的抗剪强度指标。但是抗剪强度指标 φ、c 不仅与土的性质有关,而且与测定方法有关。同一种土体在不同试验条件下测出的强度指标不同,但同一种土在同一方法下测定的强度指标,基本是相同的。因此,谈及强度指标 φ、c 时,应注明它的试验方法。

9.1.2.2 土的抗剪强度的构成

　　库仑定律还表明,砂土的抗剪强度由土的内摩擦力 ($\sigma\tan\varphi$) 构成,而黏性土的抗剪强度则由土的内摩擦力和黏聚力 (c) 构成。

　　土的内摩擦力包括剪切面上土粒之间的表面摩擦力和由于土粒之间的相互嵌入、联锁作用产生的粒间咬合力。粒间咬合力是指当土体相对滑动时,将嵌在其他颗粒之间的土粒拔出所需要的力，如图 9-3 所示。一般土愈密实，颗粒越粗，其 φ 值愈大；反之，φ 值就愈小。

图 9-3　土的粒间咬合力

土的黏聚力是指由于黏性土颗粒之间的胶结作用、结合水膜及分子引力作用等形成的内在联结力。土的颗粒愈细小，塑性愈大、愈紧密，其黏聚力也愈大。砂土的黏聚力 $c=0$，故又称无黏性土。

9.1.2.3　影响土的抗剪强度的因素

影响土的抗剪强度的因素是多方面的，主要有以下几个方面：

（1）土粒的矿物成分、形状、颗粒大小与颗粒级配。土颗粒大，形状不规则，表面粗糙以及颗粒级配良好的土，由于其内摩擦力大，抗剪强度也高。黏土矿物成分中的微晶高岭石含量越多时，黏聚力越大。土中胶结物的成分及含量对土的抗剪强度也有影响。

（2）土的密度。土的初始密度愈大，土粒间接触比较紧密，土粒间的表面摩擦力和咬合力也愈大，剪切试验时需要克服的摩阻力也愈大，则土的抗剪强度愈大。黏性土的密度大则表现出的黏聚力也较大。

（3）含水率。土中含水率的多少，对土抗剪强度的影响十分明显。土中的含水率增大时，会降低土粒表面上的摩擦力，使土的内摩擦角 φ 值减小；黏性土的含水率增高时，会使结合水膜加厚，因而也就降低了土的黏聚力。

（4）土体结构的扰动情况。黏性土的天然结构如果被破坏时，土粒间的胶结物联结被破坏，其抗剪强度将会显著下降，故原状土的抗剪强度高于同密度和同含水率的重塑土。所以，在现场取样、试验和施工过程中，要注意保持黏性土的天然结构不被破坏，特别是基坑开挖时，更应保持持力层的原状结构不扰动。

（5）有效应力。从有效应力原理可知，土中某点所受的总应力等于该点的有效应力与孔隙水应力之和。随着孔隙水应力的消散，有效应力的增加，致使土体受到压缩，土的密度增大，因而土的 φ、c 值变大，抗剪强度增高。

9.1.3　土中一点的应力状态

在土力学中，常把土体作为半无限体来研究。在半无限土体中任意点 M 处取一微小单元体，设作用在该单元体上的大、小主应力为 σ_1 和 σ_3，为了简化分析，下面仅研究平面问题，如图 9-4（a）所示。在单元体内取一与大主应力 σ_1 的作用面成任意角 α 的 mn 斜平面，斜面 mn 上作用的法向应力和剪应力分别为 σ、τ，为了建立 σ、τ 和 σ_1、σ_3 之间的关系，取楔形脱离体 abc 如图 9-4（b）所示。

根据静力平衡条件可得：

$$\sigma \sin\alpha ds - \tau \cos\alpha ds - \sigma_3 \sin\alpha ds = 0 \tag{9-3}$$

$$\sigma \cos\alpha ds + \tau \sin\alpha ds - \sigma_1 \cos\alpha ds = 0 \tag{9-4}$$

联立求解以上方程可得 mn 平面上的应力为：

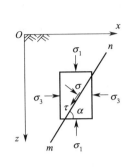
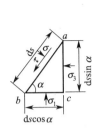
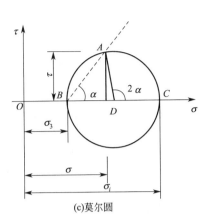

(a) 微单元体上的应力   (b)脱离体abc上的应力   (c)莫尔圆

图 9-4 土体中任一点的应力

$$\sigma = \frac{\sigma_1 + \sigma_3}{2} + \frac{\sigma_1 - \sigma_3}{2}\cos 2\alpha \qquad (9-5)$$

$$\tau = \frac{\sigma_1 - \sigma_3}{2}\sin 2\alpha \qquad (9-6)$$

若将式(9-5)移项后两端平方，再与式(9-6)的两端平方后分别相加，即得

$$\left[\sigma - \frac{1}{2}(\sigma_1 + \sigma_3)\right]^2 + \tau^2 = \left[\frac{1}{2}(\sigma_1 - \sigma_3)\right]^2 \qquad (9-7)$$

不难看出公式(9-7)是一个圆的方程。在 τ-σ 直角坐标系中，绘出以圆心坐标为 $\left(\frac{\sigma_1 + \sigma_3}{2}, 0\right)$、半径为 $\frac{\sigma_1 - \sigma_3}{2}$ 的圆，绘出的圆称为莫尔应力圆或莫尔圆，如图 9-4(c) 所示。

莫尔应力圆也可以用来求土中任一点的应力状态，具体方法是：在莫尔应力圆上，从 DC 开始逆时针方向转 2α 角，得 DA 线与圆周的交点 A，A 点的横坐标即为 mn 斜面上的正应力 σ，A 点的纵坐标即为 mn 斜面上的剪应力 τ。显然当土体中任一点只要已知其大、小主应力 σ_1 与 σ_3 时，便可用莫尔应力圆求出该点不同斜面上的法向应力 σ 与剪应力 τ。

9.1.4 土的极限平衡条件

9.1.4.1 土的极限平衡状态

如果已知通过土体某点的某一平面上的法向应力与剪应力，又测得该土的抗剪强度指标 φ 和 c 值，就可用库仑定律算出该平面上的抗剪强度 τ_f。当 $\tau_f > \tau$ 时，土体不会沿该平面剪破，称该平面处于弹性平衡状态；当 $\tau_f < \tau$ 时，该平面已剪破，称该平面处于塑性平衡状态；当 $\tau_f = \tau$ 时，该平面处于濒于剪破的极限平衡状态。极限平衡状态下该剪切面上各应力之间的关系式称为极限平衡条件式。由此可知，土中某一剪切面上的极限平衡条件式为：

$$\tau = \tau_f = \sigma\tan\varphi + c \qquad (9-8)$$

由于莫尔应力圆和库仑直线的坐标相同，都是以法向应力为横坐标，以剪应力为纵坐标，所以可将土中一点的应力圆与库仑直线画在同一坐标系中，由它们的相对关系来判别其所处的应力状态，称其为莫尔-库仑强度理论，如图 9-5 所示。

莫尔圆与库仑直线之间存在如下三种关系：

(1) 莫尔圆与库仑直线相离。如图 9-5 中圆 Ⅰ 与库仑直线相离位于库仑直线的下方，表示土中某点任何截面上的剪应力都小于该点的抗剪强度（$\tau_f > \tau$），该点不会发生剪切破坏，

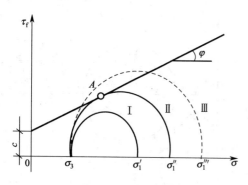

图 9-5 莫尔应力圆和库仑直线之间的关系

该点处于弹性平衡状态。

（2）莫尔圆与库仑直线相割 如图 9-5 中圆 Ⅲ 与库仑直线相割，表示过该点的某些截面上的剪应力大于土的抗剪强度（$\tau_f < \tau$），该点已经破坏。因为该点土体已经破坏，实际上圆 Ⅲ 是不可能画出的，而是理想的情况。

（3）莫尔圆与库仑直线相切 如图 9-5 中圆 Ⅱ 与库仑直线在 A 点相切，说明在 A 点所代表的截面上，剪应力正好等于土的抗剪强度（$\tau_f = \tau$），该点处于极限平衡状态。

9.1.4.2 土的极限平衡条件式

土体中某一点达到极限平衡状态时，其微单元土体上作用的大、小主应力 σ_1、σ_3 之间的关系式，称为该点土的极限平衡条件式。可用莫尔应力圆与库仑直线相切时的几何关系推得。

当土中某一点处于极限平衡状态时，莫尔应力圆与库仑直线的切点 D 所代表的截面即为剪切破坏面，如图 9-6 所示，由几何条件可以得出下列关系式：

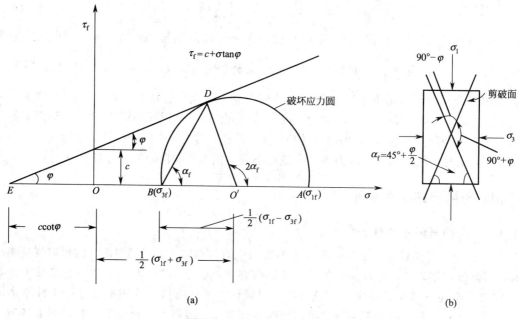

图 9-6 极限平衡的几何条件

$$\sin\varphi = \frac{\sigma_1 - \sigma_3}{\sigma_1 + \sigma_3 + 2c\cot\varphi} \tag{9-9}$$

上式经三角函数变换后，可得土的极限平衡条件式为：

$$\sigma_{1f} = \sigma_3 \tan^2\left(45° + \frac{\varphi}{2}\right) + 2c\tan\left(45° + \frac{\varphi}{2}\right) \tag{9-10}$$

或

$$\sigma_{3f} = \sigma_1 \tan^2\left(45° - \frac{\varphi}{2}\right) - 2c\tan\left(45° - \frac{\varphi}{2}\right) \tag{9-11}$$

对于 $c=0$ 的无黏性土，极限平衡条件式可以简化。

土体中某点处于极限平衡状态时，其破裂面与大主应力作用面的夹角为 α_f，由图 9-6 中的几何关系可得：

$$2\alpha_f = 90° + \varphi$$

$$\alpha_f = 45° + \frac{\varphi}{2} \tag{9-12}$$

由此可知，土体剪切破坏面的位置是发生在与大主应力作用面成（$45° + \varphi/2$）夹角的斜面上，而不是发生在剪应力最大的斜面上，即 $\alpha = 45°$ 的斜面上。

已知土体中一点的实际大、小主应力 σ_1、σ_3 及实测的 φ、c 值，可以用式(9-9)～式(9-11) 中的任何一个公式，判别土中该点的应力状态，其判别结果是一致的。判别方法如下：

（1）用式(9-9) 判别。将实际的 σ_1、σ_3 和 c 值代到该式中，计算出的内摩擦角 φ_f，即为土体处在极限平衡状态时所具有的内摩擦角。将极限平衡状态时的内摩擦角 φ_f 与实际土的内摩擦角 $\varphi_{实}$ 比较，若 $\varphi_{实} > \varphi_f$，说明库仑直线与应力圆相离，该点稳定；若 $\varphi_{实} < \varphi_f$，说明库仑直线与应力圆相割，该点破坏；若 $\varphi_{实} = \varphi_f$，说明库仑直线与应力圆相切，该点处于极限平衡状态。

（2）用式(9-10) 判别。将实际的 σ_3、φ、c 值代到该式中，计算出的大主应力 σ_{1f}，即为土体处在极限平衡状态时所承受的大主应力。将极限平衡状态时的大主应力 σ_{1f} 与实际土的大主应力 $\sigma_{1实}$ 比较，若 $\sigma_{1f} > \sigma_{1实}$ 时，库仑直线与应力圆相离，该点不破坏；若 $\sigma_{1f} < \sigma_{1实}$ 时，该点破坏；若 $\sigma_{1f} = \sigma_{1实}$ 时，该点处于极限平衡状态，如图 9-7(a) 所示。

（3）用式(9-11) 判别。将实际的 σ_1、φ、c 值代到该式中，计算出的小主应力 σ_{3f}，即为土体处在极限平衡状态时所承受的小主应力。将极限平衡状态时的小主应力 σ_{3f} 与实际土的小主应力 $\sigma_{3实}$ 比较，若 $\sigma_{3f} < \sigma_{3实}$ 时，该点不破坏；若 $\sigma_{3f} > \sigma_{3实}$ 时，该点破坏；若 $\sigma_{3f} = \sigma_{3实}$ 时，该点处于极限平衡状态，如图 9-7(b) 所示。

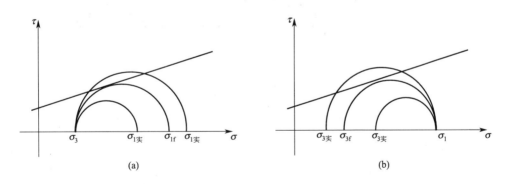

图 9-7 土中一点应力状态的判别

【例题 9-1】 某土层的抗剪强度指标 $\varphi = 20°$，$c = 20\text{kPa}$，其中某一点的 $\sigma_1 = 300\text{kPa}$，$\sigma_3 = 120\text{kPa}$，（1）问该点是否破坏？（2）若保持 σ_3 不变，该点不破坏的 σ_1 最大为多少？

解：（1）判别该点所处的状态。

用 σ_1 判别：

将 $\sigma_3 = 120\text{kPa}$，$\varphi = 20°$，$c = 20\text{kPa}$ 代入式(9-10) 得：

$$\sigma_{1f} = 120 \tan^2\left(45° + \frac{20°}{2}\right) + 2 \times 20 \tan\left(45° + \frac{20°}{2}\right) = 301.9\text{kPa} > \sigma_{1实} = 300\text{kPa}$$

因此该点稳定。

（2）若 σ_3 不变，由上述计算可知，保持该点不破坏时 σ_1 的最大值为 301.9kPa。

9.2 土的抗剪强度指标的测定方法

土的抗剪强度指标 φ 和 c 是通过剪切试验测定的，剪切试验方法一般分室内试验和现场试验两类。室内试验常用的仪器有直接剪切仪、三轴压缩仪、无侧限抗压强度仪等；现场常用的有十字板剪切仪等。

9.2.1 直接剪切试验

9.2.1.1 直剪仪及试验原理

直接剪切试验，通常简称直剪试验，它是测定土体抗剪强度指标最简单的试验方法。直剪试验所用的主要仪器为直剪仪，直剪仪可分为应力控制式和应变控制式两种。试验中通常采用应变控制式直剪仪，其结构如图 9-8 所示。主要由可相互错动的上、下剪力盒、垂直和水平加载系统以及测量系统等部分组成。

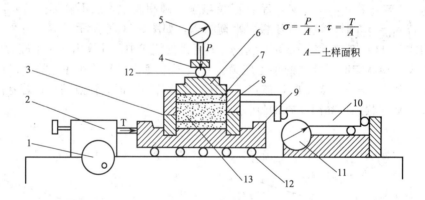

$$\sigma = \frac{P}{A} \; ; \; \tau = \frac{T}{A}$$

A—土样面积

图 9-8　直剪仪结构示意图

1—旋转手轮；2—推动器；3—下盒；4—垂直加压框架；

5—垂直位移量表；6—传压板；7—透水板；8—上盒；9—储水盒；

10—测力计；11—水平位移量表；12—滚珠；13—试样

试验时先用环刀切取原状土样，将上、下剪切盒对齐，把土样放在上、下剪切盒中间，通过传压板和滚珠对土样施加法向应力 σ，然后通过均匀旋转手轮对下剪切盒施加水平剪切力 τ，使土样沿上、下剪切盒的接触面发生剪切位移，随着上、下剪切盒的相对位移不断增加，剪切面上的剪应力也不断增加，剪应力与剪位移的关系曲线，如图 9-9 所示。当土样将要剪破坏时，剪切面上的剪应力达到最大（即峰值点），此时的剪应力即为土的抗剪强度 τ_f；如果剪应力不出现峰值，则取规定的剪位移（如面积 30cm² 的土样，《土工试验规程》规定取剪位移 4mm）相对应的剪应力作为土的抗剪强度，如图 9-9 所示。通过对同一种土 4 个土样在不同的法向应力 σ 作用下进行剪切试验，测出相应的抗剪强度 τ_f，然后根据相应的试验数据可以点绘出库仑直线，由此求出土的抗剪强度指标 φ、c，如图 9-10 所示。

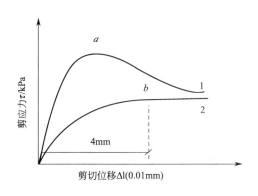

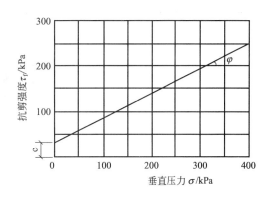

图 9-9　剪应力与剪切位移关系曲线　　　　图 9-10　直剪试验结果图

9.2.1.2　直接剪切试验的分类

为了考虑固结程度和排水条件对抗剪强度的影响，根据加荷速率的快慢将直剪试验划分为快剪、固结快剪和慢剪三种试验类型。

（1）快剪。竖向压力施加后立即施加水平剪力进行剪切，使土样在 3～5min 内剪坏。由于剪切速度快，可认为土样在这样短暂时间内没有排水固结或者说模拟了"不排水"剪切情况。得到的抗剪强度指标用 c_q、φ_q 表示。

（2）固结快剪。竖向压力施加后，给以充分时间使土样排水固结。固结终了后施加水平剪力，快速地（约在 3～5min 内）把土样剪坏，即剪切时模拟不排水条件。得到的抗剪强度指标用 c_{cq}、φ_{cq} 表示。

（3）慢剪。竖向压力施加后，让土样充分排水固结，固结后以慢速施加水平剪力，使土样在受剪过程中一直有充分时间排水固结，直到土被剪破，得到的抗剪强度指标用 c_s、φ_s 表示。

由上述三种试验方法可知，由于试验时的排水条件不同，作用在受剪面积上的有效应力不同，所以测得的抗剪强度指标也不同。在一般情况下同一种土：$\varphi_s > \varphi_{cq} > \varphi_q$。

9.2.1.3　直剪试验的优缺点

直剪仪构造简单，土样制备安装方便，操作方法便于掌握，至今仍为一般工程单位广泛采用。但该试验存在着如下缺点：①剪切过程中试样内的剪应变分布不均匀，应力条件复杂，但仍按均匀分布计算，其结果有误差；②剪切面只能人为地限制在上下剪切盒的接触面上，而不是沿土样最薄弱的剪切面剪坏；③试验时不能严格控制土样的排水条件，不能量测土样中孔隙水压力；④剪切过程中土样剪切面逐渐减小，且垂直荷载发生偏心，而分析计算时仍按受剪面积不变考虑。因此，直剪试验不宜用来对土的抗剪强度特性进行深入研究。

9.2.2　三轴剪切试验

三轴剪切试验也称三轴压缩试验，是测定土抗剪强度的一种较为完善的试验方法。

9.2.2.1　三轴剪切仪及试验原理

三轴剪切试验使用的仪器为三轴剪切仪（又称三轴压缩仪），其构造如图 9-11 所示。主要工作部分是放置试样的压力室，它是由金属顶盖、底座和透明有机玻璃筒组装起来的密闭容器；轴压系统，用以对试样施加轴向压力；侧压系统，通过液体（通常是水）对试样施加周围压力；孔隙水压力测试系统，可以量测孔隙水压力及其在试验过程中的变化情况，还可以量测试样的排水量。

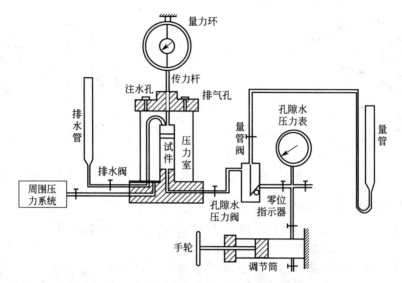

图 9-11 三轴仪构造示意图

试验时将切削成正圆柱形的试样套在乳胶膜内，置于试样帽和压力室底座之间，必要时在试样两端安放滤纸和透水石，然后在试样周围通过液体施加围压力 σ_3，此时试样在径向和轴向均受到同样的压力 σ_3 作用，因此试样不会受剪应力作用。再由轴向加压设备不断加大轴向力 $\Delta\sigma$ 使试样剪坏。此时试样在径向受 σ_3 作用，轴向受 $\sigma_3+\Delta\sigma=\sigma_1$ 作用。根据破坏时的 σ_1 和 σ_3 可绘出极限莫尔应力图。若同一种土的 3～4 个试样，在不同的 σ_3 作用下使试样剪坏，就可得出几个不同的极限莫尔应力圆。这些极限莫尔应力圆的公切线即为库仑直线，如图 9-12 所示，在库仑直线上便可确定抗剪强度指标 φ 和 c。

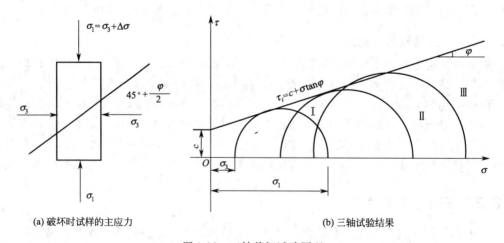

(a) 破坏时试样的主应力   (b) 三轴试验结果

图 9-12 三轴剪切试验原理

9.2.2.2 三轴剪切试验的分类

根据土样固结排水条件的不同，相应于直剪试验，三轴试验也可分为如下三种方法：

（1）不固结不排水剪试验（UU 试验）。将现场提取或实验室制备的土样放入三轴仪的压力室内，在排水阀门关闭的情况下，先向土样施加周围压力 σ_3，不待土样固结和孔隙水压力消散，随即施加轴向应力 $\Delta\sigma$ 进行剪切直至剪坏。在试验过程中，自始至终关闭排水阀门，不允许土中水排出，即在施加周围压力和剪切力时均不允许土样发生排水固结，得到的抗剪强度指标用 c_u、φ_u 表示。

（2）固结不排水剪（CU 试验）。试验时先对土样施加周围压力 σ_3，并打开排水阀门，使土样在 σ_3 作用下充分排水固结。土样排水终止，固结完成时，关上排水阀门，然后施加轴向应力 $\Delta\sigma$，直至土样破坏。在剪切过程中，土样处于不排水状态，试验过程中可测量孔隙水压力的变化过程，得到的抗剪强度指标用 c_{cu}、φ_{cu} 表示。

（3）固结排水剪试验（CD 试验）。进行固结排水剪切试验时，使试样先在 σ_3 作用下固结，然后再施加轴向应力 $\Delta\sigma$，在施加轴向应力的过程中也应该让土样充分排水固结，所以轴向力应缓慢增加直至土样剪切破坏，得到的抗剪强度指标用 c_d、φ_d 表示。

同一种土进行三轴剪切试验，其抗剪强度指标也不同，一般：$\varphi_d > \varphi_{cu} > \varphi_u$。

9.2.2.3 三轴剪切试验的优缺点

与直剪试验比较，三轴剪切试验的优点是：试样中的应力分布比较均匀；试样破坏时剪切破坏面就发生在土样的最薄弱处，应力状态比较明确；试验时还可根据工程需要，严格控制孔隙水的排出，并能准确地测定土样在剪切过程中孔隙水压力的变化，从而可以定量地获得土中有效应力的变化情况。三轴试验可供在复杂应力条件下研究土的抗剪强度特性之用。

但是，三轴仪设备复杂，试样制备比较麻烦，土样易受扰动；另外试样中模拟的主应力为 $\sigma_2 = \sigma_3$ 的轴对称情况，而实际土体的受力状态并非都是这类轴对称情况，故其应力状态不能与实际情况完全一致。

9.2.3 无侧限抗压强度试验

无侧限抗压强度试验实际上是三轴压缩试验的一种特殊情况，又称单剪试验。试验时的受力情况如图 9-13 所示，土样侧向压力为零（$\sigma_3 = 0$），仅在轴向施加压力，在土样破坏时的 σ_{1f} 即为土样的无侧限抗压强度 q_u。利用无侧限抗压强度试验可以测定饱和软黏土的不排水抗剪强度，并可以测定饱和黏性土的灵敏度 s_t。

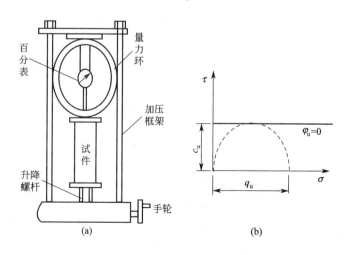

图 9-13 无侧限抗压强度试验

由于饱和软黏土的不排水抗剪强度 $\varphi_u = 0$，由此可得：

$$\tau_f = c_u = \frac{q_u}{2} \tag{9-13}$$

式中　τ_f——土的不排水抗剪强度，kPa；

　　　c_u——土的不排水黏聚力，kPa；

　　　q_u——无侧限抗压强度，kPa。

9.2.4　十字板剪切试验

十字板剪切试验是一种原位测定土的抗剪强度的试验方法，它与室内无侧限抗压强度试验一样，所测得的成果相当于不排水抗剪强度。

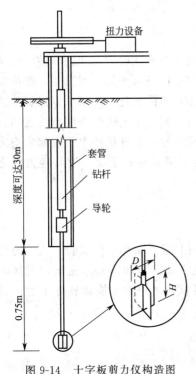

图 9-14　十字板剪力仪构造图

十字板剪切仪的主要工作部分如图 9-14 所示。试验时在钻孔中放入十字板，并压入土中 75cm，通过地面上的扭力设备对钻杆施加扭矩，带动十字板旋转，直至土体剪切破坏，记录土体破坏时的最大扭转力矩 M_{max}，据此算出土的抗剪强度。

假设土的抗剪强度各向相等，则由十字板剪切试验得到土的抗剪强度（τ_f）的公式如下：

$$\tau_f = \frac{2M_{max}}{\pi D^2 \left(H + \dfrac{D}{3} \right)} \tag{9-14}$$

式中　H——十字板的高度，m；

　　　D——十字板的宽度，m。

对于饱和软黏土，与前同理，十字板剪切试验所得成果也属于不排水抗剪强度 c_u。它具有无需钻孔取样试验和使土少受扰动的优点。但所得 c_u 主要反映垂直面上的强度，一般易得偏高的成果，且这种原位测试方法中剪切面上的应力条件十分复杂，排水条件又不能控制得很严格。因此，十字板试验的 c_u 值与原状土室内的不排水剪试验成果有一定差别。

9.3　地基承载力

所谓地基承载力，是指地基单位面积所能承受荷载的能力。地基承载力一般可分为地基极限承载力和地基承载力特征值两种。地基极限承载力是指地基发生剪切破坏丧失整体稳定时的地基承载力，是地基所能承受的基底压力极限值（极限荷载），用 p_u 表示；地基承载力特征值（地基容许承载力）则是满足地基的强度稳定和变形要求时的地基承载能力，用 f_a 表示。将地基极限承载力除以安全系数 K，即为地基承载力特征值。

要研究地基承载力，首先要研究地基在荷载作用下的破坏类型和破坏过程。

9.3.1 地基的破坏型式与变形阶段

现场载荷试验和室内模型试验表明，在荷载作用下，建筑物地基的破坏通常是由于承载力不足而引起的剪切破坏，地基剪切破坏随着土的性质而不同，一般可分为整体剪切破坏、局部剪切破坏和冲切剪切破坏三种型式。三种不同破坏型式的地基作用荷载 p 和沉降 s 之间的关系，即 p-s 曲线如图 9-15 所示。

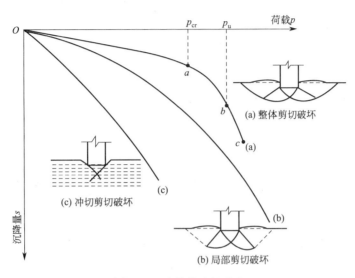

图 9-15 地基的破坏型式

9.3.1.1 整体剪切破坏

对于比较密实的砂土或较坚硬的黏性土，常发生这种破坏类型。其特点是地基中产生连续的滑动面一直延续到地表，基础两侧土体有明显隆起，破坏时基础急剧下沉或向一侧突然倾斜，p-s 曲线有明显拐点，如图 9-15(a) 所示。

9.3.1.2 局部剪切破坏

在中等密实砂土或中等强度的黏性土地基中都可能发生这种破坏类型。局部剪切破坏的特点是基底边缘的一定区域内有滑动面，类似于整体剪切破坏，但滑动面没有发展到地表，基础两侧土体微有隆起，基础下沉比较缓慢，一般无明显倾斜，p-s 曲线拐点不易确定，如图 9-15(b) 所示。

9.3.1.3 冲切剪切破坏

若地基为压缩性较高的松砂或软黏土时，基础在荷载作用下会连续下沉，破坏时地基无明显滑动面，基础两侧土体无隆起也无明显倾斜，基础只是下陷，就像"切入"土中一样，故称为冲切剪切破坏，或称刺入剪切破坏。该破坏形式的 p-s 曲线也无明显的拐点，如图 9-15(c) 所示。

9.3.1.4 地基变形的三个阶段

根据地基从加荷到整体剪切破坏的过程，地基的变形一般经过三个阶段。

（1）弹性变形阶段。当基础上的荷载较小时，地基主要产生压密变形，p-s 曲线接近于直线，如图 9-15(a) 曲线的 *oa* 段，此时地基中任意点的剪应力均小于抗剪强度，土体处于弹性平衡状态。

(2) 塑性变形阶段。在图 9-15(a) 曲线中，拐点 *a* 所对应的荷载称为临塑荷载，用 p_{cr} 表示。当作用荷载超过临塑荷载 p_{cr} 时，首先在基础边缘地基中开始出现剪切破坏，剪切破坏随着荷载的增大而逐渐形成一定的区域，称为塑性区。*p-s* 呈曲线关系，如图 9-15(a) 曲线的 *ab* 段。

(3) 破坏阶段。在图 9-15(a) 曲线中，拐点 *b* 所对应的荷载称为极限荷载，以 p_u 表示。当作用荷载达到极限荷载 p_u 时，地基土体中的塑性区发展到形成一连续的滑动面，若荷载略有增加，基础变形就会突然增大，同时地基土从基础两侧挤出，地基因发生整体剪切破坏而丧失稳定。

9.3.2 地基的临塑荷载与临界荷载

9.3.2.1 临塑荷载

临塑荷载 p_{cr} 是指地基土中即将产生塑性区（即基础边缘将要出现剪切破坏）时对应的基底压力，也是地基从弹性变形阶段转为塑性变形阶段的分界荷载。临塑荷载可根据土中应力计算的弹性理论和土体的极限平衡条件导出。

对于条形基础受均布铅直荷载 *p* 作用，假设土中一点处各个方向的自重应力相等，根据弹性理论和土体的极限平衡条件，临塑荷载 p_{cr} 的计算公式如下：

$$p_{cr} = \frac{\pi(\gamma_m d + c\cot\varphi)}{\cot\varphi - \frac{\pi}{2} + \varphi} + \gamma_m d \tag{9-15}$$

式中　d——基础埋深，m；

　　γ_m——基础底面以上土的加权平均重度，地下水位以下取浮重度，kN/m^3。

其余符号意义同前。

临塑荷载可作为地基承载力特征值，即 $f_a = p_{cr}$。

9.3.2.2 临界荷载

一般情况下，将临塑荷载 p_{cr} 作为地基承载力特征值（或地基容许承载力）是偏于保守的。经验表明，在大多数情况下，即使地基中发生局部剪切破坏，存在塑性变形区，但只要塑性区的范围不超过某一容许限度，就不至影响建筑物的安全和正常使用。地基的塑性区的容许界限深度与建筑类型、荷载性质及土的特性等因素有关。一般认为，在中心荷载作用下，塑性区的最大深度 z_{max} 可控制在基础宽度的 1/4，即 $z_{max} = b/4$，相应的基底压力用 $p_{\frac{1}{4}}$ 表示。在偏心荷载作用下，令 $z_{max} = b/3$，相应的基底压力用 $p_{\frac{1}{3}}$ 表示。$p_{\frac{1}{4}}$ 和 $p_{\frac{1}{3}}$ 统称临界荷载，临界荷载可作为地基承载力特征值，它们的计算公式如下：

$$p_{\frac{1}{4}} = \frac{\pi(\gamma_m d + c\cot\varphi + \frac{1}{4}\gamma b)}{\cot\varphi - \frac{\pi}{2} + \varphi} + \gamma_m d \tag{9-16}$$

$$p_{\frac{1}{3}} = \frac{\pi(\gamma_m d + c\cot\varphi + \frac{1}{3}\gamma b)}{\cot\varphi - \frac{\pi}{2} + \varphi} + \gamma_m d \tag{9-17}$$

式中 b——条形基础宽度，m；

γ——基础底面以下土的重度，地下水位以下取浮重度，kN/m^3。

其余符号意义同前。

临塑荷载 p_{cr}、临界荷载 $p_{\frac{1}{4}}$ 和 $p_{\frac{1}{3}}$ 的计算公式是在条形均布荷载作用下导出的，对于矩形和圆形基础，其结果偏于安全。

【例题 9-2】 有一条形基础，宽度 $b=3m$，埋置深度 $d=1m$。地基土的重度水上 $\gamma=19kN/m^3$，水下饱和重度 $\gamma_{sat}=20kN/m^3$，土的抗剪强度指标 $c=10kPa$，$\varphi=10°$。试求：(1) 无地下水时的临界荷载 $p_{\frac{1}{4}}$；(2) 若地下水位升至基础底面时，地基承载力有何变化。

解：(1) 无地下水时的临界荷载 $p_{\frac{1}{4}}$

$$p_{\frac{1}{4}} = \frac{\pi(\gamma_m d + c\cot\varphi + \frac{1}{4}\gamma b)}{\cot\varphi - \frac{\pi}{2} + \varphi} + \gamma_m d$$

$$= \frac{\pi(19\times1 + 10\cot10° + \frac{1}{4}\times19\times3)}{\cot10° - \frac{\pi}{2} + \frac{10°}{180°}\pi} + 19\times1 = 85.1(kPa)$$

(2) 当地下水位上升至基础底面时，若假设土的强度指标 c、φ 值不变，地下水位以下土的重度采用浮重度 $\gamma'=20-9.8=10.2kN/m^3$，则

$$p_{\frac{1}{4}} = \frac{\pi(\gamma_m d + c\cot\varphi + \frac{1}{4}\gamma' b)}{\cot\varphi - \frac{\pi}{2} + \varphi} + \gamma_m d$$

$$= \frac{\pi(19\times1 + 10\cot10° + \frac{1}{4}\times10.2\times3)}{\cot10° - \frac{\pi}{2} + \frac{10°}{180°}\pi} + 19\times1 = 80.2(kPa)$$

从计算结果可以看出，当有地下水时，会降低地基承载力值。故当地下水位升高较大时，对地基的稳定不利。

9.3.3 地基的极限荷载

地基的极限荷载 p_u（即极限承载力）是指地基濒于发生整体破坏时的最大基底压力，即地基从塑性变形阶段转为破坏阶段的分界荷载。极限荷载的计算理论，根据地基不同的破坏类型有所不同，但目前的计算公式均是按整体剪切破坏模式推导的，只是有的计算公式可根据经验修正后，用于其他破坏模式的计算。下面介绍工程中常用的太沙基公式和汉森公式。

9.3.3.1 太沙基公式

太沙基（K. Terzaghi）在作极限荷载计算公式推导时，假定条件为：①基础为条形浅基础；②基础两侧埋置深度 d 范围内的土重被视为边荷载 $q=\gamma_0 d=\gamma_m d$，而不考虑这部分土的抗剪强度；③基础底面是粗糙的；④在极限荷载 p_u 的作用下，地基中的滑动面如图 9-16 所示，滑动土体共分为五个区（左右对称）：

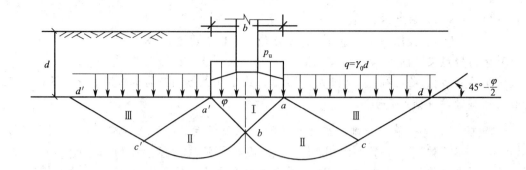

图 9-16   太沙基承载力公式假设的地基滑动面

Ⅰ区——基底下的楔形压密区（$a'ab$），因基底与土体之间的摩擦力，能阻止基底处土体发生剪切位移，因此直接位于基底下的土不会处于塑性平衡状态，而是处于弹性平衡状态。楔体与基底面的夹角为 φ，在地基破坏时该区随基础一同下沉。

Ⅱ区——为辐射受剪区，滑动面 bc 及 bc' 是按对数螺旋线变化所形成的曲面。

Ⅲ区——为朗肯被动土压力区，滑动面 cd 及 $c'd'$ 为直线，它与水平面的夹角为 $45°-\varphi/2$，作用于 ab 和 $a'b$ 面上的力是被动土压力。

根据弹性楔形体 $a'ab$ 的静力平衡条件求得的太沙基极限荷载 p_u 的计算公式为：

$$p_u = cN_c + qN_q + \frac{1}{2}\gamma b N_\gamma \tag{9-18}$$

式中 q——边荷载，$q = \gamma_0 d = \gamma_m d$，kPa；

N_c、N_q、N_γ——承载力系数，仅与土的内摩擦角有关，可由表 9-1 查得。

公式(9-18)适用于条形荷载作用下地基土整体剪切破坏情况，即适用于坚硬黏土和密实砂土。对于地基发生局部剪切破坏的情况，太沙基建议对土的抗剪强度指标进行折减，即取 $c' = 2c/3$、$\tan\varphi' = 2\tan\varphi/3$。根据调整后的指标并由 φ' 查得 N_c、N_q、N_γ，按式(9-18)计算条形基础局部剪切破坏的极限承载力。或者由 φ 查取表 9-1 中的 N'_c、N'_q、N'_γ，按下式计算极限承载力

$$P_u = \frac{2}{3}cN'_c + qN'_q + (1/2)\gamma b N'_\gamma \tag{9-19}$$

表 9-1   太沙基公式承载力系数

$\varphi/(°)$	N_c	N_q	N_r	N'_c	N'_q	N'_r
0	5.7	1.0	0.0	5.7	1.0	0.0
5	7.3	1.6	0.5	6.7	1.4	0.2
10	9.6	2.7	1.2	8.0	1.9	0.5
15	12.9	4.4	2.5	9.7	2.7	0.9
20	17.7	7.4	5.0	11.8	3.9	1.7
25	25.1	12.7	9.7	14.8	5.6	3.2
30	37.2	22.5	19.7	19.0	8.3	5.7
34	52.6	36.5	35.0	23.7	11.7	9.0
35	57.8	41.4	42.4	25.2	12.6	10.1
40	95.7	81.3	100.4	34.9	20.5	18.8

对于圆形或方形基础，太沙基建议用下列半经验公式计算地基极限承载力。

对于方形基础（边长为 b）

整体剪切破坏 $\qquad p_u = 1.2cN_c + qN_q + 0.4\gamma bN_\gamma$ （9-20）

局部剪切破坏 $\qquad p_u = 0.8cN_c' + qN_q' + 0.4\gamma bN_\gamma'$ （9-21）

对于圆形基础（半径为 R）

整体剪切破坏 $\qquad p_u = 1.2cN_c + qN_q + 0.6\gamma RN_\gamma$ （9-22）

局部剪切破坏 $\qquad p_u = 0.8cN_c' + qN_q' + 0.6\gamma RN_\gamma'$ （9-23）

　　按照太沙基公式计算得到的地基极限承载力 p_u 除以安全系数 K，即可得到地基承载力特征值 f_a，一般取安全系数 $K=2\sim3$。

【例题 9-3】 有一条形基础，宽度 $b=6\mathrm{m}$，埋置深度 $d=1.5\mathrm{m}$，其上作用中心荷载 $\overline{P}=1500\mathrm{kN/m}$。地基土质均匀，重度 $\gamma=19\mathrm{kN/m^3}$，土的抗剪强度指标 $c=20\mathrm{kPa}$，$\varphi=20°$，若安全系数 $F_s=2.5$，试验算：（1）地基的稳定性；（2）当 $\varphi=15°$ 时地基的稳定性又如何？

　　解：（1）当 $\varphi=20°$ 时的稳定性验算

求基底压力 $\qquad p = \dfrac{\overline{P}}{b} = 1500/6 = 250\,(\mathrm{kPa})$

　　由 $\varphi=20°$，查表 9-1，得 $N_c=17.7$、$N_q=7.4$ 和 $N_\gamma=5.0$，所以地基的极限荷载 p_u 为：

$$p_u = cN_c + qN_q + \frac{1}{2}\gamma bN_\gamma$$

$$= 20\times17.7 + 19\times1.5\times7.4 + \frac{1}{2}\times19\times6\times5.0 = 849.9\,(\mathrm{kPa})$$

地基承载力特征值为：

$$f_a = \frac{p_u}{K} = \frac{849.9}{2.5} = 340.0\,(\mathrm{kPa})$$

　　因为基底压力 p 小于地基承载力特征值 f_a，所以地基是稳定的。

　　（2）验算 $\varphi=15°$ 时的地基稳定性

　　由 $\varphi=15°$，查表 9-1，得 $N_c=12.9$，$N_q=4.4$，$N_r=2.5$。将各值代入式（9-19），得到地基的极限承载力 p_u 为：

$$p_u = 20\times12.9 + 19\times1.5\times4.4 + \frac{1}{2}\times19\times6\times2.5 = 525.9\,(\mathrm{kPa})$$

$$f_a = \frac{p_u}{K} = \frac{525.9}{2.5} = 210.4\,(\mathrm{kPa})$$

　　此时因为 p 大于 f_a，所以地基稳定性不满足要求。

　　通过计算可以看出，当其他条件不变，仅 φ 由 $20°$ 减小为 $15°$ 时，地基承载力特征值几乎减小一半，可见地基土的内摩擦角 φ 值对地基承载力的影响极大。

9.3.3.2　汉森公式

　　汉森公式是半经验公式，由于适用范围较广，对水利工程有实用意义。

　　汉森公式的基本形式与太沙基公式类似，所不同的是汉森公式中考虑了荷载倾斜、基础形状及基础埋深等的影响，但承载力系数与太沙基公式中不同。

　　汉森公式的常用形式为：

$$p_{uv} = cN_c i_c S_c d_c + qN_q i_q S_q d_q + \frac{1}{2}\gamma b' N_\gamma i_\gamma S_\gamma d_\gamma \qquad (9\text{-}24)$$

式中　　　p_{uv}——垂直地基极限承载力，kPa；

$\qquad\qquad b'$——基础的有效宽度，m，$b' = b - 2e_b$；

$\qquad\qquad e_b$——基础宽度方向的荷载偏心距，m；

N_c、N_q、N_γ——汉森承载力系数，可查表 9-2；

S_γ、S_q、S_c——与基础形状有关的形状系数，其值查表 9-3；

d_c、d_q、d_γ——与基础埋深有关的深度系数：$d_c \approx d_q \approx 1 + 0.35\dfrac{d}{b'}$，$d_\gamma = 1$，此式适用于

$\qquad\qquad d/b' < 1$ 的情况，当 d/b' 很小时，可不考虑此系数；

i_c、i_q、i_γ——与荷载倾角有关的荷载倾斜系数。按土的内摩擦角 φ 与 $\tan\delta$（δ 为荷载
　　　　　　作用线与铅直线的夹角）由表 9-4 查得。

相应水平极限荷载 p_{uh} 的汉森公式为：

$$p_{uh} = p_{uv}\tan\delta \qquad (9\text{-}25)$$

地基承载力特征值（或地基容许承载力）为：

$$f_a = \frac{p_{uv}}{K} \qquad (9\text{-}26)$$

式中　K——安全系数，一般取 2～2.5，对于软弱地基或重要建筑物可大于 2.5。

表 9-2　汉森承载力系数

$\varphi/(°)$	N_c	N_q	N_r	$\varphi/(°)$	N_c	N_q	N_r
0	5.14	1.00	0	24	19.33	9.61	6.90
2	5.69	1.20	0.01	26	22.25	11.83	9.53
4	6.17	1.43	0.05	28	25.80	14.71	13.13
6	6.82	1.72	0.14	30	30.15	18.40	18.09
8	7.52	2.06	0.27	32	35.50	23.18	24.95
10	8.35	2.47	0.47	34	42.18	29.45	34.54
12	9.29	2.97	0.76	36	50.61	37.77	48.08
14	10.37	3.58	1.16	38	61.36	48.92	67.43
16	11.62	4.34	1.72	40	75.36	64.23	95.51
18	13.09	5.25	2.49	42	93.69	85.36	136.72
20	14.83	6.40	3.54	44	118.41	115.35	198.77
22	16.89	7.82	4.96	45	133.86	134.86	240.95

表 9-3　基础形状系数

基础形状	形状系数	
	S_c, S_q	S_r
条形	1.0	1.0
矩形	$1 + 0.3\,b'/L$	$1 - 0.4\,b'/L$
方形及圆形	1.2	0.6

表 9-4　汉森荷载倾斜系数 i_c、i_q、i_γ

$\varphi/(°)$	$\tan\delta$											
	0.1			0.2			0.3			0.4		
	i_c	i_q	i_γ	i_c	i_q	i_γ	i_c	i_q	i_γ	i_c	i_q	i_γ
6	0.53	0.80	0.64									
10	0.75	0.85	0.72									
12	0.78	0.85	0.73	0.44	0.63	0.40						
16	0.81	0.85	0.73	0.58	0.68	0.46						
18	0.82	0.85	0.73	0.61	0.69	0.47	0.36	0.48	0.23			
20	0.82	0.85	0.72	0.63	0.69	0.47	0.42	0.51	0.26			
22	0.82	0.85	0.72	0.64	0.69	0.47	0.45	0.52	0.27	0.22	0.32	0.10
26	0.82	0.84	0.70	0.65	0.68	0.46	0.48	0.53	0.28	0.34	0.38	0.15
28	0.82	0.83	0.69	0.65	0.67	0.45	0.49	0.52	0.27	0.34	0.39	0.15
30	0.82	0.83	0.69	0.65	0.67	0.44	0.49	0.52	0.27	0.35	0.39	0.15
32	0.81	0.82	0.68	0.64	0.66	0.43	0.49	0.51	0.26	0.36	0.39	0.15
34	0.81	0.82	0.67	0.64	0.65	0.42	0.49	0.50	0.25	0.36	0.38	0.14
36	0.81	0.81	0.66	0.63	0.64	0.41	0.48	0.50	0.25	0.36	0.37	0.14
38	0.80	0.80	0.65	0.62	0.63	0.40	0.47	0.49	0.24	0.35	0.37	0.13
40	0.79	0.80	0.64	0.62	0.62	0.36	0.47	0.48	0.23	0.35	0.36	0.13
44	0.78	0.78	0.61	0.59	0.60	0.36	0.44	0.45	0.20	0.32	0.33	0.11
45	0.78	0.78	0.61	0.59	0.60	0.35	0.44	0.44	0.19	0.32	0.33	0.11

【例题 9-4】　某条形水闸基础，地基土的饱和重度 $\gamma_{sat}=21.0\mathrm{kN/m^3}$，湿重度 $\gamma=20\mathrm{kN/m^3}$，地下水位与基底齐平，基土的内摩擦角 $\varphi=16°$，黏聚力 $c=18\mathrm{kPa}$，基础宽度 $b=18\mathrm{m}$，基础埋深 $d=1.6\mathrm{m}$。水闸刚建成未挡水时，垂直总荷载 $P=2055\mathrm{kN/m}$，偏心距 $e_b=0.21\mathrm{m}$。在设计水位时，垂直总荷载 $P=1530\mathrm{kN/m}$，偏心距 $e_b=0.78\mathrm{m}$。总水平荷载为 $300\mathrm{kN/m}$。试按汉森公式分别求出水闸刚建成未挡水时及设计水位情况下地基的容许承载力，并验算该水闸是否安全。

解：（1）水闸刚建成未挡水时，由 $\varphi=16°$，查表 9-2，得 $N_c=11.62$，$N_q=4.34$，$N_\gamma=1.72$。因偏心距 $e_b=0.21\mathrm{m}$，故有效宽度 $b'=b-2e_b b=18-2\times0.21=17.58\mathrm{m}$。由于 d/b' 很小，可不作深度修正。对于条形基础，形状系数 $S_c=S_q=S_\gamma=1$。

由式（9-24）得地基的极限承载力 p_{uv}：

$$p_{uv}=18\times11.62+1.6\times20\times4.34+\frac{1}{2}\times(21-9.8)\times17.58\times1.72=517.4(\mathrm{kPa})$$

取安全系数 $K=2$，则 $f_a=\dfrac{p_{uv}}{K}=\dfrac{517.4}{2}=258.7(\mathrm{kPa})$

而地基实际所受的最大基底压力为

$$p_{max}=\frac{2055}{18}\times\left(1+\frac{6\times0.21}{18}\right)=122.2(\mathrm{kPa})$$

因地基容许承载力 f_a 为 258.7kPa 远大于基底最大压力 122.2kPa，故水闸安全。

（2）当水闸挡水至设计水位时，各承载力系数 N 值不变，但此时必须作荷载倾斜的修正。因偏心距 $e_b=0.78\mathrm{m}$，故有效宽度 $b'=b-2e_b=18-2\times0.78=16.44\mathrm{m}$。

这时 $\tan\delta=\dfrac{300}{1530}=0.2$，根据 $\varphi=16°$ 查表 9-2 得：$i_c=0.58$、$i_q=0.68$、$i_\gamma=0.46$，所以

$$p_{uv}=18\times11.62\times0.58+1.6\times20\times4.34\times0.68+\frac{1}{2}\times(21-9.8)\times16.44\times1.72\times0.46$$

$$=288.6(\mathrm{kPa})$$

仍取安全系数 $K=2$，则 $f_a = \dfrac{p_{uv}}{K} = \dfrac{288.6}{2} = 144.3$（kPa）

而此时地基所受的最大基底压力为

$$p_{max} = \frac{1530}{18} \times \left(1 + \frac{6 \times 0.78}{18}\right) = 107.1（kPa）$$

因此时地基容许承载力 f_a 仍大于基底最大压力，故水闸依然安全。

9.3.4 根据《建筑地基基础设计规范》确定地基承载力特征值

《建筑地基基础设计规范》（GB 50007—2011）规定：地基承载力特征值可由载荷试验或其他原位试验、公式计算，并结合工程实践经验等方法确定。

9.3.4.1 按载荷试验确定地基承载力特征值

对于设计等级为甲级的建筑物或地质条件复杂，土质不均，难以取得原状土样的杂填土、松砂、风化岩石等，采用现场荷载试验法，可以取得较精确可靠的地基承载力数值。

现场载荷试验是用一块承压板代替基础，承压板的面积不应小于 $0.25m^2$，对于软土不应小于 $0.5m^2$。在承压板上施加荷载，观测荷载与承压板的沉降量，根据测试结果绘出荷载与沉降关系曲线，即 $p\text{-}s$ 曲线，并依据下列规定确定地基承载力特征值 f_{ak}：

（1）当 $p\text{-}s$ 曲线上有比例界限时，取该比例界限所对应的荷载值。

（2）当极限荷载小于对应比例界限的荷载值的 2 倍时，取极限荷载值的一半。

（3）当不能按上述两条要求确定时，当承压板面积为 $0.25\sim0.50m^2$，可取沉降量与基础宽度比值 $s/b = 0.01\sim0.015$ 所对应的荷载，但其值不应大于最大加载量的一半。

（4）同一土层参加统计的试验点不应少于三点，当试验实测值的极差不超过其平均值的 30% 时，取此平均值作为该土层的地基承载力特征值 f_{ak}。

9.3.4.2 按其他原位试验确定地基承载力特征值

（1）静力触探试验。

静力触探试验是利用机械或油压装置将一个内部装有传感器的探头以一定的匀速压入土中，由于地层中各土层的强度不同，探头在贯入过程中所受到的阻力也不同，用电子量测仪器测出土的比贯入阻力。土愈软，探头的比贯入阻力愈小，土的强度愈低；土愈硬，探头的比贯入阻力愈大，土的强度愈高。根据比贯入阻力与地基承载力之间的关系确定地基承载力特征值。这种方法一般适用于软黏土、一般黏性土、砂土和黄土等，但不适用于含碎石、砾石较多的土层和致密的砂土层。最大贯入深度为 30m。

静力触探试验目前在国内应用较广，我国不少单位通过对比试验，已建立了不少经验公式。不过这类经验公式具有很大的地区性，因此，在使用时要注意所在地区的适用性与土层的相似性。

（2）标准贯入试验。标准贯入试验是先用钻机钻孔，再把上端接有钻杆的标准贯入器放置孔底，然后用质量 63.5kg 的穿心锤，以 76cm 的自由落距，将标准贯入器在孔底先预打入土中 15cm，再测记打入土中 30cm 的锤击数，称为标准贯入锤击数 N。标准贯入锤击数 N 越大，说明土越密实，强度越大，承载力越高。利用标准贯入锤击数与地基承载力之间的关系，可以得出相应的地基承载力特征值。标准贯入试验适用于砂土、粉土和一般黏性土。

（3）动力触探试验。动力触探试验与标准贯入试验基本相同，都是利用一定的落锤能量，将一定规格的探头连同探杆打入土中，根据探头在土中贯入一定深度的锤击数，来确定各类土的地基承载力特征值。它与标准贯入试验不同的是采用的锤击能量、探头的规格及贯入深度不同。动力触探试验根据锤击能量及探头的规格分为轻型、重型和超重型三种。轻型动力触探适用于浅部的填土、砂土、粉土和黏性土；重型动力触探适用于砂土、中密以下的碎石土、极软岩；超重型适用于密实和很密的碎石土、软岩和极软岩。

除载荷试验外，静力触探、标准贯入试验和动力触探试验等原位试验，在我国已积累了丰富的经验，《建筑地基基础设计规范》（GB 50007—2011）允许将其应用于确定地基承载力特征值，但是强调必须有地区经验，即当地的对比资料。同时还应注意，当地基基础设计等级为甲级和乙级时，应结合室内试验成果综合分析，不宜独立应用。

9.3.4.3 按公式计算确定地基承载力特征值

《建筑地基基础设计规范》（GB 50007—2011）建议：当偏心距 e 小于或等于 0.033 倍的基底宽度时，可根据土的抗剪强度指标按式（9-27）确定地基承载力特征值 f_a，但尚应满足变形要求。

$$f_a = M_b \gamma b + M_d \gamma_m d + M_c c_k \qquad (9-27)$$

式中　M_b、M_d、M_c——承载力系数，可由土的内摩擦角标准值 φ_k 查表 9-5；

$\quad b$——基础底面宽度，当大于 6m 时按 6m 取值，对于砂土小于 3m 按 3m 取值；

$\quad \gamma$——基础底面以下土的重度，地下水位以下取浮重度，kN/m^3；

$\quad \gamma_m$——基础底面以上土的加权平均重度，地下水位以下取浮重度，kN/m^3；

$\quad c_k$——基础底面以下一倍短边宽深度范围内土的黏聚力标准值。

表 9-5 承载力系数 M_b、M_d、M_c

土的内摩擦角标准值 φ_k/(°)	M_b	M_d	M_c
0	0	1.00	3.14
2	0.03	1.12	3.32
4	0.06	1.25	3.51
6	0.1	1.39	3.71
8	0.14	1.55	3.93
10	0.18	1.73	4.17
12	0.23	1.94	4.42
14	0.29	2.17	4.69
16	0.36	2.43	5.00
18	0.43	2.72	5.31
20	0.51	3.06	5.66
22	0.61	3.44	6.04
24	0.80	3.87	6.45
26	1.10	4.37	6.90
28	1.40	4.93	7.40
30	1.90	5.59	7.95
32	2.60	6.35	8.55
34	3.40	7.21	9.22
36	4.20	8.25	9.97
38	5.00	9.44	10.80
40	5.80	10.84	11.73

注：φ_k——基础底面以下一倍短边宽深度范围内土的内摩擦角标准值。

9.3.4.4 按经验方法确定地基承载力

对于简单场地上，荷载不大的中小工程，可根据邻近条件相似的建筑物的设计和使用情况，进行综合分析确定其地基承载力特征值。

9.3.4.5 地基承载力特征值的修正

地基承载力除了与土的性质有关外，还与基础底面尺寸及埋深等因素有关。《建筑地基基础设计规范》（GB 50007—2011）规定，当基础的宽度 b 大于 3m，或者基础的埋置深度 d 大于 0.5m 时，从载荷试验或其他原位测试、经验值等方法确定的地基承载力特征值 f_{ak} 尚需按式（9-28）进行修正，即：

$$f_a = f_{ak} + \eta_b \gamma (b-3) + \eta_d \gamma_m (d-0.5) \tag{9-28}$$

式中　f_a——修正后的地基承载力特征值，kPa；

f_{ak}——修正前的地基承载力特征值，kPa；

η_b、η_d——基础宽度和埋深的承载力修正系数，按基底土的类别从表 9-6 中查取；

b——基础宽度，当基础宽度小于 3m 按 3m 计，大于 6m 按 6m 计；

d——基础埋置深度，m，一般自室外地面标高算起。在填方整平地区，可自填土地面标高算起，但填土在上部结构施工后完成时，应从天然地面标高算起。对于地下室，如采用箱形基础或筏基时，基础埋深自室外地面标高算起，当采用独立基础或条形基础时，应从室内地面标高算起。

表 9-6　基础宽度和埋深的承载力修正系数

土 的 类 别		η_b	η_d
淤泥和淤泥质土		0	1.0
人工填土 e 或 I_L 大于等于 0.85 的黏性土		0	1.0
红黏土	含水比 $\alpha_w > 0.8$	0	1.2
	含水比 $\alpha_w \leq 0.8$	0.15	1.4
大面积压实填土	压实系数大于 0.95、黏粒含量 $\rho_c \geq 10\%$ 的粉土	0	1.5
	最大干密度大于 2.1t/m³ 的级配砂石	0	2.0
粉土	黏粒含量 $\rho_c \geq 10\%$ 的粉土	0.3	1.5
	黏粒含量 $\rho_c < 10\%$ 的粉土	0.5	2.0
e 及 I_L 均小于 0.85 的黏性土		0.3	1.6
粉砂、细砂（不包括很湿和饱和时的稍密状态）		2.0	3.0
中砂、粗砂、砾砂和碎石土		3.0	4.4

注：1. 强风化和全风化的岩石，可参照所风化成的相应土类取值，其他状态下的岩石不修正。

2. 地基承载力特征值按（GB 50007—2011）附录 D 深层载荷试验时，η_d 取 0。

本章小结

土的抗剪强度与地基承载力是土力学的基本内容之一，也是建筑物基础设计计算的基本内容之一。无论是天然地基还是人工地基都需要确定土的抗剪强度与地基承载力，地基承载力是建筑物基础设计的主要依据。

本章内容主要包括土的抗剪强度与极限平衡条件、土的抗剪强度指标的测定方法及地基承载力。

（1）土的抗剪强度。土的抗剪强度是指土体抵抗剪切破坏的极限能力。其表达式也称为库仑定律，即：

$$\tau_f = \sigma \tan\varphi + c$$

（2）土的极限平衡条件式。土的极限平衡状态是指土体在某一剪切面上的剪应力达到土的抗剪强度时（$\tau_f = \tau$），该点所处的应力状态。此时，土的莫尔圆与库仑直线相切。

土的极限平衡条件式为在极限平衡条件下，土中某一点所承受的大主应力 σ_1 和小主应力 σ_3 之间的关系式。其表达式为：

$$\sigma_{1f} = \sigma_3 \tan^2\left(45° + \frac{\varphi}{2}\right) + 2c\tan\left(45° + \frac{\varphi}{2}\right)$$

$$\sigma_{3f} = \sigma_1 \tan^2\left(45° - \frac{\varphi}{2}\right) - 2c\tan\left(45° - \frac{\varphi}{2}\right)$$

用土的极限平衡条件式可以判断土中任一点的应力是否达到破坏状态。

（3）抗剪强度指标的测定。土的抗剪强度的试验方法一般分室内试验和现场试验两类。室内试验常用的有直接剪切试验、三轴压缩试验、无侧限抗压强度试验等；现场常用的有十字板剪切试验等。不同的试验方法、不同的排水条件测得的抗剪强度指标完全不同。在实际应用中，要考虑土体的实际受力情况和排水条件等因素，尽量选用试验条件与实际工程条件相一致的强度指标。

（4）地基的破坏类型与变形阶段。在荷载作用下，建筑物地基的破坏形式分为整体剪切破坏、局部剪切破坏和冲切剪切破坏三种。对整体剪切破坏其破坏过程分为三个变形阶段，即弹性变形阶段、塑性变形阶段和破坏阶段。对应有两个荷载，即临塑荷载 p_{cr} 和极限荷载 p_u。

（5）地基承载力的确定。地基承载力是指地基单位面积上所能承受荷载的能力；地基极限承载力是指地基发生剪切破坏丧失整体稳定时的地基承载力；地基容许承载力则是满足土的强度稳定和变形要求时的地基承载力。

《建筑地基基础设计规范》GB 50007—2011）中将地基容许承载力称为地基承载力特征值。地基承载力特征值可由载荷试验或其他原位试验、公式计算，并结合工程实践经验等方法确定。

习 题

[9-1] 某土样剪切试验成果见下表，试画出库仑强度线，求 c、φ 值。

试样编号	1	2	3	4
法向应力/kPa	100	200	300	400
抗剪强度/kPa	101	155	210	264

（参考答案：$c = 50$kPa，$\varphi = 29°$）

[9-2] 设砂基中某点的大主应力 $\sigma_1 = 300$kPa，小主应力 $\sigma_3 = 200$kPa，砂土的内摩擦角 $\varphi = 20°$，问该点处于什么状态？　　　　　　　　　　　　　（参考答案：稳定状态）

[9-3] 某土样的内摩擦角 $\varphi = 26°$，黏聚力 $c = 20$kPa，承受大主应力 $\sigma_1 = 480$kPa，小主

应力 $\sigma_3 = 150\text{kPa}$，试判断该土样是否达到极限平衡状态？

（参考答案：已达到极限平衡状态）

[9-4] 某饱和黏土进行三轴固结不排水剪切试验，测得四个试样剪损时的最大主应力、最小主应力和孔隙水压力见下表。试用总应力法和有效应力法确定土的抗剪强度指标。

σ_1/kPa	145	228	310	401
σ_3/kPa	60	100	150	200
u/kPa	31	55	92	120

（答案：$\varphi_{cu} = 16.5°$、$c_{cu} = 15\text{kPa}$；$\varphi' = 33°$、$c' = 5\text{kPa}$）

[9-5] 某条形基础的宽度 $b = 1.2\text{m}$，基础埋深 $d = 2.5\text{m}$，地基土为均质土，湿重度为 $\gamma = 18\text{kN/m}^3$，内摩擦角为 $\varphi = 16°$，黏聚力为 $c = 10\text{kPa}$，地下水位埋藏很深，试求地基土的临塑荷载 p_{cr} 和临界荷载 $p_{1/4}$。

（参考答案：$p_{cr} = 159.2\text{kPa}$，$p_{1/4} = 166.9\text{kPa}$）

[9-6] 某条形基础的宽度 $b = 3\text{m}$，基础埋深 $d = 1\text{m}$，地基土的重度 $\gamma = 19\text{kN/m}^3$，黏聚力为 $c = 1.0\text{kPa}$，内摩擦角为 $\varphi = 10°$，试按太沙基公式求：

① 地基的极限荷载；

② 地下水位上升到基础底面时，极限荷载的变化。

（参考答案：95.1kPa，变小）

10 土 压 力

本章提要

在各种工程实践中，常常需要计算作用在挡土墙上的侧压力，其中最主要的是土压力。土压力计算是建立在土的强度理论基础之上的。本章将重点讲述各种条件下挡土墙朗肯和库仑土压力理论，并简要介绍了重力式挡土墙的选型、构造要求与计算方法。

本章重点是朗肯和库仑土压力理论以及重力式挡土墙设计。

10.1 挡土墙上的土压力

土压力通常是指挡土墙后的填土因自重或外荷载作用对墙背产生的侧压力。由于土压力是挡土墙的主要外荷载，因此，设计挡土墙时首先要确定土压力的性质、大小、方向和作用点。土压力计算是一个比较复杂的问题，它随挡土墙可能位移的方向分为主动土压力、被动土压力和静止土压力。土压力的大小还与墙后土体的性质，墙背倾斜方向等因素有关。

挡土墙是防止土体坍塌的构筑物，在房屋建筑、水利、港口、交通等工程中得到广泛应用，如图 10-1 所示。

10.1.1 土压力的类型

根据挡土墙的位移情况和墙后土体所处的应力状态，土压力可分为以下三类。

（1）主动土压力。当挡土墙向离开土体方向偏移至土体达到极限平衡状态时，作用在墙背上的土压力称为主动土压力，如图 10-2(a) 所示。主动土压力强度用 σ_a 表示，作用在每延米长挡土墙上的主动土压力合力用 E_a 表示。

（2）被动土压力。当挡土墙向土体方向偏移至土体达到极限平衡状态时，作用在墙背上的土压力称为被动土压力，如图 10-2(b) 所示。被动土压力强度用 σ_p 表示，被动土压力的合力用 E_p 表示。

（3）静止土压力。当挡土墙静止不动，墙后土体处于弹性平衡状态时，作用在墙背上的土压力称为静止土压力，如图 10-2(c) 所示。静止土压力强度用 σ_0 表示，静止土压力的合

力用 E_0 表示。

实验表明：在相同条件下，被动土压力 E_p 最大，主动土压力 E_a 最小，静止土压力 E_0 介于两者之间，即 $E_p > E_0 > E_a$，而且产生被动土压力所需的位移 Δ_p 大大超过产生主动土压力的位移 Δ_a，如图 10-3 所示。

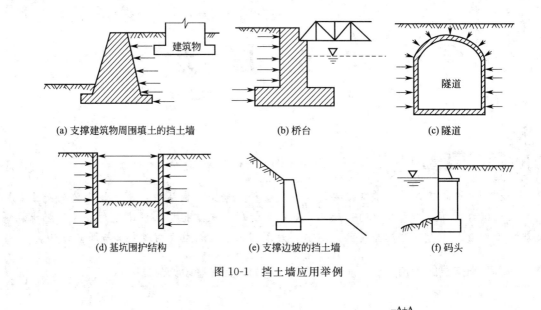

(a) 支撑建筑物周围填土的挡土墙   (b) 桥台   (c)隧道

(d) 基坑围护结构   (e) 支撑边坡的挡土墙   (f) 码头

图 10-1 挡土墙应用举例

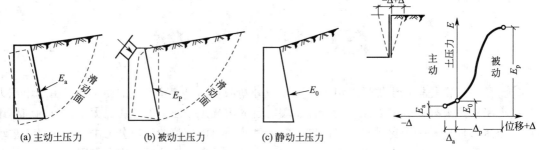

(a) 主动土压力   (b) 被动土压力   (c) 静动土压力

图 10-2 作用在挡土墙上的三种土压力   图 10-3 墙身位移与土压力的关系

10.1.2 静止土压力计算

由于挡土墙一般都是条形构筑物，计算土压力时可以取一延米的挡土墙进行分析。对于静止土压力可按以下方法计算。在填土表面下任意深度 z 处取一微单元体，如图 10-4 所示，其上作用着土的竖向自重应力 γz，则该处的静止土压力强度 σ_0 可用下式计算，即

$$\sigma_0 = K_0 \gamma z \qquad (10-1)$$

式中 γ——土的重度，kN/m^3；

       K_0——静止土压力系数（或称土的静止侧压力系数）。

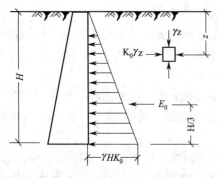

图 10-4 静止土压力的分布

理论上 $K_0 = \mu / (1-\mu)$，实际中 K_0 可通过试验

测定，若无试验资料时，也可近似按 $K_0 = 1 - \sin\varphi'$（φ' 为土的有效内摩擦角）计算。

由式(10-1) 可知，静止土压力沿墙高 H 为三角形分布，静止土压力的合力 E_0 应为静止土压力分布图形的面积，即

$$E_0 = \frac{1}{2}\gamma H^2 K_0 \tag{10-2}$$

E_0 的单位为 kN/m，作用点距墙底为 $H/3$，方向水平，如图 10-4 所示。

10.2 朗肯土压力理论

10.2.1 基本原理

朗肯土压力理论是根据半无限土体内的应力状态和土的极限平衡条件得出的土压力计算方法。图 10-5(a) 表示半无限土体内的微单元体，在离地表 z 处取一微单元体 M，当整个土体都处于静止状态时，各点都处于弹性平衡状态。若土的重度为 γ，显然 M 单元体水平截面上的法向应力 $\sigma_z = \gamma z$；而竖直截面上的水平法向应力 σ_x 相当于静止土压力强度 $K_0 \gamma z$。由于半无限土体内每一竖直面都是对称面，因此竖直截面和水平截面上的剪应力为零，因而相应截面上的法向应力 σ_z 和 σ_x 都是主应力，此时的应力状态用莫尔圆表示为如图 10-5(b) 所示的圆 I，由于该点处于弹性平衡状态，故莫尔圆没有和抗剪强度线相切。

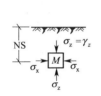

(a) 半无限土体内的微单元体

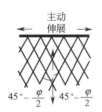

(c) 半无限土体的主动郎肯状态

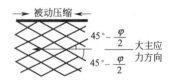

(d) 半无限土体的被动郎肯状态

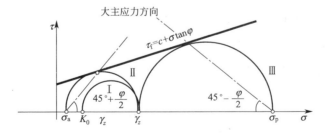

(b) 用莫尔圆表示主动和被动郎肯状态

图 10-5 半无限土体的极限平衡状态

设想由于某种原因使整个土体在水平方向均匀地伸张或压缩，使土体由弹性平衡状态转为塑性平衡状态。如果土体在水平方向伸张，则 M 单元竖直截面上的法向应力 σ_x 将逐渐减小，而在水平截面上的法向应力 σ_z 是不变的，当满足极限平衡条件时，即莫尔圆与抗剪强度线相切，如图 10-5(b) 圆 II 所示，称为主动朗肯状态，此时 σ_x 达到低限值是小主应力 σ_3，而 σ_z 是大主应力 σ_1。反之，如果土体在水平方向压缩，那么 σ_x 不断增大，而 σ_z 仍保持不

变，直到满足极限平衡条件，称为被动朗肯状态，这时 σ_x 达到极限值，是大主应力 σ_1，而 σ_z 是小主应力 σ_3，莫尔圆为图 10-5(b) 中的圆为Ⅲ。

由于土体处于主动朗肯状态时 σ_1 所作用的面是水平面，故剪切破坏面与竖直面的夹角为 $(45°-\varphi/2)$[图 10-5(c)]；当土体处于被动朗肯状态时 σ_1 所作用的面是竖直面，因而，剪切破坏面与水平面的夹角为 $(45°-\varphi/2)$[图 10-5(d)]。

朗肯将上述原理应用于挡土墙的土压力计算中，设想用墙背竖直且光滑的挡土墙代替半无限土体左边的土（图 10-6），则墙背与土的接触面上满足剪应力为零的边界应力条件及产生主动或被动朗肯状态的边界变形条件。由此可推导出主动和被动土压力的计算公式。

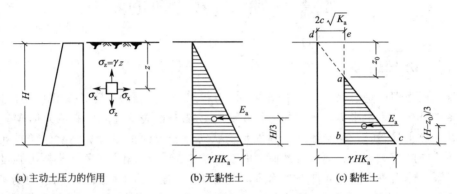

(a) 主动土压力的作用   (b) 无黏性土   (c) 黏性土

图 10-6　均质填土的主动土压力

10.2.2　主动土压力

根据主动土压力的概念与朗肯土压力理论的基本原理，相当于已知墙背上任意深度 z 处的竖向应力 σ_z 是大主应力 σ_1，来求解达到极限平衡时的水平应力 $\sigma_x=\sigma_3$，就是主动土压力强度 σ_a。根据极限平衡方程 $\sigma_3=\sigma_1\tan^2(45°-\varphi/2)-2c\tan(45°-\varphi/2)$ 可得：

$$\sigma_a=\sigma_z K_a-2c\sqrt{K_a} \tag{10-3}$$

式中　K_a——朗肯主动土压力系数，$K_a=\tan^2(45°-\varphi/2)$；

　　　　c——填土的黏聚力，kPa；

　　　　φ——填土的内摩擦角，(°)。

10.2.2.1　均质填土的主动土压力

对于墙后土体重度为 γ 的均质填土情况，如图 10-6 所示，此时墙背处任一点的竖向应力 $\sigma_z=\gamma z$，代入式(10-3) 得：

$$\sigma_a=\gamma z K_a-2c\sqrt{K_a} \tag{10-4}$$

(1) 当填土为无黏性土（$c=0$）时，主动土压力强度与深度 z 成正比，沿墙高呈三角形分布，如图 10-6(b) 所示。主动土压力合力大小为土压力分布图形的面积，即

$$E_a=\frac{1}{2}\gamma H^2 K_a \tag{10-5}$$

E_a 方向水平指向墙背，作用点距墙底为 $H/3$。

(2) 若填土为黏性土和粉土（$c>0$），当 $z=0$（墙顶处）时，$\sigma_a=-2c\sqrt{K_a}<0$，即出现拉应力区；$z=H$ 时，$\sigma_a=\gamma H K_a-2c\sqrt{K_a}$。因此，对于黏性土和粉土在墙背上将出现压力为零的 a 点，a 点离填土面的深度 z_0 常称为临界深度，可令式(10-4) 为零求得

z_0 值，即

$$z_0 = \frac{2c}{\gamma \sqrt{K_a}} \tag{10-6}$$

由于墙与土体为接触关系，实际上墙与土在很小的拉力作用下就会分离，故在计算土压力时，这部分应忽略不计，因此黏性土和粉土的土压力分布仅为 abc 部分，如图 10-6(c) 所示，其主动土压力合力大小为 abc 部分的面积，即

$$E_a = \frac{1}{2}(\gamma H K_a - 2c \sqrt{K_a})(H - z_0) \tag{10-7}$$

E_a 方向水平指向墙背，作用点距墙底为 $(H - Z_0)/3$。

【例题 10-1】 有一挡土墙，高 5m，墙背直立、光滑，填土面水平。填土的物理力学指标如下：$c = 10\text{kPa}$，$\varphi = 20°$，$\gamma = 18\text{kN/m}^3$。试绘出主动土压力分布图，并求出主动土压力的合力大小，指出其方向与作用点的位置。

解：按朗肯土压力理论 $K_a = \tan^2(45° - \varphi/2) = \tan^2(45° - 20°/2) = 0.49$

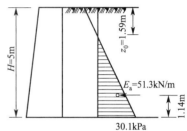

图 10-7　[例题 10-1] 附图

在墙底处的主动力土压力强度为

$$\sigma_a = \gamma H K_a - 2c \sqrt{K_a} = 18 \times 5 \times 0.49 - 2 \times 10 \times \sqrt{0.49}$$
$$= 30.1(\text{kPa})$$

临界深度为

$$z_0 = 2c/(\gamma \sqrt{K_a})$$
$$= 2 \times 10/(18 \times \sqrt{0.49}) = 1.59(\text{m})$$

主动土压力强度的分布图如图 10-7 所示。

$$E_a = (H - z_0)(\gamma H K_a - 2c \sqrt{K_a})/2$$
$$= (5 - 1.59)(18 \times 5 \times 0.49 - 2 \times 10 \times \sqrt{0.49})/2$$
$$= 51.3(\text{kN/m})$$

E_a 方向水平指向墙背，作用点距墙底为 $(H - Z_0)/3 = (5 - 1.59)/3 = 1.14\text{m}$。

10.2.2.2　成层填土的主动土压力

当墙后填土为成层土时，式(10-3) 中 $\sigma_z = \sum \gamma_i h_i$，即

$$\sigma_a = \sum \gamma_i h_i K_a - 2c \sqrt{K_a} \tag{10-8}$$

对于成层土由上式计算出各土层上、下层面处的主动土压力强度，绘出土压力分布图，其主动土压力的合力 E_a 为土压力压力分布图的面积，E_a 方向水平指向墙背，作用点可通过求合力矩的方法求出，详见 [例题 10-2]。

10.2.2.3　填土表面有垂直均布荷载作用时的主动土压力

当填土表面有垂直均布荷载 q 作用时，任一深度 z 处的竖向应力 $\sigma_z = \gamma z + q$，代入式 (10-3) 可得：

$$\sigma_a = (q + \gamma z)K_a - 2c \sqrt{K_a} \tag{10-9}$$

由上式计算出主动土压力强度，绘出土压力分布图，其主动土压力的合力 E_a 为土压力压

力分布图的面积，E_a 方向水平指向墙背，作用点可通过求合力矩的方法求出，详见例题 10-2。

【例题 10-2】 某挡土墙后填土为两层砂土，填土表面作用有连续均布荷载 $q=20\text{kPa}$，如图 10-8 所示，试绘出主动土压力分布图，并求出主动土压力的合力大小，指出其方向与作用点的位置。

解：根据朗肯土压力理论

$$K_{a1}=\tan^2(45°-\varphi_1/2)=\tan^2(45°-30°/2)=0.333$$

$$K_{a2}=\tan^2(45°-\varphi_2/2)=\tan^2(45°-35°/2)=0.271$$

（1）填土表面的主动土压力强度：$\sigma_a=qK_{a1}=20\times0.333=6.66$（kPa）

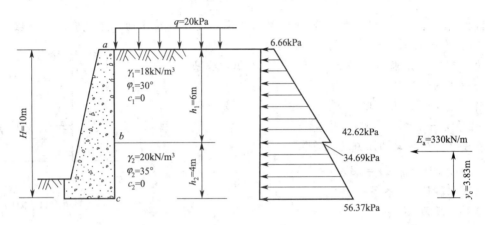

图 10-8 ［例题 10-2］附图

（2）第一层底部的主动土压力强度：

$$\sigma_a=(q+\gamma_1h_1)K_{a1}=(20+18\times6)\times0.333=42.62(\text{kPa})$$

（3）第二层顶部的主动土压力强度

$$\sigma_a=(q+\gamma_1h_1)K_{a2}=(20+18\times6)\times0.271=34.69(\text{kPa})$$

（4）第二层底部的主动土压力强度

$$\sigma_a=(q+\gamma_1h_1+\gamma_2h_2)K_{a2}=(20+18\times6+20\times4)\times0.271=56.37(\text{kPa})$$

主动土压力分布，如图 10-8 所示。

由主动土压力分布图求得主动土压力的合力 E_a 为：

$$E_a=6.66\times6+(42.62-6.66)\times6/2+34.69\times4+(56.37-34.69)\times4/2$$

$$=39.96+107.88+138.76+43.36=330.0(\text{kN/m})$$

E_a 方向水平指向墙背，设其作用点距墙底为，y_c 则

$$y_c=[39.96\times(4+3)+107.88\times(4+2)+138.76\times2+43.36\times4/3]/330.0=3.83(\text{m})$$

10.2.2.4 墙后填土中有地下水时的总压力

当墙后填土有地下水时，作用在墙背上的总压力 E 为主动土压力 E_a 与水压力 E_w 之和。计算主动土压力时，一般可忽略水对砂土内摩擦角的影响，但计算竖向应力 σ_z 时，水位以下应采用浮重度 γ'。在墙底处水压力强度为 $\gamma_w H_2$，如图 10-9 所示，水压力合力 E_w 为：

$$E_w=\frac{1}{2}\gamma_w H_2^2 \tag{10-10}$$

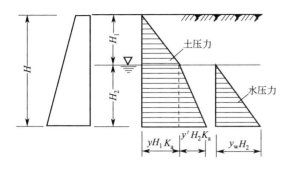

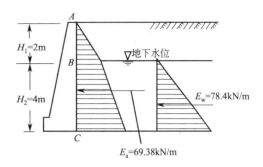

图 10-9 填土中有地下水时的主动土压力分布   图 10-10 [例题 10-3]附图

【例题 10-3】 某挡土墙高 6m，墙背直立、光滑，无黏性填土表面水平，如图 10-10 所示。地下水位距填土表面 2m，地下水位以上土的重度 $\gamma=18\text{kN/m}^3$，地下水位以下土的饱和重度 $\gamma_{\text{sat}}=19.3\text{kN/m}^3$，填土的内摩擦角 $\varphi=35°$，试计算作用在挡土墙上的主动土压力与水压力。

解：根据朗肯土压力理论

$$K_a=\tan^2(45°-\varphi/2)=\tan^2(45°-35°/2)=0.271$$

由式(10-3) 分别计算图 10-10A、B、C 三点处的主动土压力强度分别为：

A 点：$\sigma_{aA}=0$

B 点：$\sigma_{aB}=\gamma H_1 K_a=18\times2\times0.271=9.76(\text{kPa})$

C 点：$\sigma_{aC}=(\gamma H_1+\gamma' H_2)K_a=[18\times2+(19.3-9.8)\times4]\times0.271=20.05(\text{kPa})$

主动土压力分布，如图 10-10 所示。

由主动土压力分布图求得主动土压力的合力 E_a 为：

$$E_a=\frac{1}{2}\times9.76\times2+9.76\times4+\frac{1}{2}(20.05-9.76)\times4$$
$$=9.76+39.04+20.58=69.38(\text{kN/m})$$

水压力从地下水位到墙底为三角形分布，其合力为：

$$E_w=\frac{1}{2}\gamma_w H_2^2=\frac{1}{2}\times9.8\times4^2=78.40(\text{kN/m})$$

墙背上的总压力为：

$$E=E_a+E_w=69.38+78.40=147.78(\text{kN/m})$$

E 方向水平指向墙背，设其作用点距墙底为，y_c 则

$$y_c=\frac{9.76\times(4+2/3)+39.04\times2+20.58\times4/3+78.40\times4/3}{69.38+78.40}=1.73(\text{m})$$

10.2.3 被动土压力

根据被动土压力的概念与朗肯土压力理论的基本原理，相当于已知墙背上任意深度 z 处的竖向应力 σ_z 为小主应力 σ_3，来求解达到极限平衡时的水平应力 $\sigma_x=\sigma_1$，就是被动土压力强度 σ_p。根据极限平衡方程 $\sigma_1=\sigma_3\tan^2(45°+\varphi/2)+2c\tan(45°+\varphi/2)$ 可得：

$$\sigma_p=\sigma_z K_p+2c\sqrt{K_p} \tag{10-11}$$

式中 K_p——朗肯被动土压力系数，$K_p=\tan^2(45°+\varphi/2)$。

10.2.3.1 均质无黏性土的被动土压力

当填土为均质无黏性土（$c=0$）时，墙背处任一点的竖向应力 $\sigma_z=\gamma z$，被动土压力强度与深度 z 成正比，沿墙高呈三角形分布，如图 10-11(b) 所示。被动土压力合力大小为土压力分布图形的面积，即

$$E_p=\frac{1}{2}\gamma H^2 K_p \tag{10-12}$$

E_p 方向水平指向墙背，作用点距墙底为 $H/3$。

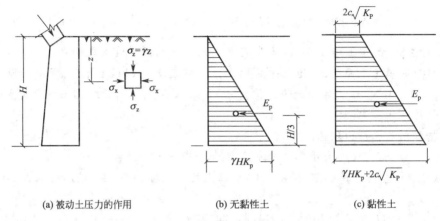

| (a) 被动土压力的作用 | (b) 无黏性土 | (c) 黏性土 |

图 10-11 均质填土的被动土压力

10.2.3.2 均质黏性土的被动土压力

当填土为均质黏性土时，由式(10-11) 得：在墙顶处，竖向应力 $\sigma_z=0$，则 $\sigma_p=2c\sqrt{K_p}$；在墙底处，$\sigma_z=\gamma H$，则 $\sigma_p=\gamma H K_p+2c\sqrt{K_p}$，被动土压力为梯形分布，如图 10-11 所示。被动土压力合力大小为土压力分布图形的面积，即

$$E_p=\frac{1}{2}\gamma H^2 K_p+2cH\sqrt{K_p} \tag{10-13}$$

E_p 方向水平指向墙背，作用点通过梯形分布图的形心。

10.3 库仑土压力理论

10.3.1 基本原理

库仑土压力理论是根据墙后土体处于极限平衡状态并形成一滑动楔体时，从楔体的静力平衡条件得出的土压力计算理论。其基本假设：①墙后的填土是理想的散粒体（黏聚力 $c=0$）；②滑动破坏面为一平面。

10.3.2 主动土压力

一般挡土墙的计算均属于平面应变问题，均沿墙的长度方向取 1m 进行分析，如图 10-

12(a) 所示。当墙向前移动或转动而使墙后土体沿某一破坏面 BC 破坏时，土楔 ABC 向下滑动而处于主动极限平衡状态。此时，作用于土楔 ABC 上的力有：

(1) 滑动楔体 ABC 的自重 G，若 θ 角为已知，则 G 的大小、方向及作用点均为已知。

(2) 滑动面 BC 上的反力 R，它与 BC 面法线间夹角为土的内摩擦角 φ，位于法线的下侧。滑动面 BC 上的反力 R 方向已知，大小未知。

(3) 墙背 AB 对土楔体的反力 E，与该力大小相等、方向相反，作用在墙上的土压力即为主动土压力。E 的方向与墙背法线间夹角为土对挡土墙背的摩擦角 δ，位于法线的下侧，该力方向已知，但大小未知。

当土楔体 ABC 处于极限平衡状态（即将滑动）时，根据静力平衡条件，G、E、R 三力构成一闭合的力矢三角形，如图 10-12(b)，按正弦定律可知：

$$E = G\sin(\theta-\varphi)/\sin(\theta-\varphi+\psi) \tag{10-14}$$

式中，$\psi = 90° - \alpha - \delta$。

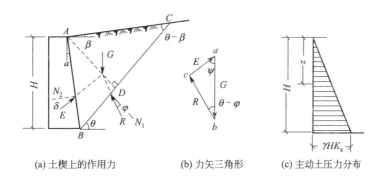

(a) 土楔上的作用力　　　(b) 力矢三角形　　　(c) 主动土压力分布

图 10-12　按库仑土压力理论求主动土压力

由式(10-14) 可知，当 α、β 及填土的性质均为已知时，E 的大小仅取决于滑动面的倾角 θ。即 θ 变化，E 也变化，

相应于 E 最大时的倾斜面，才是最危险的滑动，此时与 E_{max} 大小相等，方向相反作用在墙背上的力 E_a，才是所求的总主动土压力。为此，令 $\mathrm{d}E/\mathrm{d}\theta = 0$，求出 θ 值，代入式(10-14)，整理得：

$$E_a = \frac{1}{2}\gamma H^2 K_a \tag{10-15}$$

其中：

$$K_a = \frac{\cos^2(\varphi-\alpha)}{\cos^2\alpha\cos(\alpha+\delta)\left[1+\sqrt{\dfrac{\sin(\varphi+\delta)\sin(\varphi-\beta)}{\cos(\alpha+\delta)\cos(\alpha-\beta)}}\right]^2} \tag{10-16}$$

式中　K_a——库仑主动土压力系数，是 φ、α、β、δ 角的函数，可由上式计算，也可以参见其他参考书查表；

　　　H——挡土墙高度，m；

　γ、φ——分别为墙后填土的重度，kN/m³，及内摩擦角，(°)；

　　　α——墙背的倾斜角，(°)，俯斜时取正号，仰斜时为负号；

　　　β——墙后填土面的倾角，(°)；

　　　δ——土对挡土墙背的摩擦角，称为外摩擦角，(°)，可按以下规定取值：俯斜的混凝土或砌体墙取（1/2～2/3）φ；台阶形墙背取（2/3）φ；垂直混凝土或砌体墙取 $\varphi/3$～$\varphi/2$。

当符合朗肯土压力条件（即 $\alpha=\beta=\delta=0$）时，由公式(10-16)可得 $K_a = \tan^2(45°-\varphi/2)$。由此可见，在特定条件下，朗肯土压力理论与库仑土压力理论所得的结果是相同的。

由式(10-15)可知主动土压力合力与墙高的平方成正比，为求得离墙顶为任意深度 z 处的主动土压力强度 σ_a，可将 E_a 对 z 取导数而得，即

$$\sigma_a = \frac{dE_a}{dz} = \gamma z K_a \tag{10-17}$$

由上式可见，主动土压力强度沿墙高成三角形分布，如图 10-12 所示。E_a 作用点在离墙底 $H/3$ 处，方向与墙背法线成 δ 角，位于法线的上方，与水平面的夹角为 $(\delta+\alpha)$。必须注意，在图 10-12(c) 所示的土压力强度分布图中只表示其大小，而不代表其作用方向。

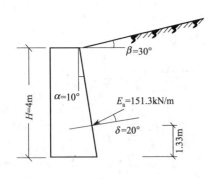

图 10-13　[例题 10-4] 图

【例题 10-4】 某挡土墙高 4m，墙背的倾斜角 $\alpha=10°$（俯斜），填土坡角 $\beta=30°$，回填砂土，其重度 $\gamma=18\text{kN/m}^3$，$\varphi=30°$，填土与墙背的摩擦角 $\delta=2\varphi/3=20°$，试计算作用于挡土墙上的主动土压力。

解： 由 $\varphi=30°$，$\delta=20°$，$\alpha=10°$，$\beta=30°$，代入式(10-16)

得 $K_a=1.051$。

总主动土压力：$E_a = \frac{1}{2}\gamma H^2 K_a$

$$= \frac{1}{2}\times18\times4^2\times1.051=151.3(\text{kN/m})$$

主动土压力合力作用在离墙底为 $H/3=4/3=1.33\text{m}$ 处，方向与墙背法线成 $20°$ 夹角，位于法线的上方，如图 10-13 所示。

10.3.3　被动土压力

当挡土墙受外力作用推向填土，直到土体沿某一破坏面 BC 破坏时，土楔 ABC 向上滑动，并处于被动极限平衡状态，如图 10-14(a) 所示。此时土楔体 ABC 在其自重 G 和反力 R 和 E 作用下平衡，如图 10-14(b) 所示，R 和 E 的方向分别在 BC 和 AB 面法线的上方。按上述求主动土压力同样的原理可求得被动土压力合力 E_p 为：

$$E_p = \frac{1}{2}\gamma H^2 K_p \tag{10-18}$$

其中

$$K_p = \frac{\cos^2(\varphi+\alpha)}{\cos^2\alpha\cos(\alpha-\delta)\left[1-\sqrt{\dfrac{\sin(\varphi+\delta)\sin(\varphi+\beta)}{\cos(\alpha-\delta)\cos(\alpha-\beta)}}\right]^2} \tag{10-19}$$

式中　E_p——库仑被动土压力系数，是 φ、α、β、δ 角的函数，可由上式计算而得。

当符合朗肯土压力条件（即 $\alpha=\beta=\delta=0$）时，由公式(10-19)可得：

$$K_p = \tan^2(45°+\varphi/2)$$

被动土压力 E_p 与墙背法线成 δ 角，位于法线下方，被动土压力强度沿墙背的分布仍呈三角形，挡土墙底部的被动土压力强度 $\sigma_p = \gamma H K_p$。

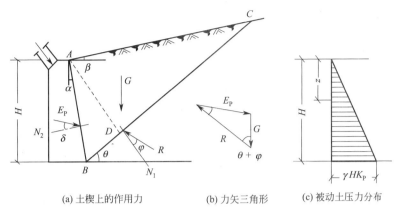

(a) 土楔上的作用力 (b) 力矢三角形 (c) 被动土压力分布

图 10-14 按库仑土压力理论求被动土压力

10.4 挡土墙设计简介

10.4.1 挡土墙的类型

挡土墙是用来支挡天然边坡或人工填土边坡的构筑物。挡土墙的种类繁多，按其所用材料分类，有毛石、砖、混凝土和钢筋混凝土等。按结构类型分类，则有重力式、悬臂式、扶壁式、板桩式等，如图 10-15 所示。

重力式挡土墙[见图 10-15(a)]是靠自身重量来维持稳定的。这种挡土墙通常是用砖、块石或素混凝土修筑，一般适用于墙高不大的情况；而悬臂式挡土墙[见图 10-15(b)]用钢筋混凝土建造，一般由三个悬臂板，即立壁、墙址悬臂和墙踵悬臂组成。这类挡土墙主要是靠墙踵悬臂以上的土重来维持其稳定性，适用于重要工程中墙高大于 5m，地基土较差，当地缺乏石料等情况；当墙高更大时，常选用扶壁式挡土墙[见图 10-15(c)]，即在悬臂式挡土墙基础上沿墙的长度方向每隔 1/3～1/2 墙高设一道扶壁，以增加立壁的抗弯性能和减少材料用量，通常适用于墙高大于 8m，且地基土质较软弱的情况；板桩式挡土墙[见图 10-15(d)]按所用材料的不同，分为钢板桩、木板桩和钢筋混凝土板桩墙等。它

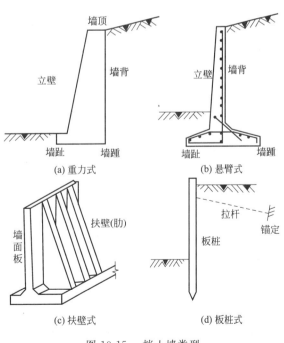

(a) 重力式 (b) 悬臂式

(c) 扶壁式 (d) 板桩式

图 10-15 挡土墙类型

可用作永久性，也可用作临时性的挡土结构，是一种承受弯矩的结构。其中重力式挡土墙构造简单、施工方便、造价低，在工程中应用最为广泛。

10.4.2 重力式挡土墙设计

10.4.2.1 重力式挡土墙的选型

选择合理的挡土墙墙型，对挡土墙的设计具有重要的意义，主要有以下几点。

(1) 使墙后土压力最小。重力式挡土墙按墙背的倾斜情况分为仰斜、垂直和俯斜三种，如图 10-16 所示。仰斜墙主动土压力最小，俯斜墙主动土压力最大，垂直墙主动土压力介于仰斜与俯斜两者之间。因此，如果边坡为挖方，采用仰斜式较合理，因为仰斜式的墙背主动土压力最小，且墙背可以与开挖的边坡紧密贴合，墙身截面设计较为经济；如果边坡为填方，则采用垂直式或俯斜式较合理，因为仰斜式的墙背填土的夯实比较困难。在进行墙背的倾斜型式选择时，还应根据使用要求、地形条件和施工等情况综合考虑确定。

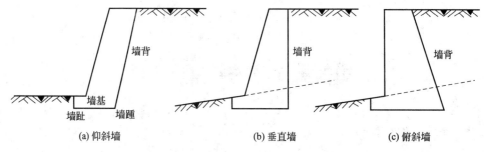

图 10-16　重力式挡土墙墙背倾斜形式

(2) 墙的背坡和面坡的选择。在墙前地面坡度较陡处，墙面坡可取 $1:0.05 \sim 1:0.2$，也可采用直立的截面。当墙前地形较平坦时，对于中、高挡土墙，墙面坡可用较缓坡度，但不宜缓于 $1:0.4$，以免增高墙身或增加开挖深度。墙背仰斜时其倾斜度一般不宜缓于 $1:0.25$。面坡应尽量与背坡平行，如图 10-17 所示。

(3) 基底逆坡坡度。在墙体稳定性验算中，倾覆稳定较易满足要求，而滑动稳定常不易满足要求。为了增加墙身的抗滑稳定性，将基底做成逆坡是一种有效的办法，如图 10-18 所示。对于土质地基的基底逆坡一般不宜大于 $0.1:1(n:1)$。对于岩石地基一般不宜大于 $0.2:1$。由于基底倾斜，会使地基承载力降低，因此需将地基承载力特征值折减。当基底逆坡为 $0.1:1$ 时，折减系数为 0.9；当基底逆坡为 $0.2:1$ 时，折减系数为 0.8。

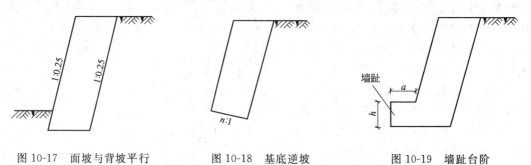

图 10-17　面坡与背坡平行　　　　图 10-18　基底逆坡　　　　图 10-19　墙趾台阶

(4) 墙趾台阶　当墙高超过一定的限度时，基底压力往往是控制截面尺寸的重要因素。为了使基底压力不超过地基承载力，可加墙趾台阶，如图 10-19 所示，以扩大基底宽度，增加挡土墙的稳定性。墙趾高 h 和墙趾宽 a 的比例可取 $h:a=2:1$，且 a 不得小于 20cm。

10.4.2.2 重力式挡土墙的构造

（1）挡土墙的埋置深度。挡土墙的埋置深度（如基底倾斜，则按最浅的墙趾处计算），应根据地基承载力、冻结因素确定。土质地基一般不小于 0.5m。若基底下为风化岩层时，除应将其全部清除外，一般应加挖 0.15～0.25m；如基底下为基岩，则挡土墙应嵌入岩层一定的深度，一般不小于 0.25m。

（2）墙身构造。挡土墙各部分的构造必须符合强度和稳定的要求，并根据就地取材、经济合理和施工方便，按地质、地形等条件确定。一般块石挡土墙顶宽不应小于 0.4m。

（3）排水措施。为防止雨水渗入墙后土体中，使土的重度增大、内摩擦角降低，导致土压力和水压力的增大，所以在挡土墙上应设有排水孔。通常排水孔直径为 5～10cm，间距 2～3m，排水孔应高于墙前水位，如图 10-20 所示。当墙后填土表面倾斜时还应开挖截水沟。

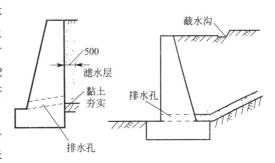

图 10-20 挡土墙排水措施

（4）填土质量要求。选择质量好的填料及保证填土的密实度是挡土墙施工的两个关键问题。理想的回填土为卵石、砾石、粗砂等粗粒土料，用这类土料有利于减小主动土压力，增加挡土墙的稳定。在选料时要求土料洁净，含泥量少。在工程中实际的回填料往往含有黏性土，这时应适当混入碎石，以便易于夯实和提高其抗剪强度。

对于常用的砖、石挡土墙，当砌筑的砂浆达到强度的 70% 时，方可回填，回填土应分层夯实。

（5）沉降缝和伸缩缝。由于墙高、墙后土压力及地基压缩性的差异，挡土墙宜设置沉降缝；为了避免因混凝土及砖石砌体的收缩硬化和温度变化等作用引起的破裂，挡土墙宜设置伸缩缝。沉降缝与伸缩缝实际上是同时设置的，可把沉降缝兼作伸缩缝，一般每隔 10～20m 设置一道，缝宽约 2cm，缝内嵌填柔性防水材料。

10.4.2.3 重力式挡土墙的计算

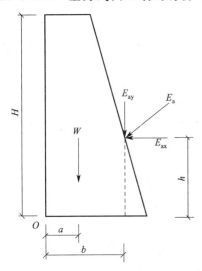

图 10-21 稳定性验算图

挡土墙的计算通常包括下列内容：①抗倾覆验算；②抗滑移验算；③地基承载力验算；④墙身强度验算；⑤抗震计算。下面仅介绍抗倾覆与抗滑移验算，其他计算可参见其他教材。

（1）挡土墙抗倾覆验算。如图 10-21 所示，在土压力作用下墙将可能绕墙趾 O 点向外转动而失稳，故应进行抗倾覆验算。将主动土压 E_a 分解成水平和垂直两个分力，水平分力为 E_{ax} 将使墙发生倾覆，垂直分力 E_{ay} 及墙重 W 抵抗倾覆。验算时可不考虑墙前填土的有利作用，按下式计算抗倾覆稳定安全系数 K_t：

$$K_t = \frac{抗倾覆力矩}{倾覆力矩} = \frac{Wa + E_{ay}b}{E_{ax}h} \geq 1.6 \quad (10\text{-}20)$$

式中　K_t——抗倾覆稳定安全系数；

a、b、h——分别为 W、E_{ay}、E_{ax} 对 O 点的力臂，m。

(2) 挡土墙抗滑验算。挡土墙在满足抗倾覆稳定的同时，还应满足抗滑稳定性。如图 10-20 所示，主动土压力的水平分力 E_{ax} 为滑动力，垂直分力 E_{ay} 及墙重力 W 产生的摩擦力为抗滑力，抗滑稳定安全系数 K_s 按下式计算：

$$K_s = \frac{抗滑力}{滑动力} = \frac{(W + E_{ay})\mu}{E_{ax}} \geq 1.3 \tag{10-21}$$

式中 μ ——挡土墙基底对地基的摩擦系数，由试验测定或参考表 10-1 确定。

关于挡土墙的其他验算与计算可参考有关设计手册。

表 10-1 挡土墙基底对地基的擦系数 μ 值

土 的 类 别		摩擦系数μ
黏 性 土	可 塑	0.25~0.30
	硬 塑	0.30~0.35
	坚 硬	0.35~0.45
粉 土	稍 湿	0.30~0.40
中砂、粗砂、砾砂		0.40~0.50
碎 石 土		0.40~0.60
岩 石	软 质 岩	0.40~0.60
	表面粗糙的硬质岩	0.65~0.75

注：1. 对于易风化的软质岩石和塑性指数 I_p 大于 22 的黏性土，基底摩擦系数应通过试验确定。

2. 对于碎石土，密实的可取高值；稍密、中密及颗粒为中等或强风化的取低值。

本章小结

在工程实践中，常常需要计算作用在挡土墙上的侧压力，其中最主要的是土压力。土压力计算是建立在土的强度理论基础之上的。

本章内容主要包括：挡土墙上的土压力、朗肯土压力理论、库仑土压力理论及挡土墙设计简介。

(1) 挡土墙是防止土体坍塌的构筑物，在房屋建筑、水利、港口、交通等工程中得到广泛应用。根据挡土墙的位移情况和墙后土体所处的应力状态，土压力可分为静止土压力、主动土压力和被动土压力。

(2) 朗肯土压力理论是根据半无限土体内的应力状态和土的极限平衡条件得出的土压力计算方法，适用于挡土墙墙背直立、光滑，填土表面水平的情况。对于主动土压力，相当于已知墙背上任意深度 z 处的竖向应力 σ_z 是大主应力 σ_1，来求解达到极限平衡时的水平应力 $\sigma_x = \sigma_3$，就是主动土压力强度 σ_a；对于被动土压力相当于已知墙背上任意深度 z 处的竖向应力 σ_z 为小主应力 σ_3，来求解达到极限平衡时的水平应力 $\sigma_x = \sigma_1$，就是被动土压力强度 σ_p。

(3) 库仑土压力理论是根据墙后土体处于极限平衡状态并形成一滑动楔体时，从楔体的静力平衡条件得出的土压力计算理论，适用于墙后土体为无黏性土。

(4) 挡土墙的主要类型有重力式、悬臂式、扶壁式和板桩式等，其中重力式挡土墙在工程中应用最为广泛。重力式挡土墙的设计主要包括挡土墙的选型、构造和计算，其中挡土墙的计算通常包括下列内容：①抗倾覆验算；②抗滑移验算；③地基承载力验算；④墙身强度验算；⑤抗震计算。

 习 题

[10-1]　某挡土墙高 10m，墙背直立、光滑，填土表面水平，填土为黏性土，$\gamma=17kN/m^3$，$\varphi=15°$，$c=18kPa$，试绘出主动土压力强度分布图，确定总主动土压力三要素。

（参考答案：$E_a=263.2kN/m$）

[10-2]　某挡土墙高 4m，墙背倾斜角 $\alpha=20°$，填土表面倾角 $\beta=10°$，填土的重度 $\gamma=20kN/m^3$，$\varphi=30°$，$c=0$，填土与墙背的摩擦角 $\delta=15°$，如附图 10-1 所示。试按库仑土压力理论求：(1) 主动土压力强度分布图；(2) 总主动土压力的三要素。

（参考答案：$E_a=89.6kN/m$）

[10-3]　某挡土墙高 6m，墙背直立、光滑，填土表面水平，填土分两层，第一层为砂土，第二层为黏性土，各层土的有关指标如附图 10-2 所示，试求主动土压力强度，并绘出土压力沿墙高的分布图。

（答案：第一层底 $\sigma_a=12kPa$，第二层顶 $\sigma_a=3.6kPa$，第二层底 $\sigma_a=40.9kPa$）

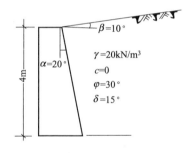

附图 10-1　习题 [10-2] 图

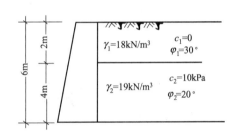

附图 10-2　习题 [10-3] 图

[10-4]　某挡土墙高 6m，墙背直立、光滑，填土表面水平，填土的重度 $\gamma=18kN/m^3$，$\varphi=30°$，$c=0$，试确定：(1) 墙后无地下水时的主动土压力；(2) 当地下水位离填土表面 3m 时，作用在挡土墙上的总压力（包括水压力和主动土压力），地下水位以下填土的饱和重度为 $19.8kN/m^3$。

（参考答案：$E_a=108kN/m$；$E=140.1kN/m$）

[10-5]　某挡土墙高 5m，墙背直立、光滑，填土表面水平，作用有连续均布荷载 $q=20kPa$，填土的重度 $\gamma=18kN/m^3$，$\varphi=20°$，$c=12kPa$。(1) 试挡土墙墙背所受主动土压力；(2) 若墙顶宽为 0.6m、墙底宽为 2.4m，墙砌体重度 $\gamma_G=22.0kN/m^3$，基底位于岩石上，$\mu=0.63$，试验算该挡土墙的抗倾覆与抗滑稳定性。

（参考答案：(1) $E_a=78.1kN/m$；(2) 稳定性满足要求）

11 浅基础设计与地基处理简介

本章提要

任何建筑物都是建造在地层（土层或岩层）上，因此，建筑物的全部荷载都由它下面的地层来承担，受建筑物影响的那一部分地层称为地基；建筑物向地基传递荷载的下部结构称为基础。地基基础是保证建筑物安全和满足使用要求的关键之一。地基根据是否需要进行人工加固处理，可分为天然地基与人工地基。基础根据埋置深度与施工方法的不同，可分为浅基础和深基础。本章主要对常用的天然地基上的浅基础设计及地基加固处理的常用方法作一简要介绍。

11.1 浅基础设计简介

11.1.1 地基基础设计的基本规定

任何建筑物都是建造在地层（土层或岩层）上，因此，建筑物的全部荷载都由它下面的地层来承担，受建筑物影响的那一部分地层称为地基；建筑物向地基传递荷载的下部结构称为基础。地基基础是保证建筑物安全和满足使用要求的关键之一。

地基根据需不需要进行人工加固处理，可分为天然地基与人工地基。天然地基是指不需经过人工加固处理就可以满足设计要求的地基；人工地基是指地基软弱，需要经过人工加固处理后才能满足设计要求的地基。对于成层土地基而言，地基包括持力层与下卧层。持力层是指基础底面以下的第一层土；持力层以下的各土层，称为下卧层；强度低于持力层的下卧

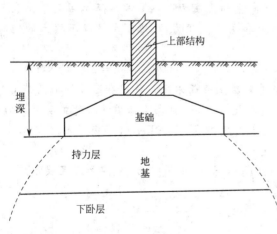

图 11-1　地基与基础示意图

层，称为软弱下卧层（见图 11-1）。

基础根据埋置深度与施工方法的不同，可分为浅基础和深基础。通常把基础埋置深度不大（小于或相当于基础底面宽度，一般认为小于 5m），只需经过挖槽、排水等普通施工程序就可以建造起来的基础，称为浅基础；对于浅层土质不良，需要利用深处良好地基，采用专门的施工方法和机具建造的基础，称为深基础。浅基础是一般建筑工程常用的基础形式，而天然地基上的浅基础又以结构简单、施工简便、造价低，成为工程设计中的首选。

11.1.1.1　地基基础的设计等级

《建筑地基基础设计规范》（GB 50007—2011）根据地基复杂程度、建筑规模和功能特征，以及由于地基问题可能造成建筑物破坏或影响正常使用的程度，将地基基础设计划分为三个设计等级，如表 11-1 所示。

表 11-1　地基基础设计等级

设计等级	建筑和地基类型
甲级	重要的工业与民用建筑 30 层以上的高层建筑 体形复杂，层数相差超过 10 层的高低层连成一体的建筑物 大面积的多层地下建筑物（如地下车库、商城、运动场等） 对地基变形有特殊要求的建筑物 复杂地质条件下的坡上建筑物（包括高边坡） 对原有工程影响较大的新建建筑物 场地和地基条件复杂的一般建筑物 位于复杂地质条件及软土地区的 2 层及 2 层以上地下室的基坑工程 开挖深度大于 15m 的基坑工程 周边环境条件复杂、环境保护要求高的基坑工程
乙级	除甲级、丙级以外的工业与民用建筑 除甲级、丙级以外的基坑工程
丙级	场地和地基条件简单、荷载分布均匀的 7 层及 7 层以下民用建筑及一般工业建筑物 次要的轻型建筑物基坑工程 非软土地区且场地地质条件简单、基坑周边环境简单、环境保护要求不高且开挖深度小于 5m 的基坑工程

11.1.1.2　地基基础设计的基本规定

根据建筑物地基基础设计等级及长期荷载作用下地基变形对上部结构的影响程度，地基基础的设计应符合下列规定：

（1）所有建筑物的地基计算均应满足承载力计算的有关规定。

（2）设计等级为甲级、乙级的建筑物，应按地基变形设计。

（3）设计等级为丙级的建筑物有下列情况之一时应作变形验算：

① 地基承载力特征值小于 130kPa，且体型复杂的建筑；

② 在基础上及其附近有地面堆载或相邻基础荷载差异较大，可能引起地基产生过大的不均匀沉降时；

③ 软弱地基上的建筑物存在偏心荷载时；

④ 相邻建筑距离近，可能发生倾斜时；

⑤ 地基内有厚度较大或厚薄不均的填土，其自重固结未完成时。

（4）对经常承受水平荷载作用的高层建筑、高耸结构和挡土墙等，以及建造在斜坡上或边坡附近的建筑物和构筑物，尚应验算其稳定性。

（5）基坑工程应进行稳定性验算。

（6）建筑地下室或地下构筑物存在上浮问题时，尚应进行抗浮验算。

（7）地基基础设计时，所采用的作用效应与相应的抗力限值应符合下列规定：

① 按地基承载力确定基础底面积和埋深时，传至基础底面上的作用效应应按正常使用极限状态下作用的标准组合。相应的抗力应采用地基承载力特征值。

② 计算地基变形时，传至基础底面上的作用效应应按正常使用极限状态下作用的准永久组合，不应计入风荷载和地震作用。相应的限值应为地基变形允许值。

③ 确定基础高度、基础底板配筋和验算材料强度时，上部结构传来的荷载效应组合和相应的基底反力，应按承载能力极限状态下荷载效应的基本组合。

④ 由永久荷载效应控制的基本组合值可取标准组合值的 1.35 倍。

11.1.1.3　浅基础设计内容

（1）选择基础的材料、类型，确定其平面布置。

（2）选择地基持力层，即确定基础埋置深度。

（3）确定地基承载力特征值。

（4）按地基承载力计算基础底面尺寸，必要时做地基下卧层强度验算、地基变形验算和地基稳定性验算。

（5）确定基础剖面尺寸，进行基础结构计算（包括基础内力计算、强度配筋计算）。

（6）绘制基础施工详图，提出必要的施工技术说明。

11.1.2　浅基础的类型

浅基础可分为无筋扩展基础、扩展基础、柱下条形基础、筏形基础等类型。

11.1.2.1　无筋扩展基础

无筋扩展基础是指砖、灰土、三合土、毛石、混凝土和毛石混凝土等材料组成的墙下条形或柱下独立基础（见图 11-2）。这类基础主要适用于多层民用建筑和轻型厂房等。

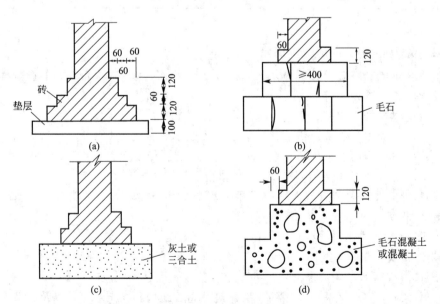

图 11-2　无筋扩展基础

11. 1. 2. 2　扩展基础

扩展基础是指墙下钢筋混凝土条形基础和柱下钢筋混凝土独立基础。

（1）墙下钢筋混凝土条形基础。条形基础是墙基础最主要的形式，钢筋混凝土条形基础适用于建筑物荷载较大而土质较差，尤其适用于"宽基浅埋"的情况[见图11-3(a)]。但当基础纵向上部荷载或地基土的压缩性不均匀时，为了增强基础的整体性和纵向抗弯能力，减少不均匀沉降，也可做成带肋式的钢筋混凝土条形基础[见图11-3(b)]。

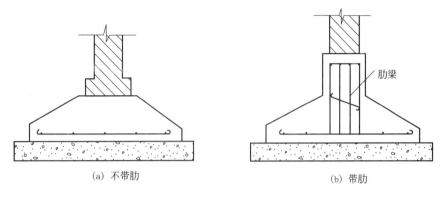

(a) 不带肋　　　　　　　　　　　　(b) 带肋

图 11-3　墙下钢筋混凝土条形基础

（2）柱下钢筋混凝土独立基础。柱下钢筋混凝土独立基础主要采用现浇混凝土柱基础，基础截面可做成阶梯形或锥形（见图11-4）。这类基础适宜于上部结构荷载较大，有时为偏心荷载或承受弯矩和水平荷载的建筑物。在地基表层承载力较好，下部存在软弱地层的情况下，也可以采用扩展基础，以充分利用表层承载力较好的地基。

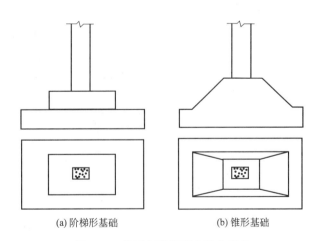

(a)阶梯形基础　　　　　　　　　(b)锥形基础

图 11-4　柱下钢筋混凝土独立基础

11. 1. 2. 3　柱下条形基础

在框架结构中，当地基软弱而柱荷载较大，且柱距又比较小时，如采用柱下独立基础，可能因基础底面积很大，使基础间的净距很小甚至重叠。为了增加基础的整体刚度，减小不均匀沉降及方便施工，可将同一排的柱基础连在一起成为钢筋混凝土条形基础（见图11-5）。

若将纵、横两个方向均设置成钢筋混凝土条形基础，则形成十字交叉条形基础（见图11-6）。这种基础的整体刚度更大，是多层厂房和高层建筑物中常用的基础形式。

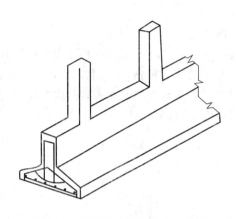

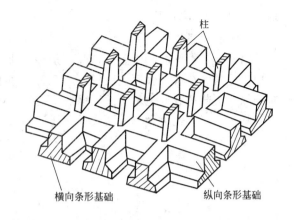

图 11-5　柱下钢筋混凝土条形基础　　　　　　　图 11-6　十字交叉条形基础

11.1.2.4　筏形基础

如地基软弱而荷载较大，以致采用十字交叉条形基础还不能满足要求时，可用钢筋混凝土材料做成连续整片基础，即筏形基础。它在结构上同倒置的楼盖结构一样，比十字交叉条形基础有更大的整体刚度，能很好地调整地基的不均匀沉降，特别是对有地下防渗要求的建筑物，筏形基础更是一种理想的底板结构。

筏形基础分为平板式和梁板式两种类型。平板式是一块等厚的钢筋混凝土底板，柱子直接支立在底板上[见图 11-7(a)]，如柱网间距较小，可采用平板式；如柱网间距较大，柱荷载相差也较大时，可做成梁板式筏形基础，以增加基础刚度，使其能承受更大的弯矩[见图 11-7(b)、(c)]。

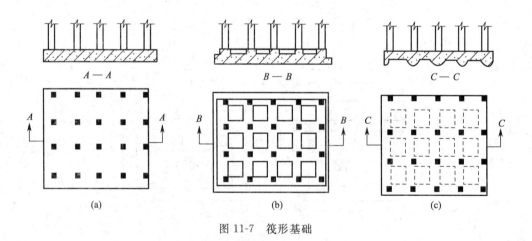

图 11-7　筏形基础

11.1.3　基础埋置深度的选择

基础埋深一般是指从室外设计地面到基础底面的距离。基础埋深对基础尺寸、施工技术、工期及工程造价都有较大影响。一般要求在保证地基稳定和满足变形要求的前提下，基础应尽量浅埋，当上层地基的承载力大于下层土时，宜利用上层土做持力层。由于影响基础埋深的因素很多，设计时应当从实际出发，综合分析，合理选择。

影响基础埋深的因素较多，一般可从以下几方面考虑。

11.1.3.1 建筑物用途和结构类型

某些建筑物的特殊用途和结构类型是选择基础埋深的先决条件。如设有地下室、半地下室建筑物、带有地下设施的建筑物和具有地下部分的设备基础等，其基础埋深就要结合地下部分的设计标高来选定。根据具体的使用要求，基础可选整个或局部深埋，对局部深埋的基础，应做成台阶逐渐过渡，台阶高宽比一般为 1∶2(见图 11-8)。当有管道必须通过基础时，基础埋深应低于管道，在基础上预留的孔洞应有足够的间隙，以备基础沉降时不影响管道的使用。

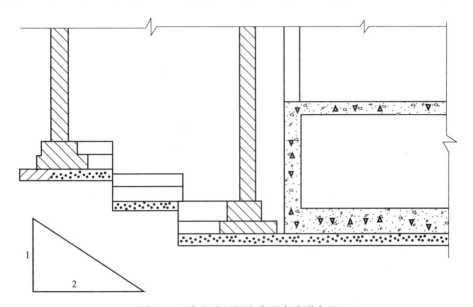

图 11-8　墙基础埋深变化的台阶形布置

对高层建筑物和抗震稳定性要求较高的建筑物，由于地基稳定和变形要求更高，基础埋深一般要求不小于 1/10～1/15 的建筑物地面以上高度。

对不均匀沉降敏感的建筑物或多层框架结构，则基础需坐落在坚实土层上，埋深也要大一些。又如砌体结构下的无筋扩展基础，由于要满足允许宽高比的构造要求，基础埋深应由其构造要求确定。

11.1.3.2 作用在基础上的荷载

作用在基础上的荷载大小和性质对基础埋深的选择也有很大的影响。就浅土层而言，当基础荷载小时，它是很好的持力层；当基础荷载大时，则可能因地基承载力不足而不宜作为持力层，需增大埋深或对地基进行加固处理。对承受较大水平荷载的基础（如挡土结构、烟囱、水塔等），为保证基础的稳定性，常将基础埋深加大，以减小建筑物的整体倾斜。对承受上拔力的基础（如输电塔基础），也要求有一定的埋深以提供足够的抗拔阻力；对承受振动荷载的基础，不宜选择易产生振动液化的土层作为持力层，以防基础失稳。

11.1.3.3 工程地质和水文地质条件

当地基土层均匀时，在满足地基承载力和变形要求的前提下，基础应尽量浅埋，以便节省投资，方便施工。为了保护基础，要求基础埋深不得小于 0.5m（岩石地基除外），基础顶面在室外地面以下至少 0.1m（见图 11-9）。如地基土层软弱，不宜采用天然地基上的浅基础，可考虑对地基进行加固处理，或采用深基础。

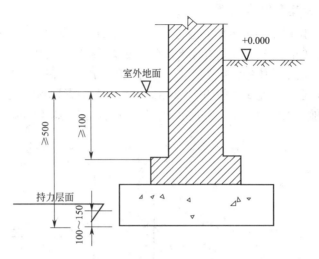

图 11-9　基础的最小埋深

当地基上层土较好，下层土较软弱，则基础尽量浅埋；反之，上层土软弱，下层土坚实，则需要区别对待。当上层软弱土较薄，可将基础置于下层坚实土上；当上层软弱土较厚时，可考虑采用宽基浅埋的办法，也可考虑人工加固处理或桩基础方案。

选择基础埋深时尚应考虑水文地质条件的影响。当基础置于潜水面以上时，无需基坑排水，可避免涌土、流砂现象，方便施工，也不必考虑地下水的腐蚀作用和地下室的防渗漏问题等。因此，在地基稳定许可的条件下，基础应尽量置于地下水位之上。

11.1.3.4　相邻基础埋深的影响

如果新建的建筑物建造在已有的建筑物附近，则新建基础的埋深不宜大于原有建筑物基础的埋深，以保证原有基础的安全不受基坑开挖的影响。如必须大于原有基础的埋深时，则两基础间应保持一定的净距，其值不宜小于两基础底面高差的 1～2 倍，具体数值可根据原有建筑物荷载大小、基础形式和土质情况确定。当不能满足上述要求时，应采用分段开挖施工、设置临时支护、打板桩、做地下连续墙等施工措施，或加固原有建筑物地基。

此外，在寒冷地区，基础埋深的选择尚应考虑地基的冻融条件。对一些埋在水下有水流冲刷的建筑物基础（如水闸基础、桥涵基础、岸边取水构筑物基础等），为防止水流冲刷掏空基底，使基础产生不均匀沉降和倾斜，则基础埋深应设置在水流冲刷线以下甚至还要保留一定的安全值，具体规定可参考有关规范。

11.1.4　基础底面尺寸的确定

在选定了基础类型和埋置深度后，就可根据持力层修正后的承载力特征值计算基础底面尺寸。若地基压缩层范围内有软弱下卧层时，还必须对软弱下卧层进行强度验算。

11.1.4.1　按地基持力层的承载力计算基底尺寸

（1）中心荷载作用下的基础。是基础底面只作用中心竖向荷载 F_k 和 G_k（见图 11-10）。对于中心荷载作用下的基础，要求相应于荷载效应标准组合时的基底压力 p_k 应小于等于持力层修正后的承载力特征值 f_a，即

$$p_k \leqslant f_a \tag{11-1}$$

根据公式(11-1)，由基底压力的计算公式化简可得基础底面积 A 的计算，即

$$A \geqslant \frac{F_k}{f_a - \gamma_G \bar{d}} \tag{11-2}$$

式中　F_k——相应于荷强效应标准组合时，上部结构传至基础顶面的竖向力值，kPa；

　　　γ_G——基础及基础上填土的平均重度，一般取 $\gamma_G = 20\text{kN/m}^3$ 计算；

　　　$\bar{d}$——基础平均高度，即室内、外设计埋深的平均值，m。

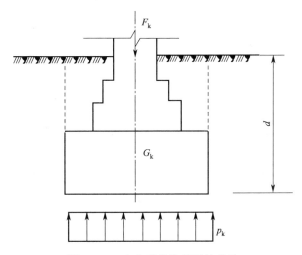

图 11-10　中心荷载作用下的基础

对于中心荷载作用下的独立基础，基础底面常采用正方形，由式(11-2)可得基础的底面边长 b 为

$$b \geqslant \sqrt{\frac{F_k}{f_a - \gamma_G \bar{d}}} \tag{11-3}$$

对于中心荷载作用下的条形基础，沿基础长度方向取 1m 作为计算单元，由式(11-2)可得基础底面宽度 b 为

$$b \geqslant \frac{F_k}{f_a - \gamma_G \bar{d}} \tag{11-4}$$

应当指出，式中 f_a 与基础宽度 b 有关。由于基础尺寸还没有确定，因此为一试算过程。可根据原定埋深，先对地基承载力特征值进行修正，然后计算基础底面尺寸，再考虑是否需要进行宽度修正，使得 b 与 f_a 之间相互协调一致。

（2）偏心荷载作用下的基础。是作

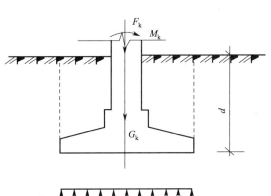

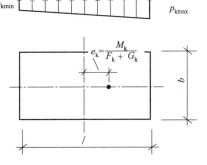

图 11-11　单向偏心荷载作用下的基础

用在基底形心处的荷载不仅有竖向荷载，而且有力矩存在的情况（见图 11-11）。对工程中常见的单向偏心矩形基础除了要满足公式（11-1）的要求外，尚应满足下列要求：

$$p_{kmax} \leqslant 1.2 f_a \tag{11-5}$$

式中 p_{kmax}——相应于荷强效应标准组合时，基底边缘处的最大压力，kPa。

对于单向偏心的矩形基础，当偏心距 $e \leqslant l/6$ 时，基底最大压力 p_{kmax} 可按下式计算：

$$p_{kmax} = \frac{F_k + G_k}{bl} \left(1 + \frac{6e}{l}\right) \tag{11-6}$$

式中 l——偏心方向的基底边长，一般为基底长边边长，m；

b——垂直于偏心方向的基底边长，一般为基底短边边长，m；

e——偏心距，$e = M_k / (F_k + G_k)$，m；

M_k——相应于荷强效应标准组合时，基础所有荷载对基底形心的合力矩，kN·m。

为了保证基础不至于过分倾斜，通常还要求偏心距 e 应满足下列条件：

$$e \leqslant l/6 \tag{11-7}$$

在偏心荷载作用下，基础的底面尺寸常用试算法确定，其计算步骤为：

① 先按中心荷载作用的公式初步估算基础底面积 A_0；

② 根据偏心距的大小，将基础底面积 A_0 增大（10%~40%），即取 $A = (1.1~1.4)A_0$，并以适当的长宽比（一般取 $l/b = 1.5~2.0$），拟定基础底面的长度 l 和宽度 b；

③ 计算偏心距 e 和基底最大压力，并验算是否满足式(11-7)和式(11-5)的要求，如不合适（太大或太小），可调整基底尺寸后再验算，直到满意为止。

【例题 11-1】 某黏性土地基天然重度 $\gamma = 18.2 kN/m^3$，孔隙比 $e = 0.73$，$I_L = 0.75$，地基承载力特征值 $f_{ak} = 220 kPa$。现修建一外柱基础，作用在基础顶面的轴心荷载 $F_k = 830 kN$，基础埋深（自室外地面起算）为 1.0m，室内地面高出室外地面 0.3m，试确定方形基础的底面边长。

解：（1）确定地基承载力特征值 f_a。

根据黏性土的孔隙比 $e = 0.73$ 和液性指数 $I_L = 0.75$，查表 9-6 得：$\eta_b = 0.3$，$\eta_d = 1.6$。

自室外地面起算的基础埋深 $d = 1.0m$，由公式（9-28）得修正后的地基承载力特征值 f_a 为：

$$\begin{aligned} f_a &= f_{ak} + \eta_d \gamma_m (d - 0.5) \\ &= 220 + 1.6 \times 18.2 \times (1.0 - 0.5) = 234.6 (kPa) \end{aligned}$$

（2）确定方形基础的底面边长 b。

计算基础及上方回填土所受的重力时的基础平均高度 $\bar{d} = (1.0 + 1.3)/2 = 1.15(m)$，由公式（11-3）得：

$$b \geqslant \sqrt{\frac{F_k}{f_a - \gamma_G \bar{d}}} = \sqrt{\frac{830}{234.6 - 20 \times 1.15}} = 1.98(m)$$

取 $b = 2.0m$。因为 $b < 3m$，不必进行承载力宽度修正。

11.1.4.2 软弱下卧层承载力验算

在成层地基中，当地基受力层范围内有软弱下卧层时，除按持力层承载力计算基底尺寸外，还必须按下式对软弱下卧层进行验算，即要求作用在软弱下卧层顶面处的附加应力与自重应力之和不超过软弱下卧层深度修正后的承载力特征值，即

$$\sigma_z + \sigma_{cz} \leqslant f_{az} \tag{11-8}$$

式中　σ_z——相应于荷载效应标准组合时，软弱下卧层顶面处的附加应力，kPa；

σ_{cz}——软弱下卧层顶面处土的自重应力，kPa；

f_{az}——软弱下卧层顶面处经深度修正后的地基承载力特征值，kPa。

软弱下卧层顶面处的附加应力 σ_z 计算，通常假设基底附加压力（$p_0 = p_k - \sigma_{cd}$）往下传递时按压力扩散角 θ 向下扩散至软弱下卧层顶面（见图 11-12）。根据基底与下卧层顶面处附加应力总和相等的条件，可得附加应力 σ_z 的计算公式如下。

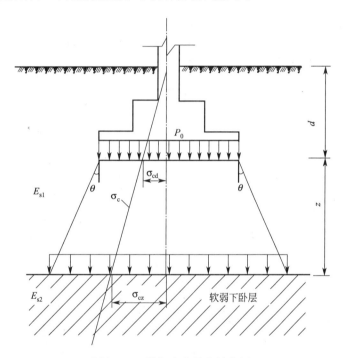

图 11-12　附加应力简化计算图

对于矩形基础（附加应力沿两个方向扩散）

$$\sigma_z = \frac{lb(p_k - \sigma_{cd})}{(l + 2z\tan\theta)(b + 2z\tan\theta)} \tag{11-9}$$

对于条形基础（附加应力沿一个方向扩散）

$$\sigma_z = \frac{b(p_k - \sigma_{cd})}{b + 2z\tan\theta} \tag{11-10}$$

式中　b——矩形基础或条形基础的底面宽度，m；

σ_{cd}——基础底面处的自重应力，kPa；

z——基础底面至软弱下卧层顶面的距离，m；

θ——地基压力扩散角，可按表 11-2 查取；

其余符号同前。

表 11-2　地基压力扩散角 θ

E_{s1}/E_{s2}	$z/b=0.25$	$z/b=0.50$
3	6°	23°
5	10°	25°
10	20°	30°

注：1. E_{s1} 为持力层的压缩模量；E_{s2} 为软弱下卧层的压缩模量。

2. 当 $z<0.25b$ 时取 $\theta=0$，必要时，宜由试验确定；当 $z \geqslant 0.5b$ 时 θ 值不变。

若软弱下卧层强度验算不满足式（11-8）的要求，则表明该软弱土层承受不了上部荷载的作用，应考虑增大基础底面积、减小基础埋深或对地基进行加固处理，甚至改用深基础设计方案。

11.1.5　无筋扩展基础设计

无筋扩展基础所用材料抗拉强度低，不能受较大的弯矩作用，稍有弯曲变形，即产生裂缝，而且发展很快，以致基础不能正常工作。因此，通常采取构造措施，控制基础的外伸宽度 b_2 和基础高度 H_0 的比值不能超过表 11-3 所规定的允许宽高比 $[b_2/H_0=\tan\alpha]$ 范围（见图 11-13），基础高度及台阶形基础每阶的宽高比应符合式（11-11）要求。

$$\frac{b_2}{H_0} \leqslant \left[\frac{b_2}{H_0}\right] = \tan\alpha \tag{11-11}$$

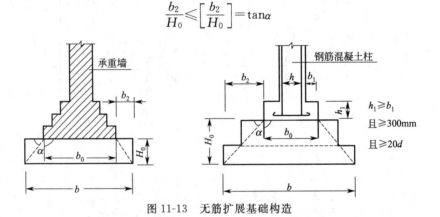

图 11-13　无筋扩展基础构造

表 11-3　无筋扩展基础台阶宽高比的允许值

基础材料	质量要求	台阶宽高比的允许值 $\tan\alpha$		
		$p_k \leqslant 100$	$100 < p_k \leqslant 200$	$200 < p_k \leqslant 300$
混凝土基础	C15 混凝土	1:1.00	1:1.00	1:1.25
毛石混凝土基础	C15 混凝土	1:1.00	1:1.25	1:1.50
砖基础	砖不低于 MU10 砂浆不低于 M5	1:1.50	1:1.50	1:1.50
毛石基础	砂浆不低于 M5	1:1.25	1:1.50	—
灰土基础	体积比为 3:7 或 2:8 的灰土，其最小干密度：粉土 1.55t/m³；粉质黏土 1.50t/m³；黏土 1.45t/m³	1:1.25	1:1.50	—
三合土基础	体积比为 1:2:4~1:3:6（石灰：砂：骨料），每层约虚铺 220mm，夯至 150mm	1:1.50	1:2.00	—

注：1. p_k 为荷载效应标准组合时基础底面处的平均压力值，kPa。

2. 阶梯形毛石基础的每阶伸出宽度，不宜大于 200mm。

3. 当基础由不同材料叠合组成时，应对接触部分作局部受压承载力计算。

4. 混凝土基础单侧扩展范围内基础底面处的平均压力值超过 300kPa 时，尚应进行抗剪验算；对基底反力集中于立柱附近的岩石基础，应进行局部受压承载力验算。

按基础台阶宽高比允许值设计的基础，一般都具有较大的整体刚度，其抗拉、抗剪强度都能够满足要求，可不必验算。

砖基础一般做成台阶式，应满足刚性角（俗称大放脚）的要求。为了施工方便，一般均采用两种习惯砌法：一是"两皮一收"砌法，即从基础底面起，先砌两皮砖（120mm）后向里收 1/4 砖长（60mm），再砌两皮收 1/4 砖长，依次一直砌收到与墙体厚度相同[见图 11-14(a)]；另一种是"二、一间隔收"砌法，即先砌两皮砖后收 1/4 砖长，再砌一皮砖后收 1/4 砖长，依次砌筑[见图 11-14(b)]。

毛石、混凝土和毛石混凝土基础，在满足刚性角要求的情况下，一般也做成台阶形，毛石基础的每阶伸出宽度不宜大于 200mm，每阶高度通常取 400～600mm，并由两层毛石错缝砌成。混凝土基础每阶高度不应小于 200mm，毛石混凝土基础每阶高度不应小于 300mm。

为了保证基础的砌筑质量，基础底面下应设垫层，垫层材料可选用灰土、三合土或素混凝土，垫层每边伸出基础底面 50mm，厚度为 100mm。

无筋扩展基础也可由两种材料叠合组成，如上层用砖砌体，下层用用混凝土。

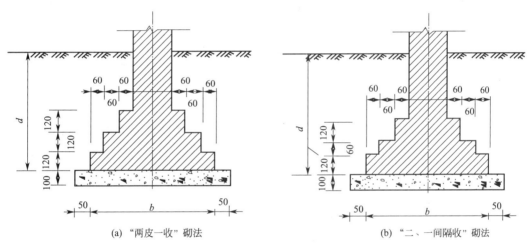

(a) "两皮一收" 砌法   (b) "二、一间隔收" 砌法

图 11-14 砖石基础示意图（单位：mm）

【例题 11-2】 某学校教学楼拟采用无筋扩展基础，承重墙厚 240mm，地表以下第一层土为杂填土，厚 0.8m，天然重度 $\gamma = 17.0 kN/m^3$；第二层为粉质黏土，厚 5.4m，天然重度 $\gamma = 18.0 kN/m^3$，承载力特征值 $f_{ak} = 158.0\ kPa$，$\eta_b = 0.3$，$\eta_d = 1.6$。已知上部结构传至基础上的荷载标准值 $F_k = 190 kN/m$，室内、外高差 0.45m，试设计该墙下条形基础。

解：（1）计算修正后的地基承载力特征值 f_a。

根据地基条件，选择粉质黏土作为持力层，初选基础埋深 $d = 1.0m$，则：

$$f_a = f_{ak} + \eta_d \gamma_m (d - 0.5)$$
$$= 158.0 + 1.6 \times \frac{17 \times 0.8 + 18 \times 0.2}{1} \times (1.0 - 0.5) = 171.8 (kPa)$$

（2）确定条形基础底面宽度 b。

计算基础及上方回填土所受的重力时的基础平均高度 $\bar{d} = (1.0 + 1.45)/2 = 1.225m$，则基础宽度 b 为

$$b \geqslant \sqrt{\frac{F_k}{f_a - \gamma_G \overline{d}}} = \sqrt{\frac{190}{171.8 - 20 \times 1.225}} = 1.29(\text{m})$$

取基础宽度 $b = 1.3\text{m} < 3.0\text{m}$，地基承载力不需宽度修正。

（3）选择基础材料，并确定基础剖面尺寸。

基础选择两种材料，上层采用 MU10 砖和 M5 砂浆，按"二、一间隔收"砌筑；下层采用 350mm 厚的 C15 混凝土。

基础及回填土重为：

$$G_k = 20 \times 1.3 \times 1.225 = 31.85(\text{kN/m})$$

基底压力为：

$$p_k = \frac{F_k + G_k}{b} = \frac{190 + 31.85}{1.3} = 170.7(\text{kPa})$$

查表 11-3 得 C15 混凝土基础宽高比允许值为 1 : 1.00，所以混凝土层台阶宽为 350mm。

上层砖基础所需台阶数为：

$$n \geqslant \frac{1300 - 240 - 2 \times 350}{120} = 3(\text{阶})$$

相应的基础高度为：

$$h = 120 \times 2 + 60 \times 1 + 350 = 650(\text{mm})$$

则基础顶面至室外地面的距离为 350mm $\geqslant$ 100mm，所以选择基础埋深 $d = 1.0\text{m}$，满足要求。

（4）绘基础剖面图。基础剖面形状及尺寸如图 11-15 所示。

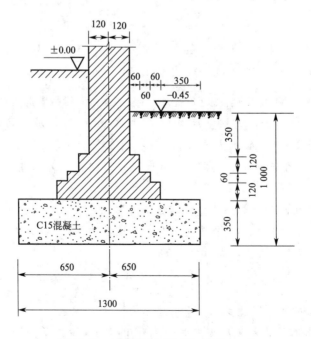

图 11-15　[例题 11-2]图（单位 mm）

11.1.6 墙下钢筋混凝土条形基础设计

墙下钢筋混凝土条形基础的剖面设计包括确定基础高度和基础底板配筋。在这些计算中，可不考虑基础及其上面土的重力，因为这些重力所产生的那部分地基反力将与其重力相抵消。仅由基础顶面的荷载所产生的地基反力，称为地基净反力，并以 p_j 表示。计算时，沿墙长度方向取 1m 作为计算单位。

11.1.6.1 构造要求

（1）梯形截面基础的边缘高度，一般不小于 200mm；基础高度 $h \leqslant 250mm$ 时，可做成等厚板。

（2）基础下的垫层厚度一般为 100mm，每边伸出基础 50~100mm，垫层混凝土强度等级应为 C10。

（3）底板受力钢筋的最小直径不宜小于 10mm，间距不宜大于 200mm 和小于 100mm。当有垫层时，混凝土保护层净厚度不应小于 40mm，无垫层时不应小于 70mm。纵向分布筋直径不小于 8mm，间距不大于 300mm，每延米分布钢筋面积不小于受力钢筋面积的 1/10。

（4）混凝土强度等级不应低于 C20。

（5）当基础宽度大于或等于 2.5m 时，底板受力钢筋的长度可取基础宽度的 0.9 倍，并交错布置。

（6）基础底板在 T 形及十字形交接处，底板横向受力钢筋仅沿一个主要受力方向通长布置，另一个方向的横向受力钢筋可布置到主要受力方向底板宽度 1/4 处［见图 11-16(a)］。在拐角处底板横向受力钢筋应沿两个方向布置［见图 11-16(b)］。

（7）当地基软弱时，基础截面可采用带肋的板，以减少不均匀沉降的影响。

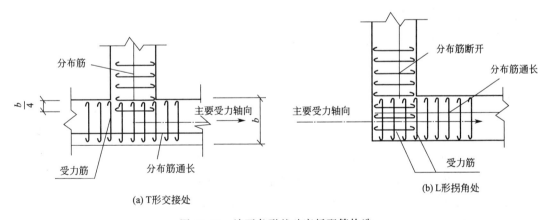

(a) T形交接处　　　　　　　　　　　(b) L形拐角处

图 11-16 墙下条形基础底板配筋构造

11.1.6.2 基础高度

墙下钢筋混凝土条形基础高度由混凝土的受剪承载力确定，即

$$V \leqslant 0.7 f_t h_0 \tag{11-12}$$

式中，V 为剪力设计值：

$$V = p_j b_1 \tag{11-13}$$

于是
$$h_0 \geqslant \frac{V}{0.7 f_t} \tag{11-14}$$

式中　p_j——相应于荷载效应基本组合时的地基净反力，kPa，$p_j = F/b$；

　　　　f_t——混凝土轴心抗拉强度设计值，kPa；

　　　　F——相应于荷载效应基本组合时上部结构传至基础顶面的竖向力，kN/m；

　　　　h_0——基础有效高度，m；

　　　　b_1——基础边缘至砖墙边或基础边缘至混凝土墙脚的距离，m。

墙下钢筋混凝土条形基础如图 11-17 所示。

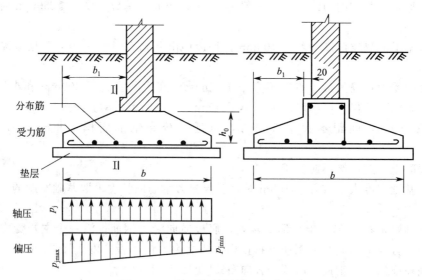

图 11-17　墙下钢筋混凝土条形基础

11.1.6.3　基础底板配筋

悬臂板根部的最大弯矩设计值 M_{max} 为：

$$M_{max} = \frac{1}{2} p_j b_1^2 \tag{11-15}$$

基础每米长受力钢筋截面面积：

$$A_s = \frac{M_{max}}{0.9 f_y h_0} \tag{11-16}$$

式中　f_y——钢筋抗拉强度设计值，N/mm²。

式(11-13) 及式(11-15) 用于中心荷载作用下的墙下条形基础，若基础受偏心荷载作用，相应于荷载效应基本组合时基础边缘处的最大净反力设计值为：

$$p_{jmax} = \frac{F}{b} (1 + \frac{6e_0}{b}) \tag{11-17}$$

式中　e_0——荷载净偏心距，$e_0 = M/F$，m；

　　　　M——相应于荷载效应基本组合时作用于基础底面的力矩值，kN·m。

基础高度和底板配筋仍按(11-14) 和式(11-16) 计算，但式中的剪力和弯矩设计值应改用下列公式计算：

$$V = \frac{1}{2} (p_{jmax} + p_j) b_1 \tag{11-18}$$

$$M=\frac{1}{6}(2p_{jmax}+p_j)b_1^2 \tag{11-19}$$

【例题 11-3】 某砖墙 240mm，相应于荷载效应标准组合时作用于基础顶面的轴心荷载 $F_k=141kN/m$，基础埋深 $d=0.5m$，地基承载力特征值 $f_{ak}=106kPa$，设计此墙下条形基础。

解：因基础埋深为 0.5m，故采用钢筋混凝土条形基础。混凝土强度等级采用 C20，$f_t=1100kPa$；钢筋用 HPB235 级，$f_y=210N/mm^2$。

(1) 确定基础底面宽度 b。

因基础埋深 $d=0.5m$，故地基承载力不需经过深度修正，$f_a=f_{ak}=106kPa$，则：

$$b\geqslant\frac{F_k}{f_a-\gamma_G\bar{d}}=\frac{141}{106-20\times0.5}=1.47(m)$$

取 $b=1.5m<3m$，地基承载力也不需宽度修正。

(2) 确定基础高度 h。

地基净反力为：

$$p_j=\frac{F}{b}=\frac{1.35F_k}{b}=\frac{1.35\times141}{1.5}=126.9(kPa)$$

基础边缘至砖墙边的距离为：

$$b_1=\frac{1}{2}\times(1.5-0.24)=0.63(m)$$

基础有效高度为：

$$h_0\geqslant\frac{p_jb_1}{0.7f_t}=\frac{126.9\times0.63}{0.7\times1100}=0.104(m)=104(mm)$$

取基础高度 $h=300mm$，基础底面下设 100mm 厚的 C10 混凝土垫层，基础有效高度 $h_0=300-40-20/2=250mm>104mm$（底板受力钢筋暂按 $\phi20$ 计），满足要求。

(3) 基础底板配筋。

悬臂板根部的最大弯矩设计值为：

$$M_{max}=\frac{1}{2}p_jb_1^2=\frac{1}{2}\times126.9\times0.63^2=25.2(kN\cdot m)$$

基础每米长受力钢筋面积为：

$$A_s=\frac{M_{max}}{0.9f_yh_0}=\frac{25.2\times10^6}{0.9\times210\times250}=533.3(mm^2)$$

受力钢筋配 $\phi12@200$，$A_s=565mm^2$，可以；纵向分布钢筋配 $6\phi8$，间距不大于 300mm，如图 11-18 所示。

11.1.7 柱下钢筋混凝土独立基础设计

柱下钢筋混凝土独立基础的剖面设计包括确定基础高度及基础底板配筋。

11.1.7.1 构造要求

柱下钢筋混凝土独立基础，除应满足上述墙下钢筋混凝土条形基础的要求外，尚应满足其他一些要求。阶梯形基础每阶高度一般为 300～500mm，当基础高度大于或等于 600mm 而小于 900mm 时，阶梯形基础分二级；当基础高度大于或等于 900mm 时，则分三级。当采用锥形基础时，其边缘高度不宜小于 200mm，顶部每边应沿柱边放出 50mm。

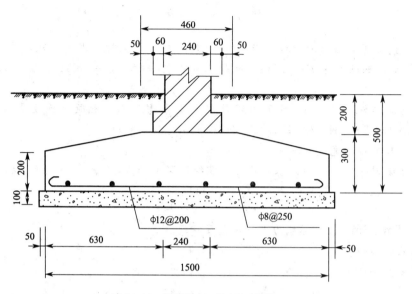

图 11-18 ［例题 11-3］图（单位 mm）

柱下钢筋混凝土基础的受力筋应双向配置。现浇柱的纵向钢筋可通过插筋锚入基础中，插筋的数量、直径及钢筋种类应与柱内纵向钢筋相同。插入基础的钢筋，上下至少应有两道箍筋固定。柱下钢筋混凝土独立基础的构造，如图 11-19 所示。

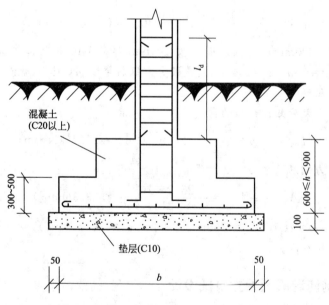

图 11-19 柱下钢筋混凝土独立基础的构造

11.1.7.2 轴心荷载作用

（1）基础高度 h。基础高度由混凝土受冲切承载力确定。在柱荷载作用下，如果基础高度（或阶梯高度）不够时，则将沿柱周边（或阶梯高度变化处）产生冲切破坏，形成 45°斜裂面的角锥体（见图 11-20）。为防止发生这种破坏，基础底板应有足够的高度（即冲切破坏角锥体以外的地基净反力产生的冲切力 F_l 应小于基础冲切面混凝土的抗冲切能力）。对于

长边为 l，短边为 b 的矩形基础，柱短边 b_c 一侧的冲切破坏较柱长边 a_c 一侧危险，所以只需根据短边一侧冲切破坏条件来确定基础高度。

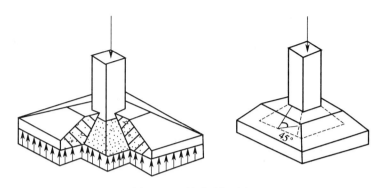

图 11-20 基础冲切破坏

确定基础高度时，当冲切破坏锥体的底面落在基础底面之内，如图 11-21(b) 所示，即 $b \geqslant b_c + 2h_0$ 时，应满足公式（11-20）的要求，即

$$p_j \left[\left(\frac{l}{2} - \frac{a_c}{2} - h_0 \right) b - \left(\frac{b}{2} - \frac{b_c}{2} - h_0 \right)^2 \right] \leqslant 0.7 \beta_{hp} f_t (b_c + h_0) h_0 \qquad (11\text{-}20)$$

式中　p_j——相应于荷载效应基本组合的地基净反力，$p_j = F/bl$，kPa；

　　　　β_{hp}——受冲切承载力截面高度影响系数，当 $h \leqslant 800$mm 时，β_{hp} 取 1.0；当 $h \geqslant$ 2000mm 时，β_{hp} 取 0.9，其间按线性内插法取用。

当 $b < b_c + 2h_0$ 时，如图 11-21(c) 所示，应满足式（11-21）的要求，即

$$p_j \left(\frac{l}{2} - \frac{a_c}{2} - h_0 \right) b \leqslant 0.7 \beta_{hp} f_t \left[(b_c + h_0) h_0 - \left(\frac{b_c}{2} + h_0 - \frac{b}{2} \right)^2 \right] \qquad (11\text{-}21)$$

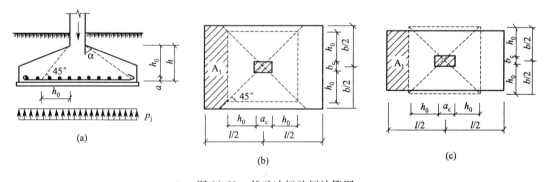

图 11-21 基础冲切破坏计算图

设计时一般先按经验假定底板高度 h，得出 h_0，然后按式（11-20）或式（11-21）进行抗冲切强度验算，直至满足要求为止。

对于阶梯形基础，例如分成二级的阶梯形，除了对柱边进行冲切验算外，还应对上台阶底边变阶处进行下阶的冲切验算。验算方法与上面柱边冲切验算相同，只是在使用公式（11-20）和式（11-21）时，a_c、b_c 应分别换成上台阶底的长边 l_1 和短边 b_1，h_0 换成下台阶的有效高度 h_{01}（参考图 11-23）即可。

当基础底面全部落在 45°冲切破坏锥体底边以内时，可不进行冲切验算。

（2）基础底板配筋。底板在地基净反力作用下，基础沿柱的周边向上弯曲。一般矩形基础的长宽比小于 2，故为双向受弯。当弯曲应力超过基础的抗弯强度时，就发生弯曲破坏。

其破坏特征是裂缝沿柱角至基础角将基础底面分裂成四块梯形面积。故配筋计算时，将基础板看成四块固定在柱边的梯形悬臂板，如图11-22所示。

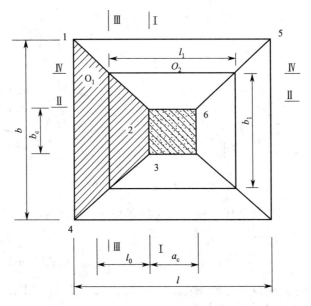

图 11-22　产生弯矩的地基净反力作用面积

当基础台阶宽高比小于或等于 2.5 时，基础底板弯矩设计值可按下述方法计算。

柱边 Ⅰ—Ⅰ 截面弯矩为：

$$M_{\text{I}} = \frac{1}{24} p_{\text{j}} (l - a_{\text{c}})^2 (2b + b_{\text{c}}) \tag{11-22}$$

柱边 Ⅱ—Ⅱ 截面弯矩为：

$$M_{\text{II}} = \frac{1}{24} p_{\text{j}} (b - b_{\text{c}})^2 (2l + a_{\text{c}}) \tag{11-23}$$

平行于 l 方向的受力钢筋面积为：

$$A_{\text{sI}} = \frac{M_{\text{I}}}{0.9 f_{\text{y}} h_0} \tag{11-24}$$

平行于 b 方向的受力钢筋面积为：

$$A_{\text{sII}} = \frac{M_{\text{II}}}{0.9 f_{\text{y}} h_0} \tag{11-25}$$

阶梯形基础在变阶处也是抗弯的危险截面，按式（11-22）～式（11-25）可以分别计算上台阶底边 Ⅲ—Ⅲ 和 Ⅳ—Ⅳ 截面弯矩 M_{III}、M_{IV} 和钢筋面积 A_{sIII}、A_{sIV}，计算时只需要将各公式中的 a_{c}、b_{c} 分别换成上台阶底的长边 l_1 和短边 b_1，h_0 换成下台阶的有效高度 h_{01} 即可。然后按 A_{sI} 和 A_{sIII} 中的大值配置平行于 l 方向的受力钢筋，并放置在下排；按 A_{sII} 和 A_{sIV} 中的大值配置平行于 b 方向的受力钢筋，并放置在上排。

当基底和柱截面均为正方形时，$M_{\text{I}} = M_{\text{II}}$，$M_{\text{III}} = M_{\text{IV}}$，这时只需计算一个方向即可。

11.1.7.3　偏心荷载作用

如果只在矩形基础的长边方向产生偏心，则当净偏心距 $e_0 \leqslant l/6$ 时，基底最大净反力设计值可用式(11-26) 计算（见图 11-23）。

$$p_{jmax}=\frac{F}{bl}(1+\frac{6e_0}{l}) \qquad (11\text{-}26)$$

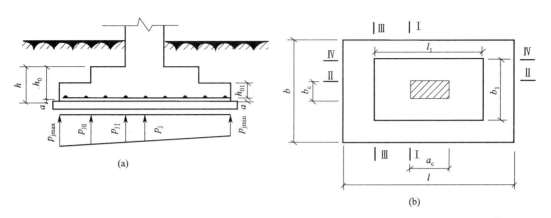

图 11-23 偏心荷载作用下的独立基础

（1）基础高度 h。可按式(11-20) 或式(11-21) 计算，但应以 p_{jmax} 代替式中的 p_j。

（2）基础底板配筋。

仍可用式(11-24) 和式(11-25) 计算受力钢筋面积，但式(11-22) 中的 M_I 应按下式计算：

$$M_I=\frac{1}{48}\big[(p_{jmax}+p_j)(2b+b_c)+(p_{jmax}-p_j)b\big](l-a_c)^2 \qquad (11\text{-}27)$$

【例题 11-4】 设计图 11-24 所示的柱下独立基础。已知相应于荷载效应基本组合时的柱荷载 $F=700kN$，$M=87.8\ kN\cdot m$，柱截面尺寸为 $300mm\times400mm$，基础底面尺寸为 1.6m $\times2.4m$。

解：采用混凝土强度等级为 C20，$f_t=1100kPa$；钢筋用 HPB235 级，$f_y=210N/mm^2$，基础下设 100mm 厚的 C10 混凝土垫层。

（1）计算基底净反力设计值。

基底平均净反力设计值

$$p_j=\frac{F}{bl}=\frac{700}{1.6\times2.4}=182.3(kPa)$$

净偏心距

$$e_0=M/F=87.8/700=0.125(m)$$

基底最大净反力设计值

$$p_{jmax}=\frac{F}{bl}\left(1+\frac{6e_0}{l}\right)=182.3\times\left(1+\frac{6\times0.125}{2.4}\right)=239.3(kPa)$$

（2）基础高度。初选基础高度 $h=600mm$，基础有效高度 $h_0=550mm$，基础分二级台阶，下阶台阶高 $h_1=300mm$，$h_{01}=250mm$，取 $l_1=1.2m$，$b_1=0.8m$。

① 柱边截面抗冲切验算

$$b_c+2h_0=0.3+2\times0.55=1.4m<1.6m$$

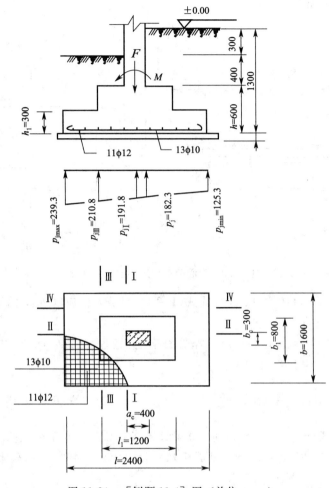

图 11-24 [例题 11-4] 图（单位：mm）

因基础为偏心受压，按式（11-20）计算时 p_j 取 p_{jmax}。该式左边，则冲切力为：

$$p_{jmax}\left[\left(\frac{l}{2}-\frac{a_c}{2}-h_0\right)b-\left(\frac{b}{2}-\frac{b_c}{2}-h_0\right)^2\right]$$

$$=239.3\times\left[\left(\frac{2.4}{2}-\frac{0.4}{2}-0.55\right)\times1.6-\left(\frac{1.6}{2}-\frac{0.3}{2}-0.55\right)^2\right]$$

$$=169.9(\text{kN})$$

该式右边，则抗冲切力为：

$$0.7\beta_{hp}f_t(b_c+h_0)h_0=0.7\times1.0\times1100\times(0.3+0.55)\times0.55$$

$$=360.0(\text{kN})>169.9\text{kN}\quad（可以）$$

② 变阶处截面抗冲切验算。

$b_1+2h_0=0.8+2\times0.25=1.3\text{m}<1.6\text{m}$，则冲切力为：

$$p_{jmax}\left[\left(\frac{l}{2}-\frac{l_1}{2}-h_{01}\right)b-\left(\frac{b}{2}-\frac{b_1}{2}-h_{01}\right)^2\right]$$

$$=239.3\times\left[\left(\frac{2.4}{2}-\frac{1.2}{2}-0.25\right)\times1.6-\left(\frac{1.6}{2}-\frac{0.8}{2}-0.25\right)^2\right]$$

$$=128.6(\text{kN})$$

抗切力为：

$$0.7\beta_{hp}f_t(b_1+h_{01})h_{01}=0.7\times1.0\times1100\times(0.8+0.25)\times0.25$$
$$=202.1(kN)>128.6kN(可以)$$

（3）底板配筋。

柱边Ⅰ—Ⅰ截面处弯矩

$$M_{\mathrm{I}}=\frac{1}{48}[(p_{jmax}+p_j)(2b+b_c)+(p_{jmax}-p_j)b](l-a_c)^2$$

$$=\frac{1}{48}\times[(239.3+182.3)\times(2\times1.6+0.3)+(239.3-182.3)\times1.6]\times$$

$(2.4-0.4)^2=130.6(kN\cdot m)$

$$A_{s\mathrm{I}}=\frac{M_{\mathrm{I}}}{0.9f_yh_0}=\frac{130.6\times10^6}{0.9\times210\times550}=1256(mm^2)$$

变阶处Ⅲ—Ⅲ截面处弯矩

$$M_{\mathrm{III}}=\frac{1}{48}\times[(p_{jmax}+p_j)(2b+b_1)+(p_{jmax}-p_j)b](l-l_1)^2$$

$$=\frac{1}{48}\times[(239.3+182.3)\times(2\times1.6+0.8)+(239.3-182.3)\times1.6]\times$$

$(2.4-1.2)^2=53.3(kN\cdot m)$

$$A_{s\mathrm{III}}=\frac{M_{\mathrm{III}}}{0.9f_yh_{01}}=\frac{53.3\times10^6}{0.9\times210\times250}=1128(mm^2)$$

比较$A_{s\mathrm{I}}$和$A_{s\mathrm{III}}$的大小，应按$A_{s\mathrm{I}}$配筋，平行于基础长边l方向的受力钢筋配11φ12，$A_s=1244mm^2\approx1256mm^2$。

柱边Ⅱ—Ⅱ截面处弯矩

$$M_{\mathrm{II}}=\frac{1}{24}p_j(b-b_c)^2(2l+a_c)$$

$$=\frac{1}{24}\times182.3\times(1.6-0.3)^2\times(2\times2.4+0.4)$$

$$=66.8(kN\cdot m)$$

$$A_{s\mathrm{II}}=\frac{M_{\mathrm{II}}}{0.9f_yh_0}=\frac{66.8\times10^6}{0.9\times210\times(550-12)}=657(mm^2)$$

变阶处Ⅳ—Ⅳ截面处弯矩

$$M_{\mathrm{IV}}=\frac{1}{24}p_j(b-b_1)^2(2l+l_1)$$

$$=\frac{1}{24}\times182.3\times(1.6-0.8)^2\times(2\times2.4+1.2)$$

$$=29.2(kN\cdot m)$$

$$A_{s\mathrm{IV}}=\frac{M_{\mathrm{IV}}}{0.9f_yh_0}=\frac{29.2\times10^6}{0.9\times210\times(250-12)}=649(mm^2)$$

平行于基础短边b方向的受力钢筋，按构造要求配13φ10，$A_s=1021mm^2>657mm^2$，基础配筋见图11-24。

11.2 地基处理简介

11.2.1 地基处理概述

我国地域辽阔,自然地理环境复杂,地基条件区域性强,各种工程建筑物(工业与民用建筑、道路与桥梁工程、水利工程等)的地基,常常会遇到各种各样的软弱地基或特殊土地基,往往需要进行加固处理,以满足建筑物对地基的基本要求。

11.2.1.1 地基处理的目的与对象

地基处理的目的主要是改善地基土的工程性质,包括改善地基土的变形特性和渗透性,提高其抗剪强度和抗液化能力,使其满足工程设计的要求。具体主要体现在以下四个方面:

(1)提高土的抗剪强度,使地基稳定性与地基承载力满足设计要求。

(2)改善土的变形特性,使地基变形满足设计要求。

(3)改善土的渗透性能,降低水工建筑物地基的渗漏量,增加其渗透稳定性。

(4)改善土的动力特性,提高地基土的抗液化能力,减少地基土的震陷现象。

地基处理的对象是软弱土地基和特殊土地基。软弱土地基是指主要由淤泥、淤泥质土、冲填土、杂填土或其他高压缩性土层构成的地基;特殊土地基是指主要由湿陷性黄土、膨胀土、红黏土以及冻土所构成的地基。

淤泥及淤泥质土总称为软土。淤泥是指在静水或缓慢流水环境沉积,经生物化学作用形成,天然含水量大于液限、天然孔隙比大于等于 1.5 的黏性土,而当天然孔隙比大于等于 1.0 而小于 1.5 时为淤泥质土。软土具有以下特点:天然含水量高,天然孔隙比大,抗剪强度低,渗透系数小,地基承载力低,地基变形大,不均匀性强且变形稳定历时较长,在比较深厚的软土层上,结构物基础的沉降一般持续数年乃至数十年之久。

冲填土(也称为吹填土)。在整治和疏通江河航道时,用挖泥船通过泥浆泵将泥沙大量吹到江河两岸而形成的沉积土,称为冲填土,也称为吹填土。冲填土成分比较复杂,以黏土为主,因土中含有大量水分且难于排出,土体在形成初期处于流动状态,因而这类土属于强度较低和压缩性较高的欠固结土,冲填土的工程性质主要取决于其颗粒组成、均匀性和排水固结条件等。

杂填土。是由人类活动而任意堆填的建筑垃圾、工业废料和生活垃圾等形成的填土。杂填土的成因复杂,组成的物质杂乱,分布极不均匀,结构松散。其主要特性是强度低、压缩性高和均匀性差,一般还具有浸水湿陷性。

其他高压缩性土。如饱和松散粉细砂(包括部分粉土)也属于软弱地基范畴。它们在动力荷载(机械振动、地震等)重复作用下易产生液化;在基坑开挖时可能产生管涌。

11.2.1.2 地基处理原则与程序

(1)地基处理原则。是在地基处理的设计和施工中应保证安全适用、技术先进、经济合理、确保质量,同时应满足工程设计要求,做到因地制宜、就地取材、保护环境和节约资源。地基处理应执行国家有关规范(程),且应符合国家现行有关强制性标准的规定。

（2）地基处理程序。地基处理程序一般按图 11-25 所示的流程进行。

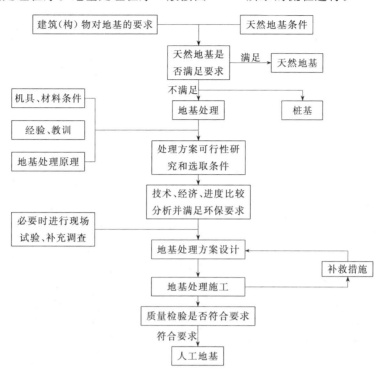

图 11-25　地基处理程序

① 首先根据建筑物对地基的要求和天然地基条件确定地基是否需要处理，若天然地基能满足要求，应尽量采用天然地基；

② 在确定地基是否需要处理时，应将上部结构、基础和地基同等考虑；

③ 若天然地基不能满足要求，需先确定地基处理的范围和要求，再根据天然地层的特性、地基处理方法的适用性及其原理及当地经验和机具设备、材料条件，进行地基处理方案的可行性研究，提出多种可选方案进行论证；

④ 对提出的多种方案进行技术、经济、进度等方面的比较分析，考虑环境保护要求，选择最佳方案，确定采用一种或几种地基处理方法；

⑤ 经过现场试验，确定有关技术参数，进行施工设计，并组织实施地基处理工程。

地基处理前需了解建筑物的基本概况，搜集建筑场地附近的工程地质资料，进行详细的岩土工程勘察，分析天然地基能否满足建筑物对地基的要求，是确定合理的地基处理方案的先决条件。

11.2.1.3　地基处理常用方法

软弱土与特殊土地基处理常用方法的分类及各种方法的适用范围，如表 11-4 所示。

表 11-4　地基处理常用方法的分类及各种方法的适用范围

编号	分　类	分类及处理原理	处理方法	处理特点	适用范围
1	换填垫层法	用砂石、灰土等材料，置换软弱地基中部分土体，起到应力扩散、调节变形作用	垫层法 褥垫法 开挖置换法 振冲置换法	表面土层换土 岩土交界处过渡 深层换土	浅层软弱土层，可处理厚度较大的软弱土层

编号	分类	分类及处理原理	处理方法	处理特点	适用范围
2	密实法	通过振动、挤压等方法，使地基土孔隙比减小，提高土体强度，减少地基沉降	表层压实法 重锤夯实法 强夯法	利用不同重量的锤和夯击能量，将土体夯实	非饱和疏松黏性土、湿陷性黄土、松散砂土、杂填土等
			振冲挤密法 土或灰土桩挤密法 砂石桩挤密法 石灰桩挤密法 爆扩法	在土体中采用竖向扩孔，从横向将土体挤密	
3	排水固结法	渗透性低的软土，通过荷载的预压作用，将孔隙中的一部分水挤出，土的孔隙比减小，以达到强度或消除一部分变形的目的	堆载预压法 砂井堆载预压法 真空预压法 降水预压法 电渗降水法	在天然地基上堆荷载 在砂井地基上堆荷载 利用真空作预压荷载 降水增加土的有效自重 利用电渗原理降水	饱和软土
4	胶结法	利用气压、液压或电化学原理把某些能固化液体注入土层，或以改良土体或降低渗透性或在软土中掺入水泥、石灰等与搅拌后胶结成强度较高的复合土体形成复合地基，改变持力层的强度和模量	压密注浆 劈裂注浆 高压喷射注浆 化学灌浆 深层搅拌法	注入浆液压密土体 在形成裂隙的土体中灌浆 浆液利用高气压水压，使土与水泥浆充分混合 利用化学浆液在土体中发生化学反应生成充填物或胶结土颗粒	黏性土 砂性土 湿陷性黄土 软弱土层
5	加筋法	通过在土体中设置土工合成材料或金属带片等拉筋、受力杆件，以达到提高地基承载力和稳定性	加筋土 土工合成材料 锚固技术 树根桩	利用筋土之间的摩擦力稳定土体 利用锚固力稳定土体 设置小直径桩	稳定边坡、人工路堤挡土结构等稳定边坡和加固地基
6	冷热处理法	利用冻结或烧结法加固土体	冷冻 高温焙烧		适用于水下 适用于湿陷性黄土
7	托换法	采用支托的办法，转移原有建筑物荷载，然后对地基进行加固	基础加宽 墩式托换法 桩式托换法 地基加固法 综合托换法	结合结构特点，综合考虑，是一种事后处理技术	根据建筑物及地基基础情况选择应用
8	纠偏	调整地基的不均匀沉降，以达到纠偏的目的	加载纠偏法 掏土纠偏法 顶升纠偏法 综合纠偏法	是通过调整地面荷载、掏取土体、顶升等方法，达到纠偏的地基处理技术	

软弱土和特殊土地基处理的方法很多，下面主要对一些比较常用的处理方法作一简要介绍。

11.2.2　换填垫层法

换填垫层法是指挖去地表浅层的软弱土层或不均匀土层，回填性质较好的材料，并夯压密实，形成垫层的地基处理方法。换填垫层法主要适用于浅层软弱地基、不均匀地基及暗沟、暗塘的处理。它可以有效地处理上部结构荷载不大的建筑物地基，如一般的多层房屋、路堤、油罐和水闸等地基。

常用的垫层材料有碎石、砂、素土、灰土及矿渣等。根据垫层材料的不同，垫层主要有以下几个方面的作用：

（1）提高地基承载力；

（2）减少地基沉降量；

（3）加速软弱土层的排水固结；

（4）防止地基冻胀；

（5）消除膨胀土的胀缩作用；

（6）消除或部分消除黄土的湿陷性。

换填垫层设计的基本原则是：既要满足建筑物对地基变形及承载力和稳定性的要求，又要符合技术经济的合理性。设计内容主要是确定垫层的厚度和宽度（见图11-26）。

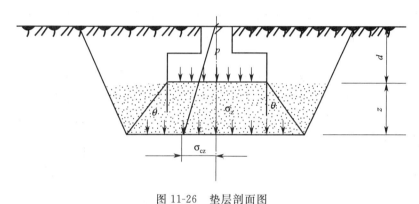

图 11-26　垫层剖面图

11.2.2.1　垫层厚度的确定

垫层厚度确定的要求是作用于垫层以下软土层顶面的总压力不超过其承载力特征值，即：

$$\sigma_z + \sigma_{cz} \leqslant f_{az} \tag{11-28}$$

式中　σ_z——垫层底面处的附加应力，kPa；

σ_{cz}——垫层底面处的自重应力，kPa；

f_{az}——垫层底面下软弱土经深度修正后的地基承载力特征值，kPa。

垫层底面处的附加应力常采用应力扩散法进行简化计算。

对于条形基础：

$$\sigma_z = \frac{b(p_k - \sigma_{cd})}{b + 2z\tan\theta} \tag{11-29}$$

对于矩形基础：

$$\sigma_z = \frac{bl(p_k - \sigma_{cd})}{(b + 2z\tan\theta) \times (l + 2z\tan\theta)} \tag{11-30}$$

式中　z——垫层厚度，m；

σ_{cd}——基础底面处土的自重应力，m；

θ——垫层压力扩散角，可按表11-5选用。

其余符号的意义同前。

设计时，先假设一个垫层厚度，然后用式(11-28)验算，如不符合要求，则需加大或减小厚度，重新验算，直到满足为止。换填垫层的厚度一般为 0.5～3m，过薄（<0.5m）其作用不显著；太厚（>3m）则施工较困难，经济上不合理。

表 11-5　压力扩散角 θ　　　　　　　单位：(°)

z/b	中砂、粗砂、砾砂、圆砾、角砾、石屑、卵石、碎石、矿渣	粉质黏土、粉煤灰	灰　　土
0.25	20	6	28
≥0.50	30	23	

注：1. $z/b<0.25$，除灰土取 $\theta=28°$ 外，其余材料均取 $\theta=0°$，必要时，宜由试验确定。

2. 当 $0.25<z/b<0.5$ 时，θ 值可内插求得。

11.2.2.2　垫层宽度的确定

垫层的宽度一方面要满足应力扩散的要求，另一方面要防止垫层向两侧挤出。常用经验的扩散角法来确定，如表 11-5 所示，则要求垫层宽度 (b') 应满足下式要求：

$$b'\geq b+2z\tan\theta \tag{11-31}$$

垫层底宽确定后，根据开挖基础所要求的坡度延伸至地面，即得垫层的设计剖面。

垫层剖面确定后，对于比较重要的建筑物还要验算地基的沉降，要求最终沉降量小于设计建筑物的允许沉降值。验算时可不考虑垫层的压缩变形，仅按常规的沉降公式，计算下卧软土层引起的地基沉降。

11.2.3　强夯法

强夯法是用起重机械将重量为 $100\sim400$kN 的夯锤起吊到高度 $8\sim30$m 后，让其自由落下，产生强大的冲击能量，对地基进行强力夯实的地基处理方法。强夯强大的冲击能量，将会在地基中产生冲击波和动应力，可提高地基土的强度，降低土的压缩性，防止砂土液化与消除黄土的湿陷性等。强夯置换法则是将重锤提高到高处使其自由落下形成夯坑，并不断夯击坑内回填的砂石、钢渣等硬粒料，使其形成密实墩体的地基处理方法。

强夯法适用于处理碎石土、砂土、低饱和度的粉土与黏性土、湿陷性黄土、素填土和杂填土等地基。强夯置换法适用于高饱和度的粉土与软塑、流塑的黏性土等地基上对变形控制要求不严的工程。

11.2.3.1　强夯法的设计计算

(1) 有效加固深度。强夯有效加固深度 (H) 一般可理解为经强夯加固后，该土层强度提高，压缩模量增大，其加固效果显著的土层范围。可由夯锤重 (W，kN) 和落距 (h，m)，按下式估算：

$$H=\alpha\sqrt{Wh/10} \tag{11-32}$$

式中　α——经验系数，主要与地基土的性质及厚度有关，砂类土及碎石土 $\alpha=0.4\sim0.5$m，
　　　　　粉土、黏性土及湿陷性黄土 $\alpha=0.35\sim0.4$m。

(2) 单位夯击能。锤重 (W) 与落距 (h) 的乘积称为单击夯击能。强夯的单位夯击能 (指单位面积上所施工的总夯击能)，应根据地基土类别、结构类型、荷载大小和需处理深度等综合考虑，并通过现场试夯确定。一般情况下对粗粒土可取 $1000\sim3000$kN·m/m²；细粒土取 $1500\sim4000$kN·m/m²。一般锤重可取 $100\sim300$kN，夯锤底面一般有圆形和方形等形状，有气孔式和封闭式两种。

夯锤确定后，可根据要求的单击夯击能，确定夯锤的落距。国内通常采用的落距为

8～20m。对相同的夯击能量，常选用大落距的施工方案，以获得较大的接地速度，方能将大部分能量有效地传到地下深处，增加深层夯实效果，减少消耗在地表土层塑性变形的能量。

（3）夯击点布置及间距。夯击点位置可根据基底平面形状，采用等边三角形、等腰三角形和正方形布置。

第一遍夯击点间距可取夯锤直径的 2.5～3.5 倍，第二遍夯击点位于第一遍夯击点之间。以后各遍夯击点间距可适当减小。对处理深度较深或单击夯击能较大的工程，第一遍夯击点间距宜适当增大。

强夯处理范围应大于建筑物基础的范围，每边超出基础外缘的宽度宜为基底下设计处理深度的 1/2～2/3，并不宜小于 3m。

（4）夯击次数与遍数。夯点的夯击次数，应按现场试夯得到的夯击次数和夯沉量关系曲线确定，并应同时满足下列条件：

①最后两击的平均夯沉量不宜大于下列数值，即当单击夯击能小于 4000kN·m 时为 50mm，当单击夯击能为 4000～6000kN·m 时为 100mm，当单击夯击能大于 6000kN·m 时为 200mm。

②夯坑周围地面不应发生过大的隆起，不因夯坑过深而发生提锤困难。

夯击遍数应根据地基土的性质确定，可采用点夯 2～3 遍，对于渗透性较差的细粒土，必要时夯击遍数可适当增加。最后再以低能量满夯 2 遍，满夯时可采用轻锤或低落距锤多次夯击，锤印搭接。

两遍夯击之间应有一定的时间间隔，间隔时间取决于土中孔隙水压力的消散时间。当缺少实测资料时，可根据地基土的渗透性确定，对于渗透性较差的黏性土地基，间隔时间不应少于 3～4 周；对于渗透性良好的地基可连续夯击。

（5）现场试验。根据初步确定的强夯参数，提出强夯试验方案，进行现场试夯。根据土质条件待试夯结束一至数周后，对试夯场地进行检测，并与夯前测试数据进行对比，检验强夯效果，确定工程采用的各项强夯参数。

强夯地基承载力特征值应通过现场载荷试验确定，初步设计时也可根据夯后原位测试和土工试验指标按现行国家标准的有关规定确定。强夯地基的变形计算应符合现行国家标准的有关规定。夯后有效加固深度内土层的压缩模量应通过原位测试或土工试验确定。

11.2.3.2 强夯置换的设计计算

（1）强夯置换深度。强夯置换墩（桩）的深度由土质条件决定，除厚层饱和粉土外，应穿透软土层，到达较硬土层上，且深度不宜超过 7m。强夯置换法的单击夯击能应根据现场试验确定。墩体材料可采用级配良好的石块、碎石、矿渣、建筑垃圾等坚硬粗颗粒材料。粒径大于 300mm 的颗粒含量不宜超过全重的 30%。

（2）夯击数。夯点的夯击次数应通过现场试夯确定，且应同时满足以下要求：即墩底穿透软弱土层，且达到设计墩长；累计夯沉量为设计墩长的 1.5～2.0 倍；最后两击的平均夯沉量不大于规范的规定值。

（3）墩位布置。墩位布置宜采用等边三角形或正方形。对独立基础或条形基础可根据基础形状与宽度相应布置。

墩间距应根据荷载大小和原土的承载力选定，当满堂布置时可取夯锤直径的 2～3 倍。对独立基础或条形基础可取夯锤直径的 1.5～2.0 倍。墩的计算直径可取夯锤直径的

1.1～1.2倍。

当墩间净距较大时，应适当提高上部结构和基础的刚度。强夯置换处理范围应按规范执行。

（4）墩顶垫层。墩顶应铺设一层厚度不小于500mm的压实垫层，垫层材料可与墩体相同，粒径不宜大于100mm。强夯置换设计时，应预估地面抬高值，并在试夯时校正。

（5）试验方案。强夯置换法试验方案的确定应符合现行规范的规定。检测项目除进行现场载荷试验检测承载力和变形模量外，也可采用超重型或重型动力触探等方法，检查置换墩着底情况及承载力与密度随深度的变化。

（6）承载力。确定软黏性土中强夯置换墩地基承载力特征值时，可只考虑墩体，不考虑墩间土的作用，其承载力应通过现场单墩载荷试验确定；对饱和粉土地基可按复合地基考虑，其承载力可通过现场单墩复合地基载荷试验确定。强夯置换地基的变形计算应符合有关规范的规定。

11.2.4　砂石桩法

砂石桩法是指采用振动、冲击或水冲等方式在地基成孔后，再将碎石、砂或砂石挤压入已成的孔中，形成砂石所构成的密实桩体，并和桩周土组成复合地基的地基处理方法（见图11-27）。

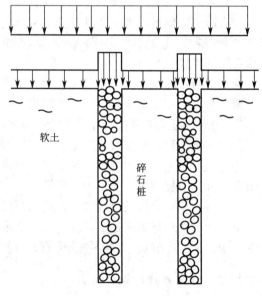

图 11-27　有碎石桩的复合地基

砂石桩法适用于挤密松散砂土、粉土、黏性土、素填土、杂填土等地基。对饱和黏土地基上对变形控制要求不严的工程也可采用砂石桩置换处理。砂石桩法也可用于处理可液化地基。

砂石桩法的设计计算主要有以下几方面：

（1）一般规定。采用砂石桩处理地基时应补充设计、施工所需的有关技术资料。如黏性土的不排水抗剪强度指标、砂土和粉土的天然孔隙比、相对密度或标准贯入锤击数、砂石料特性、施工机具及性能等资料。

（2）加固范围。砂石桩处理范围应大于基底范围，处理宽度宜在基础外缘扩大1～3排桩。对可液化地基，在基础外缘扩大宽度不应小于可液化土层厚度的1/2，并不应小于5m。

（3）桩位布置。砂石桩孔宜采用等边三角形或正方形布置，根据地基土质情况和成桩设备等因素，桩直径一般为300～800mm，对饱和黏性土地基宜选用较大的直径。桩间距应通过现场试验确定。对粉土和砂土地基，间距不宜大于砂石桩直径的4.5倍；对黏性土地基，间距不宜大于砂石桩直径的3倍。

（4）桩长。砂石桩桩长可根据工程要求和工程地质条件通过计算确定：

① 当松软土层厚度不大时，砂石桩宜穿过松软土层。

② 当松软土层厚度较大时，对按稳定性控制的工程，砂石桩桩长应不小于最危险滑动面以下2m的深度；对按变形控制的工程，砂石桩桩长应满足处理后地基变形量不超过建筑

物的地基变形允许并满足软弱下卧层承载力的要求。

③ 对可液化的地基，砂石桩桩长应按现行国家标准《建筑抗震设计规范（附条文说明）》（GB 50011—2010）的有关规定采用。

④ 一般桩长不宜小于 4m。

（5）桩体材料。砂石桩桩孔内的填料量应通过现场试验确定，估算时可按设计桩孔体积乘以充盈系数 β 确定，β 可取 1.2～1.4。如施工中地面有下沉或隆起现象，则填料数量应根据现场情况予以增减。桩体材料可用碎石、卵石、角砾、砾砂、粗砂、中砂或石屑等硬质材料，含泥量不得大于 5%，最大粒径不宜大于 50mm。

（6）承载力验算。砂石桩复合地基的承载力特征值，用通过现场复合地基荷载试验确定。初步设计时，也可按相关规范方法进行估算。

与砂石桩法类似的处理方法还有石灰桩法、灰土与土挤密桩法、水泥粉煤灰碎石桩法以及振冲法等。

石灰桩法是将生石灰和粉煤灰等掺和料拌和均匀，在孔内分层夯实形成竖向增强体，并与桩间土组成复合地基的地基处理方法。石灰桩法适用于处理饱和黏性土、淤泥、淤泥质土、素填土和杂填土等地基。

灰土挤密桩法与土挤密桩法是利用横向挤压成孔设备成孔，使桩间土得以挤密，是用灰土、素土填入桩孔内分层夯实形成灰土桩或土桩，并与桩间土组成复合地基的地基处理方法。灰土挤密桩法与土挤密桩法适用于处理地下水位以上的湿陷性黄土、素填土和杂填土等地基，可处理地基的深度为 5～15m。当以消除地基土的湿陷性为主要目的时，宜选用土挤密桩法。当以提高地基土的承载力或增强其水稳性为主要目的时，宜选用灰土挤密桩法。当地基土的含水量大于 24%、饱和度大于 65% 时，不宜选用灰土挤密桩法或土挤密桩法。

水泥粉煤灰碎石桩法（CFG 桩）是由水泥、粉煤灰、碎石、石屑或砂等混合料加水拌和形成的高黏结强度桩，并由桩、桩间土和褥垫层一起组成复合地基的地基处理方法。适用于处理黏性土、粉土、砂土和已自重固结的素填土等地基。对淤泥质土应按地区经验或通过现场试验确定其适用性。

振冲法是利用振冲器边振动边水冲，使松砂地基密实，或在黏性土地基中成孔，填入碎石后形成复合地基。前者称为振冲密实法；后者称为振冲置换法。振冲法适用于处理砂土、粉土、粉质黏土、素填土和杂填土等地基。对于处理不排水抗剪强度不小于 20kPa 的饱和黏性土和饱和黄土地基，应在施工前通过现场试验确定其适用性。不加填料振冲加密适用于处理黏粒含量不大于 10% 的中砂、粗砂地基。

以上各种桩法的加固机理与适用条件有所不同，应根据具体情况选用。

11.2.5 排水固结法

排水固结法（预压法）是指在建筑物建造前，对天然地基或对已设各种排水体（如砂井和排水垫层等）的地基施加预压荷载，使土体固结沉降基本完成，从而提高地基强度、降低其压缩性的一种地基处理方法。排水固结法适用于处理淤泥、淤泥质土和冲填土等饱和黏性土地基。

预压法主要包括：堆载预压法、砂井堆载预压法和真空预压法等。

11.2.5.1 堆载预压法

堆载预压法是在建筑物建造前，在软土地基表面铺设砂垫层，然后堆放土石进行加载预压，地基因此发生固结沉降，承载力得以提高的地基处理方法。该方法适用于透水性和自身排水条件较好，施工工期较长，且厚度较薄的饱和软弱地基。

堆载预压法的加固范围、加载速率和预压时间应根据相应的规范计算确定。

11.2.5.2 砂井堆载预压法

砂井堆载预压法是在软弱地基中用钢管成孔，孔中灌砂并捣实后，形成竖向排水的砂井（竖向排水体），砂井顶部设置水平排水的砂垫层，再堆放预压荷载的地基处理方法（见图 11-28）。

竖向排水体除了普通砂井外，还可采用袋装砂井或塑料排水板。

砂井堆载预压法的设计计算包括：

(1) 确定砂井断面尺寸、间距、排列方式和深度；

(2) 确定预压区范围、预压荷载大小、荷载分级、加载速率和预压时间；

(3) 计算地基的固结度、强度增长、抗滑稳定性和变形。

11.2.5.3 真空预压法

真空预压法是指通过对覆盖于砂井地基表面的不透气薄膜内抽真空，而使地基土固结的地基处理方法（见图 11-29）。该方法避免堆卸土、石等笨重预压荷载时费时费力，若地质条件允许，还可在场地埋设井点系统来降低地下水位，这样既可加速排水，又可使土的自重加大起到预压作用。

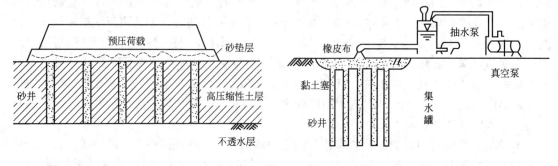

图 11-28   砂井堆预压法   图 11-29   真空预压法

真空预压法的设计计算包括：

(1) 砂井断面尺寸、间距、排列方式和深度的选择；

(2) 预压区面积和分块大小；

(3) 真空预压工艺；要求达到的真空度和土层的固结度；

(4) 真空预压和结构物荷载作用下地基的变形计算；

(5) 真空预压后地基的强度增长计算等。

真空预压法可与堆载法联合使用，两种加固效果可叠加，合理协调后可取得良好的效果。

11.2.6   深层搅拌桩法

深层搅拌桩法（简称为 CDM 法）是以水泥为固化剂，通过特制的深层搅拌机械将固化剂和地基土强制搅拌，使软土硬结成具有整体性、水稳定性和一定强度桩体的地基处理方法。深层搅拌桩法按照固化剂掺入状态的不同，它可分为水泥浆液搅拌法（简称湿法）和粉体喷射搅拌法（简称干法）两种。

深层搅拌桩法适用于处理正常固结的淤泥质土、粉土、饱和黄土、素填土、黏性土及无流动地下水的饱和松散砂土等地基。当地基土的天然含水量小于 30%（黄土含水量小于 25%）或大于 70% 或地下水的 pH 值小于 4 时不宜采用干法。冬季施工时，应注意负温对地基处理效果的影响。用于处理泥炭土、有机质土、塑性指数 I_P 大于 25 的黏土、地下水具有腐蚀性及无工程经验的地区时，必须通过现场试验其适用性。

深层搅拌桩法的特点主要有：加固效果显著，设计比较灵活，充分利用原土，对周围环境无污染，施工机具简单和节约资金。

深层搅拌桩的工程应用主要有以下三个方面。

（1）形成复合地基。提高地基承载力，减少地基变形，用于对各种建筑物地基进行加固。

（2）形成水泥土重力式围护结构，用于深基坑支护。

（3）作为防渗帷幕使用。水泥土的系数小于 10^{-7} cm/s，具有良好的防渗性能，常将水泥土桩搭接施工，组成连续的水泥土帷幕墙，广泛用于土坝坝体与地基的防渗工程。

深层搅拌桩法的施工步骤，由于湿法和干法的施工设备不同而略有差异，主要工艺流程，如图 11-30 所示。

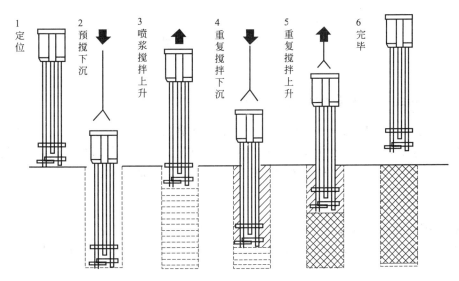

图 11-30 深层搅拌桩法工艺流程

11.2.7 高压喷射注浆法

高压喷射注浆法是用高压水泥浆通过钻杆由水平方向的喷嘴喷出，形成喷射流，以此切割土体并与土拌和形成水泥土加固体的地基处理方法。

高压喷射注浆法适用于处理淤泥、淤泥质土流塑-可塑状态的黏性土、粉土、砂土、黄土、素填土和碎石土等地基。当土中含有较多的大粒径块石、大量植物根茎或有较高的有机质时，以及地下水流速大和已涌水的工程，应根据现场试验结果确定其适用性。

高压喷射注浆法具有施工简便、操作安全、适用范围广、成本较低等优点。

高压喷射注浆法的工程应用与深层搅拌桩类似，既可用于加固处理、加固边坡及深基坑支护，也可用作防渗帷幕，用于土坝坝体与地基的防渗工程。

高压喷射注浆施工顺序，如图 11-31 所示。

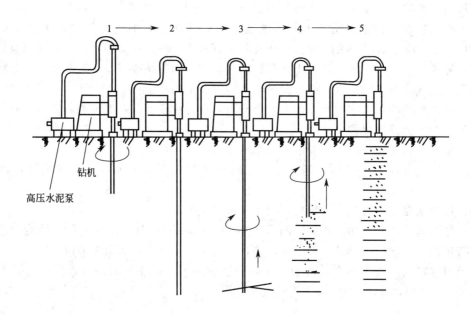

图 11-31　高压喷射注浆施工顺序
1—开始钻进；2—钻进结束；3—高压旋喷开始；
4—喷嘴边旋转边提升；5—旋喷结束

11.2.8　特殊土地基及其处理

特殊土是指具有特殊工程性质的土类。特殊土的种类较多，主要有湿陷性黄土、膨胀土、红黏土及冻土等，这些土由于形成的自然地理环境、气候条件、地质成因等因素的不同，具有很强的区域性，故也称为区域性特殊土。下面仅作简要介绍。

11.2.8.1　湿陷性黄土

湿陷性黄土是天然黄土在上覆土的自重应力作用下，或在上覆土自重应力和附加应力共同作用下，受水浸湿后，土的结构被破坏，其强度迅速降低并发生显著附加沉陷的黄土。

（1）湿陷性黄土的分布及特征。黄土是指第四纪地质时期干旱条件下形成的黄色粉土。主要分布于我国的甘肃、陕西、山西、宁夏、河南和青海等省区，分布面积达 60 多万平方千米，其中湿陷性黄土约占 75%。

湿陷性黄土中主要矿物成分为石英、长石、碳酸盐、硫酸盐与黏土矿物，具有肉眼可见的大孔隙，孔隙比 $e>1$，天然含水率小于或接近塑限，在天然状态下处于坚硬状态，强度较高。但受水浸湿后，土的结构被破坏，其强度迅速降低并发生显著附加沉陷。这种性质称为黄土的湿陷性。

（2）处理措施。对于湿陷性较小且地下水不会上浸的黄土地基，主要采用地面防渗与表面排水措施；对于深度不大但有可能浸水的黄土层，可采用换土垫层法或重锤夯实法处理；对于较厚的湿陷性黄土层和较重要的建筑物，可采用"预浸法"或强夯法处理。

除上述处理措施外，必要时还可从上部结构采取适当的措施，以加强建筑物对不均匀沉降的适应能力。

11.2.8.2　膨胀土

膨胀土是指主要由强亲水性的矿物组成，具有显著的吸水膨胀与失水收缩性能的高塑性黏土。

（1）膨胀土的分布与特征。膨胀土主要分布于我国的中南与西南的部分地区。

膨胀土的矿物成分主要为蒙脱石、伊利石、高岭石等。$\omega_L > 40\%$，$\omega_p = 17\% \sim 33\%$，$I_P > 17$，$I_L < 0.25$。呈硬塑或坚硬状态，颜色多呈黄、红、灰、白等色，裂隙较为发育，有光滑面与擦痕。

（2）处理措施。水利工程可采用"预湿法"。工民建可采用设置沉降缝、换土垫层法与排水、加大基础埋深、设置钢筋混凝土圈梁等措施来消除或减少其危害。

11.2.8.3　红黏土

红黏土是指碳酸盐类岩石经红土化作用形成的高塑性黏土。

（1）红黏土的分布与特征。红黏土主要分布于我国的云南、贵州、广西等地。

红黏土一般为褐红、棕红、黄褐等颜色。矿物成分主要为伊利石与高岭石；化学成分主要为 SiO_2、Fe_2O_3 及 Al_2O_3；具有高分散性（黏粒含量很高，一般为 $50\% \sim 70\%$）；高含水率（天然含水率大，$\omega = 30\% \sim 60\%$）；高塑性（$\omega_p = 30\% \sim 60\%$，$I_P = 20 \sim 50$，$I_L = 0.1 \sim 0.4$）；低密度（孔隙比大，$e = 1.1 \sim 1.7$）；较高强度和较低压缩性较低（$\varphi = 8° \sim 18°$、$c = 40 \sim 90kPa$；$E_s = 10 \sim 30MPa$）等工程特征。红黏土是一种工程性质较好的地基土，但也存在一些问题。

（2）处理措施。对红黏土下部，尤其是基岩低洼处，常因地下水聚集而使其处于软塑-流塑状态，强度低，施工时对局部软弱土应以清除；如果存在有土洞，应予以充填，并作好相应的防渗与排水措施。

11.2.8.4　冻土

冻土是指温度低于零摄氏度且含有冰的土。冻土分可为季节性冻土、隔年冻土与多年冻土。季节性冻土是指冬季冻结，夏季全部融化的冻土。隔年冻土是指冬季冻结，一两年内不融化的冻土。多年冻土是指冻结状态持续三年或三年以上的冻土。

（1）冻土的分布与特征。我国的冻土分布广泛，如果包括冻结深度大于 0.5m 的季节性冻土在内，其面积约占国土面积的 68.6%。多年冻土主要分布在东北的大、小兴安岭，青藏高原及西部高山区（天山、阿尔泰山、祁连山等），占国土面积的 22.3%，其冻深在 2m以上，有的可达几十米。季节性冻土主要分布在西北、东北和华北地区，其冻结深度随气候条件而不同，一般为 0.50 ~ 2.0m。

（2）防止冻害的措施。冻土地基会因冻胀及融化引起基础变形，导致上部结构开裂、倾斜，道路翻浆、桥桩拔出、桥面隆起等。鉴于以上现象，应将建筑物基础设在最大冻融深度以下，在桩基工程中采用渣油等涂料，减少桩周土的联结力，从而减少桩周土冻胀时对桩产生的冻拔力。在渠系建筑物中采用抗冻性较强的材料，并采用相应的水工建筑物型式，尽量缩小冻胀范围，在挡土墙渠道的渠底及坡脚以上 1 ~ 2m 范围内作好排水并切断水源等。

 本章小结

　　浅基础是一般建筑工程常用的基础形式，而天然地基上的浅基础又以结构简单、施工简便、造价低，成为工程设计中的首选。而在地基基础的设计中，常常会遇到各种各样的软弱地基或特殊土地基，由于它们土质软弱或土性特殊，往往需要进行加固处理，以满足建筑物对地基的基本要求。

　　本章内容主要包括地基基础设计的基本规定、浅基础类型及构造、基础埋置深度的选择、基础底面尺寸确定、基础结构设计及地基处理的常用方法。

　　(1) 地基基础设计的基本规定。各级建筑物的地基计算均应满足关于承载力计算的有关规定；设计等级为甲级、乙级的建筑物．应按地基变形设计，建筑物情况和地基条件复杂的丙级建筑物地基也应做变形验算，以保证建筑物不因地基沉降影响其正常使用；高层、高耸建筑和挡土墙以及建造在斜坡上或边坡附近的建筑物，还应验算其稳定性；按地基承载力确定基础底面尺寸和埋深时，传至基础底面上的作用效应应按正常使用极限状态下作用的标准组合，相应的抗力应采用地基承载力特征值；计算地基变形时，传至基础底面上的作用效应应按正常使用极限状态下荷载效应的准永久组合，不应计入风荷载和地震作用，相应的限值应为地基变形允许值；确定基础高度、基础底板配筋和验算材料强度时，上部结构传来的作用效应和相应的基底反力，应按承载能力极限状态下作用的基本组合；由永久荷载效应控制的基本组合值可取标准组合值的 1.35 倍。

　　(2) 浅基础的类型包括无筋扩展基础、扩展基础、柱下条形基础和筏形基础等。

　　(3) 基础埋深的选择应从建筑物用途和结构类型、作用在基础上的荷载、工程地质和水文地质条件及相邻基础埋深的影响等几方面综合考虑。

　　(4) 基础底面尺寸应按持力层修正后的地基承载力特征值计算，必要时还要作软弱下卧层承载力、地基变形及地基稳定性验算。

　　(5) 无筋扩展基础的剖面设计应根据所用材料的强度等级，控制基础台阶的宽高比不超过所用材料宽高比的允许值；扩展基础的剖面设计，首先需满足其构造要求，然后再按有关要求确定基础高度和进行基础底板配筋。

　　(6) 地基处理的主要目的是改善地基土的工程性质，包括改善地基土的变形特性和渗透性，提高其抗剪强度和抗液化能力，使其满足工程设计的要求。

　　(7) 地基处理的对象是软弱土地基和特殊土地基。软弱土地基是指主要由淤泥、淤泥质土、冲填土、杂填土或其他高压缩性土层构成的地基；特殊土地基是指主要由湿陷性黄土、膨胀土、红黏土及冻土所构成的地基。

　　(8) 地基处理的方法有很多，最常用的主要有换填垫层法、强夯法、挤密桩法（如砂石桩法、石灰桩法、CFG 桩法等）、排水固结法、深层搅拌桩法和高压喷射注浆法等。

 思考题与习题

　　[11-1] 地基基础设计有哪些基本规定？

[11-2] 基础埋深的选择要考虑哪些主要因素？

[11-3] 扩展基础主要有哪些构造要求？

[11-4] 地基处理的目的主要体现在哪些方面？

[11-5] 何谓换填垫法、强夯法、砂石桩法、排水固结法、深层搅拌桩法以及高压喷射注浆法？

[11-6] 某墙下条形基础，基础埋深 $d=1.2m$，作用在基础顶面的荷载标准值 $F_k=180kN/m$。地基为粉质黏土，$e=0.75$，$I_L=0.25$，$\gamma=18.5kN/m^3$，$f_{ak}=150kPa$。试确定该条形基础宽度。

(参考答案：$b=1.30m$)

[11-7] 某校宿舍楼设计采用砖混结构，条形基础，墙厚度 240mm，墙基顶面荷载标准值 $F_k=180kN/m$。地基表层为耕植土，厚度 0.5m，$\gamma_1=17kN/m^3$；其下为粉质黏土，厚度较大，$f_{ak}=160kPa$，$\gamma_2=17kN/m^3$、$\gamma_{sat}=19.6kN/m^3$、$e=0.80$、$I_L=0.30$。地下水位埋深 0.8m，初定基础埋深为 0.8m。设计此无筋扩展性基础。

(参考答案：$b=1.2m$，基础用两种材料，上层用砖，下层用混凝土)

[11-8] 某承重墙厚 370mm，承受上部结构传来的轴心荷载标准值 $F_k=330kN/m$，基础埋深 0.8m，室内外高差 0.3m，修正后地基承载力特征值 $f_a=196kPa$，基础用 C20 混凝土，配 HPB235 级钢筋，试确定基础底宽及底板高度，并进行基础底板配筋。

(答案：$b=1.9m$)

[11-9] 某钢筋混凝土内柱截面尺寸 300mm×300mm，作用在基础顶面的荷载标准值 $F_k=400kN$，弯矩为 $M_k=110kN\cdot m$。地基表层为素填土，松散，厚度 1.0m，$\gamma=16.4kN/m^3$；其下为细砂，$\gamma=16.4kN/m^3$，$f_{ak}=140kPa$。取基础的长宽比为 1.5，试确定基础底面尺寸并设计基础截面及配筋。

(答案：$b=1.6m$，$l=2.4m$)

12 水利水电工程地质勘察

本章提要

　　一切的水工建筑物，如水库、闸坝、隧洞、水电站厂房等，都是建造在地壳的表层，在兴建和使用过程中必然会遇到各种各样的地质问题。如修建水库时，要选择地形适宜的河谷地段作库址和坝址；查明坝基与坝肩是否稳定；查明坝区和库区是否存在渗漏通道；查明库区岸坡是否稳定，有没水库淤积和浸没等问题。因此，在水利水电工程兴建之前，都进行工程地质勘察。本章将主要对中小型水利水电工程地质勘察的阶段划分、勘察方法及勘察报告编写与阅读作一简要介绍。

12.1　工程地质勘察阶段的划分

　　水利水电工程地质勘察的目的是查明水库和水工建筑物地区的工程地质条件，分析和预测可能出现的工程地质问题，充分利用有利的地质条件，避开或改造不利的地质因素，为工程的规划、设计、施工和正常运用提供可靠的地质依据。

　　中小型水利水电工程地质勘察宜分为规划、可行性研究、初步设计和技施设计四个勘察阶段。工程地质条件简单的小型工程，其勘察阶段可适当合并。

12.1.1　规划阶段工程地质勘察

12.1.1.1　勘察的主要任务

　　规划阶段工程地质勘察应对河流开发方案和水利水电规划进行地质论证。其主要任务是：了解规划河流或地区的区域、地震概况；了解各规划方案水库、坝区的地质条件和主要工程地质问题，分析建库、坝的可能性；了解引水线路的工程地质条件；了解规划方案中其他水利工程的地质概况；了解各规划方案所需天然建筑材料的概况。

12.1.1.2　勘察内容

　　(1) 区域地质勘察内容。了解河流或地区的地形地貌特点，特别是阶地发育情况和分布范围，规划河流与邻谷的关系，可溶区的岩溶地貌特征；了解工程区的地层岩性、地质构造、自然地质作用和区域地壳稳定性；了解主要含水层和隔水层的分布情况、岩溶区泉水的出露高程等。

（2）各梯级水库区勘察内容。了解水库区的基本地质情况；了解水库的成库条件、库岸稳定条件和水库浸没情况；了解库区内主要矿产资源的分布情况。

（3）各梯级坝址区勘察内容。了解工程区的地形地貌特征；了解工程区的地层岩性、地质构造和自然地质作用；了解工程区（坝区）强透水通道的分布情况。

（4）引水线路勘察内容。了解工程区地形地貌，特别是较大滑坡体、崩塌体、蠕变体、山麓堆积体、泥石流、移动沙丘等的规模和分布情况；了解工程区的地层岩性、地质构造和水文地质条件；了解影响隧洞成洞和进口、出口稳定的不良地质现象。

12.1.1.3　勘察方法及勘察成果

规划阶段地质勘察方法：收集本区已有资料，结合航片、卫片解译分析；工程地质调查及工程地质测绘；工程地质物探，并对近期开发工程布置少量钻探。

规划阶段地质勘察成果主要有：规划阶段工程地质勘察报告及各种图件，如 1∶200000～1∶100000 河流综合地质图；库区 1∶100000～1∶50000 地质图；近期开发工程 1∶5000～1∶2000 坝区地质图等。

12.1.2　可行性研究阶段工程地质勘察

12.1.2.1　勘察的主要任务

可行性研究阶段工程地质勘察应在选定的规划方案的基础上进行，为选定坝址、推荐基本坝型、枢纽布置和引水线路方案进行论证。其主要任务是：调查区域地质构造和地震活动情况，对工程区的区域构造稳定性作出评价；进行库区地质调查论证水库的建库条件，并对影响方案选择的库区主要工程地质问题和环境地质问题作出初步评价；初步查明坝址区和其他建筑物区的工程地质条件，对有关的主要工程地质问题作出初步评价；对初选的移民迁建新址进行地质调查，初步评价其整体稳定性和适宜性；进行天然建筑材料初查。

12.1.2.2　勘察内容

（1）区域与水库区地质勘察内容。确定工程区所属大地构造部位，提出工程区的地震动参数；初步查明水库区的渗漏条件，调查分析库岸稳定和水库浸没问题；分析水库蓄水后可能引起的其他环境地质变化，包括对重要矿产、居民点、名胜古迹和自然保护区的影响，水库诱发地震和塌陷的可能性等。

（2）坝址区勘察内容。初步查明坝址区的地形地貌、地层岩性、地质构造、自然地质作用和水文地质条件；初步进行坝址工程地质条件评价，对坝址及基本坝型的选择提出地质方面的建议。

（3）厂房、溢洪道、地下洞室及引水线路勘察内容。初步查明建筑物区的工程地质条件，对地基稳定性作出初步评价；初步分析岩体结构特征、渗流对地基和边坡稳定的影响；分析基坑开挖涌水和流砂的可能性；初步评价地下洞室的成洞条件及其进、出口段处的边坡稳定。

12.1.2.3　勘察方法及勘察成果

可行性研究阶段地质勘察方法：收集本区已有资料、工程地质调查及工程地质测绘、工程地质物探以及工程地质钻探。

可行性研究阶段地质勘察成果主要有：可行性研究阶段工程地质勘察报告及各种图件，如库区 1：50000～1：10000 地质图；移民迁建新址 1：10000～1：2000 地质图；坝址区和地下洞室 1：5000～1：1000 地质图；引水线路 1：25000～1：10000 地质图；各种工程地质剖面图等。

12.1.3　初步设计阶段工程地质勘察

12.1.3.1　勘察的主要任务

初步设计阶段工程地质勘察应在可行性研究阶段选定的坝址和建筑物场地的基础上进行，为选定坝线、坝型和其他建筑物位置、枢纽布置和地基处理进行论证。其主要任务是：查明水库区工程地质条件并对水库工程问题作出评价；查明坝址、引水线路、导流工程和其他建筑物区的工程地质条件，并作出评价，为选定坝线、坝型和其他建筑物轴线位置及地基处理方案提供地质资料与建议；对库区移民迁建新址进行勘察，进一步评价其整体稳定性和适宜性；进行天然建筑材料详查。

12.1.3.2　勘察内容

（1）水库区地质勘察内容。查明水库渗漏的工程地质条件，并对防渗处理措施提出建议；查明库岸工程地质条件，对库岸边坡进行工程地质分类，预测和评价岸坡稳定性和可能失稳破坏范围和方式，并对可能失稳破坏的岸坡提出防治措施的建议；预测水库浸没的范围，并对其危害作出评价，提出防治措施的建议；初步查明水库区的渗漏条件，调查分析库岸稳定和水库浸没问题；查明库区移民迁建新址的工程地质条件，评价其整体稳定性，并根据环境地质条件进行建筑适宜性分区。

（2）坝址区勘察内容。查明坝址区工程地质条件，对坝基岩体进行工程地质分类，提出各种岩土的物理力学参数。评价坝基、坝肩岩体稳定性，提出坝区防渗处理和开挖边坡的建议。

（3）厂房、溢洪道、地下洞室及引水线路勘察内容。查明建筑物区的工程地质条件。对厂房区边坡稳定性、地基承载力和变形作出评价，并提出处理建议；分段提供溢洪道岩土的物理力学参数，并对泄洪闸基、沿线边坡稳定条件和泄洪冲刷段的抗冲刷能力进行评价；提出各种围岩的物理力学参数，评价地下洞室围岩的稳定性；分段评价引水线路工程地质条件，提出岩土物理力学参数，并对不良地质问题防治和地基处理提出建议。

12.1.3.3　勘察方法及勘察成果

初步设计阶段地质勘察方法：工程地质调查及工程地质测绘、工程地质物探、工程地质钻探及工程地质试验与长期观测。

初步设计阶段地质勘察成果主要有：初步设计阶段工程地质勘察报告及各种图件，如水库区：1：10000～1：5000 地质图及 1：5000～1：1000 专门工程地质图；移民迁建新址：1：2000 地质图；坝址区、厂房区、溢洪道：1：1000～1：500 地质图；地下洞室：1：2000～1：500 地质图；引水线路 1：5000～1：2000 地质图；各种剖面图以及工程试验成果等。

12.1.4　技施设计阶段工程地质勘察

12.1.4.1　勘察的主要任务

技施设计阶段工程地质勘察应根据初步设计审查意见和设计要求，补充论证专门性工程地质问题；进行施工地质工作；对施工过程中出现的各种工程地质问题的处理提出建议；对施工期和运行期工程地质监测的内容、方法、布置方案及技术要求提出建议。

12.1.4.2　专门性工程地质勘察

专门性工程地质勘察内容，应根据初步设计报告的建议及审查意见，以及施工中出现的重大地质问题和设计要求确定。

当存在危及工程安全的不稳定边坡时，应复核影响其稳定性的因素；复核可能滑动面的物理力学参数；复核边坡失稳的可能性及其对工程的影响；并对边坡监测、防护及处理措施提出建议。

当施工开挖后地质条件有变化时，应查明其变化情况，并复核其物理力学参数；对工程影响较大的天然建筑材料应进行复查；当工程出现重大地质问题时应按勘察任务书规定的内容进行勘察。

12.1.4.3　施工地质

施工地质的主要任务是：收集、分析、整理施工开挖所揭露的地质现象，检验前期勘察成果，校核、修正岩土物理力学参数；对可能出现的不良工程地质问题进行预报和预测，对已揭露的不良工程地质问题的处理措施提出处理；进行施工地质编录、测绘和地质巡视；参加与地质有关的工程验收；对地质监测及必要的补充地质勘察提出建议；编制施工地质报告。

12.2　工程地质测绘

工程地质测绘是工程地质勘察中最重要、最基本的勘察方法。它是运用地质学的理论和方法，通过野外地质调查和综合研究勘察区的地形地貌、地层岩层、地质构造、自然地质作用和水文地质条件，并将它们填绘在适当比例尺的地形图上，为下一步布置勘探、试验和长期观测工作打下基础。

工程地质测绘的范围，一方面取决于建筑物类型、规模和设计阶段；另一方面是区域地质条件的复杂程度和研究程度。通常，当建筑物规模大，并处在建筑物规划和设计的开始阶段，且工程地质条件复杂而研究程度又较差的地区，其工程地质测绘的范围就应大一些。

工程地质测绘的比例尺主要取决于不同的设计阶段。在同一设计阶段内，比例尺的选择又取决于建筑物的类型、规模和工程地质条件的复杂程度。工程地质测绘的比例尺可分小比例尺（1∶100000～1∶50000）测绘，中比例尺（1∶2.50000～1∶10000）测绘和大比例尺（1∶5000～1∶1000）测绘。

工程地质测绘使用的地形图必须是符合精度要求的同等或大于工程地质测绘比例尺的地形图。图件的精度和详细程度，应与地质测绘比例尺相适应。在图上，凡大于2mm的地质体都应反映出来。对于有重要意义的地质体，如软弱夹层、断层等，即使在图上不足2mm，也要扩大比例尺反映出来。地质界线在图上的误差应不超过2mm。

野外工程地质测绘工作，根据工程设计要求，在收集并分析测区已有地质资料、确定比例尺、范围及工作内容的基础上进行。一般采用路线测绘法、地质点测绘法和实测地质剖面法等。

12.2.1 路线测绘法

12.2.1.1 路线穿越法

这是一种沿着与地层分界线或区域构造线的走向垂直的方向，每隔一定的距离布置一条路线，沿路线观察各种地质现象并标绘在地质图上的方法（见图12-1）。这种方法适用于地质条件较简单或小比例尺测绘。

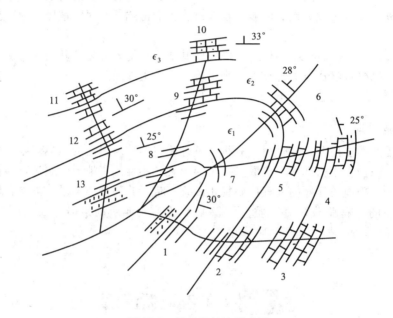

图 12-1　路线穿越法示意图

12.2.1.2 界线追索法

这是沿着地层界线或断层延伸方向布置观测路线的测绘方法。多用于地层沿走向变化较大、断裂构造发育以及岩浆岩分布区的中、小比例尺测绘。

12.2.2 地质点测绘法

地质点测绘法是一种在测区范围内按方格网布置地质观察点，然后逐点进行详细观察描述的测绘方法。此法工作量大，但精度高，一般适用于地质条件复杂或大比例尺的地质测绘。

12.2.3 野外实测地质剖面

在工程地质测绘中，常常需选作几条具有代表性的实测剖面，以反映测区的地质条件。它是沿垂直于岩层走向或垂直于主要构造线方向，也可沿大坝、厂房、隧洞、溢洪道轴线或横断面方向选定剖面线方向，依据地形坡度变化和岩层出露宽度进行分段，并选取适当的纵、横比例尺。然后，布置测点，测定剖面方向和地形坡度，用皮尺量距并详细观测记录岩层产状、地质构造和岩性变化。最后，用规定的符号将观察内容表示在剖面图上（见图12-2）。

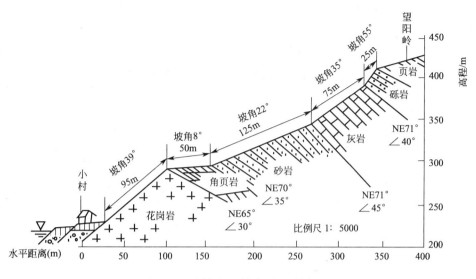

图 12-2　小村-望阳岭实测地质剖面图

12.3　工程地质勘探

工程地质勘探是在工程地质测绘的基础上，用于查明地表以下各种工程地质条件的勘察方法。工程地质勘探主要有坑探、钻探和物探。

12.3.1　坑探

坑探是用人工或机械掘进的方式来探明地表以下浅部的工程地质条件的勘探方法，主要包括探坑、探槽、浅井、斜井、竖井、平硐等（见图 12-3）。

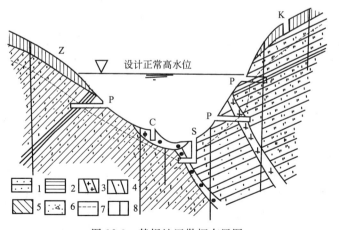

图 12-3　某坝址区勘探布置图

1—砂岩；2—页岩；3—花岗岩脉；4—断层带；5—坡积层；
6—冲积层；7—风化层界线；8—钻孔；P—平硐；S—竖井；
K—探坑；Z—探槽；C—浅井

坑探的优点是使用的机具简单，技术要求不高，运用广泛，揭露的面积大，可直接观察地质现象，方便取样，并可用于现场作大型试验。但勘探深度不大，且成本高，周期长。

在水利水电工程勘探中，坑探的类型、特点及用途见表12-1。

表 12-1　工程地质勘探中坑探的类型、特点及用途

类　型	特　　点	用　　途
探坑	深度小于3m的小坑,形状不定	局部剥除地表覆土,揭露基岩
探槽	在地表垂直岩层或构造线方向挖掘深度不大(小于3~5m)的长条形槽子	追索构造线、断层,探查残坡层,风化岩石的厚度和岩性,了解坝接头处的地质情况等
浅井	从地表垂直向下,断面多呈圆形,深5~10m	确定覆盖层及风化层的岩性及厚度,取原状样,载荷试验,渗水试验
竖井	形状与浅井相同,但深度超过10m,一般在平缓山坡、漫滩、阶地等岩层较平缓的地方,有时需支护	了解覆盖层厚度及性质,构造线、岩石破碎情况、岩溶、滑坡等,岩层倾角较平缓时效果好
平洞	在地面有出口的水平坑道,深度较大,适用于较陡的基岩边坡	调查斜坡地质构造,对查明地层岩层、软弱夹层、破碎带、风化岩层效果好,还可取样或作原位试验

12.3.2　钻探

钻探是利用一定的机具，在人力或动力的带动下旋转切割或冲击破碎岩石，形成一个直径较小且深度较大的圆形钻孔（见图12-4），通过取出岩芯观察岩层、地质构造、岩体风化特征等勘探方法。另外，从钻孔取出试样、水样可进行室内试验，利用钻孔可进行工程地质、水文地质及灌浆试验，长期观测及地应力测量等。

与物探相比，钻探优点是可以在各种环境下进行，能直接观察岩芯和取样，勘探精度较高。与坑探相比，勘探深度大，不受地下水限制，钻进速度快。因此，钻探在工程地质勘探中得到广泛应用。

12.3.3　物探

组成地壳的不同岩土介质往往在导电性、弹性、磁性、放射性等方面存在着差异，从而引起相应地球物理场的局部变化。物探是地球物理勘探的简称，是利用专门的物探仪器在地面、空中、水上探测这些地球物理场的分布及变化，然后结合已知的地质资料，推断地下各岩土层的埋藏深度、

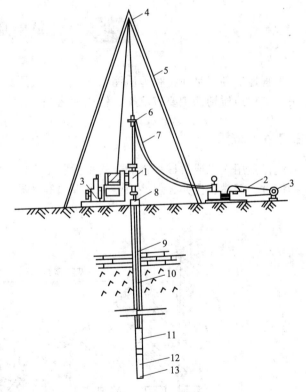

图 12-4　岩芯钻进示意图
1—钻机；2—泥浆泵；3—动力机；4—滑轮；5—三角架；
6—水龙头；7—给水管；8—套管；9—钻杆；10—钻杆接头；
11—取粉管；12—岩芯管；13—钻头

厚度、性质，判断其地质构造、水文地质条件及各种自然地质现象等的勘探方法。

物探与钻探相比具有速度快、成本低的优点，但物探技术的应用有一定的条件性和局限

性，需配合适当的钻探工作，才能收到较好的效果。

12.4 工程地质试验及长期观测

12.4.1 工程地质试验

在工程勘察中，工程地质试验是取得工程设计所需的各种计算指标的重要手段。它分为室内试验和野外试验两大类。室内试验比较经济，但试样小，代表天然状态下的地质情况有一定的限制。野外试验是在天然条件下进行，其优点是不用取样，可保持岩土的天然状态和原有结构，试验结果更为合理，但成本较高。

室内项目可根据岩土类别和工程分析计算需要确定。原位试验主要有载荷试验、岩体抗剪试验、压水试验、注水试验、岩体应力测量等。

12.4.2 长期观测工作

长期观测工作，一般在工程勘察初步设计阶段就应该开始，并贯穿于以后的各个勘察阶段，因为许多重要参数必须从长期观测中获得。通常需进行长期观测的内容有：地下水的动态、滑坡体的滑移变形、水库塌岸变化以及工程建筑物（如大坝）地基稳定等。

长期观测不仅在工程勘察过程中是一项重要的工作，而且在建筑物修建后，为确保建筑物安全运行和验证工程预测或评价结论，也具有重要的意义。

水利水电工程长期观测的主要项目和内容，见表 12-2。

表 12-2 长期观测的主要项目和内容

序 号	观 测 项 目	观 测 内 容
1	主要建筑物（坝、闸）地基变形和稳定观测	沉降量；水平位移；坝基应力；扬压力和渗透力等的观测
2	渗透和渗透变形观测	测压管水位；渗透流量和流速；水质、水温；管涌等观测
3	溢流坝、溢洪道、泄洪洞下游冲刷情况观测	重复地形测量和地质分析
4	边坡稳定性观测	位移；裂隙；地下水位等观测
5	地震及现代构造活动情况观测	地震；地应力；断层相对位移；地表变形等观测
6	水库浸没观测	地下水位；沼泽化；盐渍化等观测
7	水库塌岸观测	观测断面的重复地形测量
8	隧洞和地下建筑物观测	山岩压力；地下水位及外水压力；洞壁岩体变形等观测

12.5 工程地质勘察报告

在工程地质勘察过程中，外业的测绘、勘探和试验等成果资料应及时整理，绘制草图，以便随时指导补充、完善野外的勘察工作。在勘察末期，应系统、全面地综合分析全部资料，以修改补充勘察中编绘的草图，然后编制正式的工程地质勘察报告。按照《中小型水利水电工程地质勘察规范》（SL 55—2005）的规定，工程地质勘察报告应由正文、附图和附件三部分组成。

正文应全面论述本阶段勘察工作获得的各项成果，依据地质条件和试验资料进行综合分析，并对建筑物的特点进行工程地质评价，做到文字简练、条理清晰、重点突出、论证有据、结论明确。附图宜按《水利水电工程制图标准-基础制图》（SL 73.1—1995）的规定执行，要求图面准确、内容实用、数据可靠、图文相符。附件是报告重要内容的补充文件，应准确、清楚。

工程地质勘察报告内容应按不同勘察阶段的要求进行编写。

12.5.1   规划阶段工程地质勘察报告

规划阶段工程地质勘察报告应包括下列内容：

（1）绪言。应包括规划意图和方案、规划河流自然地理概况、以往地质研究程度和本阶段完成的勘察工作量等。

（2）区域地质概况。应包括地形地貌、地层岩层、地质构造、地震和水文地质条件等。

（3）各规划方案的工程地质条件。按水库区、坝址区、引水线路等章节依次叙述。规划梯级可简述，近期开发工程应包括以下内容：①水库区基本地质条件和对渗漏、岸坡稳定等主要工程地质问题的初步评价；②坝址的地质概况、水文地质条件、主要工程地质条件和问题的初步分析与评价；③引水线路沿线基本地质条件、线路上主要建筑物区工程地质条件的初步评价。

（4）天然建筑材料简述。

（5）结论。应包括对规划方案和近期开发工程选择提出地质评价与建议、对下阶段勘察工作提出意见等。

12.5.2   可行性研究阶段工程地质勘察报告

可行性研究阶段工程地质勘察报告应包括下列内容：

（1）绪言。应包括工程概况和设计主要指标，勘察工作过程、方法、内容，完成的主要工作量等。

（2）区域地质和水库区工程地质条件。应包括地形地貌、地层岩性、地质构造、物理地质现象、水文地质条件等。在论述地质构造时应指出区域断层的活动性、地震活动性及地震动参数；评价水库区工程地质条件时，应指出存在的主要工程地质问题。

（3）各建筑物区工程地质条件。应分别论述各比较坝址的工程地质条件及坝址选择意见。其他建筑物区的工程地质条件，按溢洪道、地面厂址、地下洞室、引水线路等分别各比较方案的地质概况、主要工程地质问题和方案选择意见。

（4）移民迁建新址工程地质条件。应简述新址区地形地貌、地层岩性、地质构造、水文地质条件及不良地质现象等，初步评价新址区生活用水水源、水质、种类地质灾害发生的可能性及其危害性。

（5）天然建筑材料。应包括勘察任务，各料场的基本情况和储量、质量及开采运输条件等。

（6）结论和建议。应包括区域构造稳定和水库区工程地质条件的评价、各建筑物区基本地质特点和主要工程地质条件的评价、下阶段勘察工作重点的建议等。

12.5.3　初步设计阶段工程地质勘察报告

初步设计阶段工程地质勘察报告应包括下列内容：

（1）绪言。应包括工程位置和设计主要指标、主要建筑物布置方案，可行性研究阶段勘察的主要结论和审查意见，本阶段的勘察任务、勘察工作概况和完成的勘察工作量等。

（2）水库区工程地质条件。应包括水库区的地质概况和主要工程地质问题，对水库区的工程地质条件作出评价等。

（3）各建筑物区工程地质条件。应包括以下内容：

①坝址工程地质条件应包括选定坝址的工程地质条件及各比较坝线主要工程地质问题，分问题依次进行论述，包括工程地质评价、主要勘察结论及处理措施建议等；并对坝线、坝型、枢纽布置的建议等进行总结性的评价。②溢洪道的工程地质条件、主要工程地质问题的评价及处理措施建议。③地面厂址工程地质条件、主要工程地质问题的评价及处理措施建议。④地下洞室的地质概况，围岩工程地质条件分类、分段和主要工程地质问题评价及处理措施建议。⑤引水线路工程地质分段及说明，线路上建筑物区的工程地质条件和主要工程地质问题评价及处理措施建议。⑥其他附属建筑物区、临时建筑物区工程地质条件和主要工程地质问题评价及处理措施建议。

（4）移民迁建新址工程地质条件。应包括新址的地形、地质条件、主要物理地质现象和存在的主要环境地质问题，进行建筑适宜程度分区，并对场址的稳定性作出评价。

（5）天然建筑材料。应分述各料场勘探和取样情况、储量和质量评价及开采、运输条件等。

（6）结论和建议。应包括水库区主要工程地质问题评价、各建筑物区的主要工程地质问题评价及处理措施建议、下阶段勘察工作重点的建议。

12.5.4　工程地质勘察报告主要附件

工程地质各勘察阶段的勘察报告主要附件见表12-3。

表 12-3　工程地质勘察报告主要附件

序　号	附　件　名　称	规划	可行性研究	初步设计	技施设计
1	区域综合地质图（附综合地层柱状图和典型地质剖面）	√	—	—	
2	区域构造纲要图（附地震烈度区划）	√	√		
3	水库区综合地质图（附综合地层柱状图和典型地质剖面）	+	√	√	
4	坝址及其他建筑物区工程地质图（附综合地层柱状图）	√	√	√	
5	水文地质图	—	+	√	+
6	坝址基岩地质图（包括基岩等高线）	—	+	√	+
7	专门性问题地质图	—	+	+	√
8	施工地质编录图	—	—	—	√
9	天然建筑材料产地分布图	√	√	√	

续表

序 号	附 件 名 称	规划	可行性研究	初步设计	技施设计
10	各料场综合成果图(含平面与勘探剖面图、试验和储量计算成果表)	+	√	√	+
11	实际材料图	−	+	+	+
12	各比较坝址、引水线路或其他建筑物场地工程地质剖面图	√	√	−	−
13	选定坝址、引水线路或其他建筑物地质纵、横剖面图	−	√	√	+
14	坝基(防渗线)渗透剖面图	−	√	√	+
15	专门性问题地质剖面或平切面图	−	−	+	√
16	钻孔柱状图	+	+	+	+
17	坑槽、平硐、竖井展示图	+	+	+	+
18	岩、土、水试验成果汇兑表	−	√	√	√
19	地下水动态、岩土体变形等监测成果汇兑表	−	+	+	+
20	岩矿鉴定报告	−	−	+	+
21	物探报告	−	√	√	−
22	岩土试验报告	−	√	√	+
23	水质分析报告	+	+	+	+
24	专门性工程地质问题研究报告	−	+	+	+

注:"√"表示必须提交的图件;"+"表示视具体需要提交的图件;"−"表示不需要提交的图件。

12.5.5 水库及坝址区工程地质图的阅读与分析

12.5.5.1 桑河水库工程地质条件

下面以桑河水库库区综合地质图为实例,进行分析(见附图一)。

(1)地形地貌。该库区属中高山峡谷区。桑河两岸陡峭,水流湍急,与相邻河谷间分水岭高程在900~1100m之间。桑河干流由南西流向北东,在上坨镇转向南东。上游有清溪和洪溪两支流汇入干流。干流宽谷和狭谷相间分布。宽谷河段发育有Ⅰ~Ⅳ阶地,由第四系冲洪积层组成,形成堆积盆地,可作为库区。

(2)地层岩层。地层由老到新分述如下:

震旦系(Z)为灰白色条带白云岩和石英砂岩,仅在东部桑山有少量出露。

寒武系(Є)为紫红色硅质含砾粗砂岩和和厚层硅质砾岩。

奥陶系(O)为黑灰色钙硅质粉砂岩、黄褐色泥钙质粉砂岩及泥质灰岩。

志留系(S)为黑灰色砂质页岩、中厚层石英细砂岩夹灰岩及薄层泥灰岩。

泥盆系(D)为暗灰色中厚层白云质灰岩、白云岩和石英砂岩。

石炭系(C)为浅黄色石英砂岩,局部石英岩化,底部为石英砾岩。

二叠系(P)为质纯石灰岩,上部为炭质页岩夹煤层。

第四系(Q)主要为冲洪积沙砾层,分布于河谷附近。

(3)地质构造。该区主要构造线呈NE~SW向展布,受NW~SE向压应力作用形成一个背斜和一个向斜。背斜轴呈NE向展布,向南西倾伏,称桑山倾伏背斜,核部由Z、Є地层组成;向斜轴也呈NE向展布,称上坨镇向斜,核部为P地层。

该区的断层有F_2正断层,F_6、F_7、F_8、F_{10}、F_{12}逆断层和F_9、F_{11}、F_{21}平移断层。其

中 F_7 为区域性大断层，其走向 NE50°，倾向 NW，倾角 40°～50°，断层破碎带宽 5～10m。该断层破碎带位于七里村附近，直接影响七里村坝址岩体的稳定，是构成坝址区的主要工程地质问题之一。

（4）水文地质条件。该区地下水以基岩裂隙水和岩溶水为主。河谷阶地及盆地则不潜水区，灰岩分布区为岩溶水区，砂质岩分布区为裂隙水区，局部有承压水分布。在构造断裂带及岩层透水性不同的交界处，多有下降泉出露。

（5）自然地质现象。该区冲沟、崩塌及滑坡均有分布，其中以七里村对岸坝址附近 1 号滑坡体规模最大，其前缘伸向河床，后缘有裂缝，可能影响七里村坝基稳定，应加以注意。

在 P 及 S 地层中有岩溶现象，P 地层在水库上游，S 地层中的岩溶出露位置较高，尚未发现引起渗漏的可能性。但沿 F_7 断层及背斜转折端是否可形成渗漏通道，需进一步研究。经初步分析，可选择七里村和桑河镇作坝段，对这两坝址进行方案比较，以选出坝址的最优方案。

12.5.5.2　七里村和桑河镇坝址工程地质条件比较

由上述库区工程地质条件分析及坝址区工程地质条件对比（见表 12-4）可知，选定桑河镇作坝址为宜。

表 12-4　七里村与桑河镇坝址工程地质条件比较

坝址名称	工　程　地　质　条　件			
	地形地貌	地层及构造	水文地质条件	自然地质作用
七里村坝址	枯水位高程 491m，河宽 120m，河谷呈"U"形，两岸地形大致对称	基岩为志留系（S）粉砂质页岩，岩性软弱，层理发育，遇水崩解，极易风化。产状 NW310°、∠40°，岩石风化深度 30m。有宽 5～10m 的 F_7 断层破碎带穿过坝基，对坝基抗滑稳定和渗漏不利	坝址区以基岩裂隙水为主，局部承压，F_7 断层破碎带透水性强，相对隔水层埋藏大，对坝基可能产生渗漏通道，坝基处理工作较难，工作量较大	库区内有冲沟，崩塌、滑坡发育。尤其是距坝址上游 200m 处的 1 号滑坡体，其前缘伸向河床，后缘有裂缝，回水后极易滑动，对坝体稳定影响不利。有岩溶现象，渗漏可能性需进一步分析
桑河镇坝址	枯水位高程 487m，河宽 92m，河谷呈"V"形，两岸山坡陡峻，在高程 560m 以下大致对称	两岸及坝基均为奥陶系（O）地层，以钙质粉砂岩为主，局部夹有泥化夹层。岩性均一完整，呈厚层状，强度较高，湿抗压强度为 147MPa，软化系数 0.84。岩层产状 SE150°、∠33°～43°，坝区内有断层 F_2、F_4、F_5、F_{10}、F_{21} 等。风化层厚度约 10～20m	坝基两岸地下水以基岩裂隙水为主，局部地段可见孔隙潜水，受大气降水补给，排泄于地表。两岸地下水位埋藏较深，一般高出河水位 15～20m 坝基岩体属中等透水性，其相对隔水层 $\omega <$ 0.01L/(min·m·10^4Pa)，左岸埋深 60～80m，右岸埋深 50～70m，河床埋深 40～50m	库区内有冲沟，崩塌、滑坡发育，易产生库岸坍塌，但对坝址区建筑物影响不大，坝基不会发生岩溶渗漏

12.5.5.3　桑河镇坝址主要工程地质条件问题

（1）一般地质概况。坝址位于桑河镇以西300m处的峡谷段，河谷呈"V"形，上下游开阔，中间狭窄。河流斜切岩层走向，由NW流向SE，枯水位高程487m，河宽92m，设计正常高水位585m，河谷宽428m。河床横向覆盖层厚度，两岸薄中间厚，最大厚度20m。

坝址两岸基岩裸露，风化层厚度10~20m，除局部岩体松动外，岩体完整均一，无影响坝体稳定的不良地质现象存在。

坝基出露中奥陶统（O_2）地层，自上而下分为三层：

钙硅质粉砂岩（O_2^3），层间夹钙泥质粉砂岩，岩性不均一，厚度约40m。

钙质粉砂岩（O_2^2），层间有少量钙泥质粉砂岩夹层（d_2），不连续，稍有泥化。该层岩体呈厚层状，完整均一，强度较高，厚约70m。

泥钙质粉灰岩（O_2^1），由泥钙质粉砂岩和泥质粉砂岩互层组成，层间发生错动，形成厚薄不等的泥化带（d_1），分布较广，延伸稳定，上下层结合较差，为坝基较差层位，厚约65m。

坝轴线位于桑河镇倾伏背斜东南翼，岩层产状SE150°、∠33°~43°。坝区断裂发育有F_2、F_4、F_5、F_{10}、F_{21}等（见附图二），其中F_4和F_5对坝基岩体稳定影响较大。河床及两岸发育四组构造裂隙，一组层面裂隙，其成因类型及产状见附图三。

（2）河床坝基地质结构及稳定分析。根据地质资料综合分析，桑河镇坝址两岸岩石裸露，坝基岩体比较完整均一，强度较高，河床覆盖层和风化层较薄，是良好的混凝土重力坝建筑场地。但是，由于断层和裂隙发育，河床坝段岩体被切割成大小不等的结构体，影响坝基稳定。因此，坝基主要工程地质问题，是抗滑稳定问题。下面就坝基表层和深层滑动的边界条件，作一简要分析。

① 表层滑动抗滑稳定分析。大坝坐落在O_2^1、O_2^2和O_2^3岩层上，其中O_2^2层与基础接触面积最大，约占70%，其他约占30%。依据野外混凝土与岩石抗剪试验结果，并参照类似工程经验，建议种类岩石与混凝土的摩擦系数取值为：O_2^1层，$f=0.55$；O_2^2层，$f=0.70$；O_2^3层，$f=0.65$。

坝基与岩石接触综合摩擦系数，按面积加权平均值计算，并考虑具体的地质条件取值，建议采用$f=0.66$（不考虑c值）。

② 深层滑动抗滑稳定分析。根据河床纵剖面（见附图四）分析，坝基结构体的形态是以d_1泥化夹层、层面裂隙$M'M''$、倾向上游的横向F_4断层、$L_缓$、顺河向断层F_5，以及其他裂隙等组成的楔形体。其滑动边界条件，上游横向切割面为横向裂隙AP或F_4断层；纵向切割面为顺河断层F_5及其他顺河向裂隙；临空面为坝下游河床面；滑动面可能由断层F_4、泥化夹层d_1、层面裂隙$M'M''$、及$L_{缓1}$、$L_{缓2}$组合成多种情况。如$AMM''E$、$AMNN''E$、$PMM''E$或$PMNN''E$等。其中d_1抗剪强度最低（见表12-5），可能构成滑移体的主滑面。层面裂隙$M'M''$虽较d_1抗剪强度高，但其埋深较浅，所以也应分析沿其滑动的可能性。$L_{缓2}$倾向上游，有一定的阻滑力，对稳定有利。

此外，也有可能形成较为复杂的混合滑动破坏，如前半部分沿泥化夹层d_1及切层缓倾角裂隙$L_{缓1}$滑动，后半部分沿坝底混凝土与基岩接触面剪断破坏（即CD面）。究竟哪一种组合最危险，需经计算分析才能最后确定。

组成滑移体各结构面的产状要素和抗剪强度指标建议，见表12-5。

表 12-5　滑移体各结构面的产状要素与抗剪强度指标

边界条件	结构面代号	产状要素			破碎带宽度 /cm	抗剪强度指标	
		走向	倾向	倾角		f	c/kPa
主滑面	d_1	60°	SE	20°~26°	0.3~0.5	0.25	0
	d_2	80°	SE	30°	0.2~0.5	0.30~0.35	20
次滑面	F_4	28°~39°	NW	28°~36°	20~380	0.45	0
	$L_{缓}$（裂隙）	25°~30°	NW	24°~30°	0.1~0.2	0.50~0.55	0
切割面	F_5	315°	NE	50°~60°	20~60	0.30~0.35	0
	L_{NW}（裂隙）	280°~300°	NE	44°~67°	0.5	0.60	200

本章小结

（1）水利水电工程地质勘察的目的是查明水库和水工建筑物地区的工程地质条件，分析和预测可能出现的工程地质问题，充分利用有利的地质条件，避开或改造不利的地质因素，为工程的规划、设计、施工和正常运用提供可靠的地质依据。

（2）中小型水利水电工程地质勘察宜分为规划、可行性研究、初步设计和技施设计四个勘察阶段。各勘察阶段的主要任务、勘察内容、勘察方法和勘察有所不同。

（3）工程地质勘察的主要手段有：工程地质测绘、工程地质勘察及工程试验与长期观测。

（4）工程地质测绘是工程地质勘察中最重要、最基本的勘察方法。它是运用地质学的理论和方法，通过野外地质调查和综合研究勘察区的地形地貌、地层岩层、地质构造、自然地质作用和水文地质条件，并将它们填绘在适当比例尺的地形图上，为下一步布置勘探、试验和长期观测工作打下基础。工程地质测绘工作，根据工程设计要求，在收集并分析测区已有地质资料、确定比例尺、范围及工作内容的基础上进行。一般采用路线测绘法、地质点测绘法和实测地质剖面法等。

（5）工程地质勘探是在工程地质测绘的基础上，用于查明地表以下各种工程地质条件的勘探方法。工程地质勘探主要有坑探、钻探和物探。

坑探是用人工或机械掘进的方式来探明地表以下浅部的工程地质条件的勘探方法，主要包括探坑、探槽、浅井、斜井、竖井、平硐等。

钻探是利用一定的机具，在人力或动力的带动下旋转切割或冲击破碎岩石，形成一个直径较小而深度较大的圆形钻孔，通过取出岩芯观察岩层、地质构造、岩体风化特征等的勘探方法。

物探是地球物理勘探的简称，是利用专门的物探仪器在地面、空中、水上探测这些地球物理场的分布及变化，然后结合已知的地质资料，推断地下各岩土层的埋藏深度、厚度、性质，判断其地质构造、水文地质条件及各种自然地质现象等的勘探方法。

（6）工程地质勘察的成果就是工程地质勘察报告。按照《中小型水利水电工程地质勘察规范》（SL 55—2005）的规定，工程地质勘察报告应由正文、附图和附件三部分组成。工程地质勘察报告内容应按不同勘察阶段的要求进行编写。

 思考题

[12-1] 中小型水利水电工程地质勘察阶段是如何划分？各勘察阶段的主要任务是什么？

[12-2] 工程地质测绘有哪些常用方法？工程地质测绘与其他勘察方法有何关系？

[12-3] 工程地质勘探有哪些方法？各有何优、缺点？

[12-4] 试述中小型水利水电工程初步设计阶段工程地质勘察应包括的内容。

[12-5] 以桑河水库库区综合地质图为例，说明在坝段、坝址、坝线选择与比较时，应掌握哪些工程地质条件？应分析哪些工程地质问题？

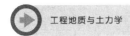

[1]　巫朝新．工程地质与土力学．北京：中国水利水电出版社，2005.

[2]　王启亮．工程地质与土力学．北京：人民交通出版社，2007.

[3]　叶火炎．土力学与地基基础．郑州：黄河水利出版社，2009.

[4]　崔冠英．水利工程地质．北京：中国水利水电出版社，2000.

[5]　崔冠英，朱济祥．水利工程地质．北京：中国水利水电出版社，2008.

[6]　中国建筑科学研究院．建筑地基基础设计规范（GB 50007—2011）．北京：中国建筑工业出版社，2011.

[7]　中华人民共和国水利部．土的工程分类标准（GB/T 50145—2007）．北京：中国计划出版社，2010.

[8]　南京水利科学研究院．土工试验规程（SL 237—1999）．北京：中国水利水电出版社，1999.

[9]　中华人民共和国水利部．中小型水利水电工程地质勘察规范（SL 55—2005）．中国水利水电出版社，2005.

[10]　中华人民共和国水利部．水利水电工程地质勘察规范（GB 50487—2008）．北京：中国计划出版社，2009.

地质柱状图

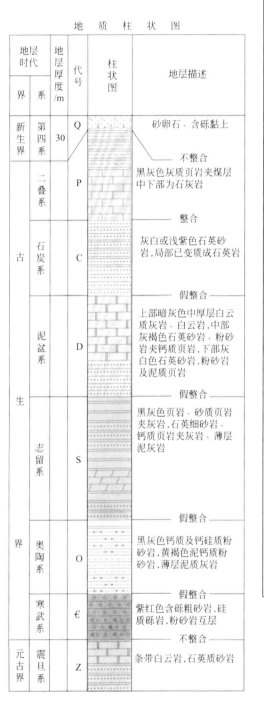

地层时代		地层厚度/m	代号	柱状图	地层描述
界	系				
新生界	第四系	30	Q		砂卵石、含砾黏土
				不整合	
古生界	二叠系		P		黑灰色灰质页岩夹煤层中下部为石灰岩
				整合	
	石炭系		C		灰白或浅紫色石英砂岩,局部已变质成石英岩
				假整合	
	泥盆系		D		上部暗灰色中厚层白云质灰岩、白云岩,中部灰褐色石英砂岩、粉砂岩夹钙质页岩,下部灰白色石英砂岩,粉砂岩及泥质页岩
				假整合	
	志留系		S		黑灰色页岩、砂质页岩夹灰岩,石英细砂岩、钙质页岩夹灰岩、薄层泥灰岩
				假整合	
	奥陶系		O		黑灰色钙质及钙硅质粉砂岩,黄褐色泥钙质粉砂岩,薄层泥质灰岩
				假整合	
	寒武系		Є		紫红色含砾粗质砂岩,硅质砾岩,粉砂岩互层
				不整合	
元古界	震旦系		Z		条带白云岩,石英质砂岩

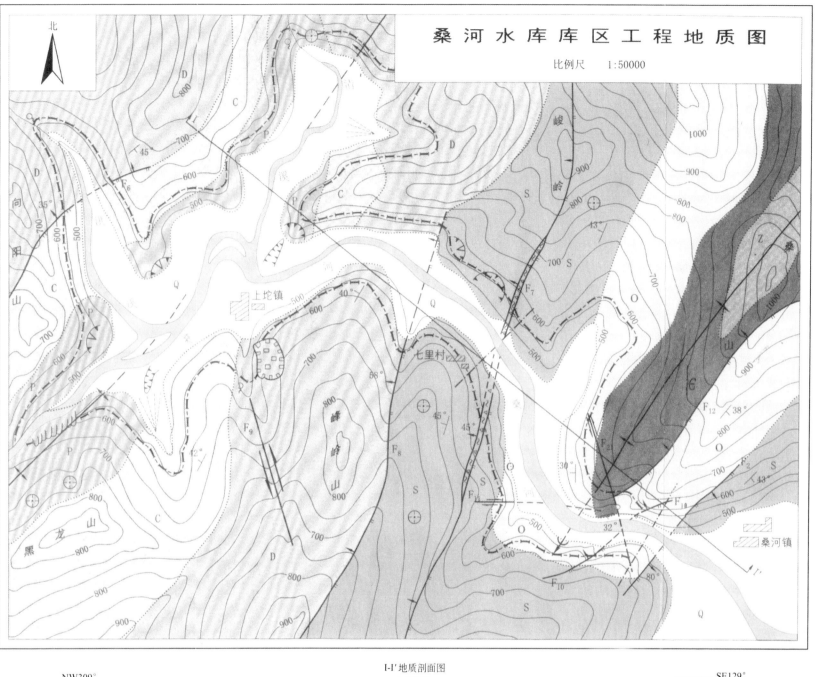

桑河水库库区工程地质图

比例尺　1:50000

图例

Q	第四系（浅黄色）	地层产状
P	二叠系（红棕色）	背斜轴
C	石炭系（浅灰色）	向斜轴
D	泥盆系（暗棕色）	正断层
S	志留系（深绿色）	逆断层
O	奥陶系（淡绿色）	平推断层
Є	寒武系（橄榄绿色）	断层破碎带
Z	震旦系（深蓝色）	岩层界线
砂砾岩		下降泉
炭质页岩		水库回水线
页岩		剖面线
石灰岩		滑坡
泥灰岩		崩塌
白云岩		冲沟
石英砂岩		洪积扇
砂岩		村镇
粉砂岩		岩溶
沙砾岩		采石场
砂质砾岩		坝轴线

I-I′地质剖面图

1:50000

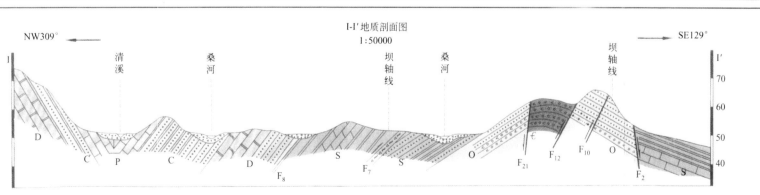

NW309°　　　　　　　　　　　　　　　　　　　　　　SE129°

清溪　桑河　坝轴线　桑河　坝轴线

附图二 桑河水库桑河镇坝址区工程地质图

比例尺1:2000

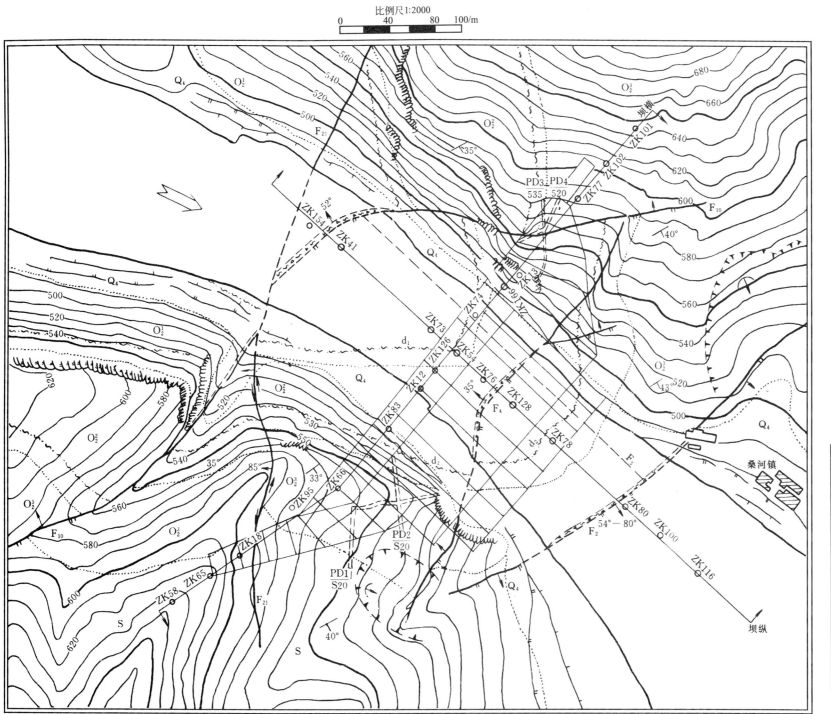

图 例

Q_4	第四系 冲积洪积砂卵石黏土层	平推断层	
S	志留系粉砂质页岩	断层破碎带	
O_2^1	钙硅质粉砂岩 奥陶系岩夹钙泥质粉砂岩	可能坍滑体范围及方向	
O_2^2	奥陶系钙质粉砂岩	松动岩体	
O_2^3	钙硅质细砂岩 奥陶系夹钙泥质粉砂岩	PD4 / 450 平洞编号及洞口高程	
	地层不整合线	OZK12 钻孔编号	
	地层界线	推测断层	
d_1	泥化夹层界线	阶地	
30°	岩层产状	河流方向	
F	正断层	剖面线及方向	
F	逆断层	坝体轮廓	

坝基岩石工程地质性质一览表

地层岩石		O_2^1 钙硅质细砂岩	O_2^2 钙质粉砂岩	O_2^3 钙硅质粉砂岩	S 粉砂质页岩
相对密度		2.73	2.71	2.69	2.77
重度/(10^{-2}N/cm³)		2.71	2.70	2.64	2.68
孔隙率/%		0.905	0.371	1.97	3.06
吸水率/%		0.644	0.316	0.315	0.94
饱水率/%		0.701	0.407	0.322	0.84
抗压强度	干	1499	1752	1683	542
	湿	1199	1471	1430	320
软化系数		0.80	0.84	0.85	0.59
摩擦系数	岩/岩	0.60	0.70	0.75	0.60
	混凝土/岩	0.55	0.65	0.70	0.50
变形模量/10^9Pa		13	10	14	8.0

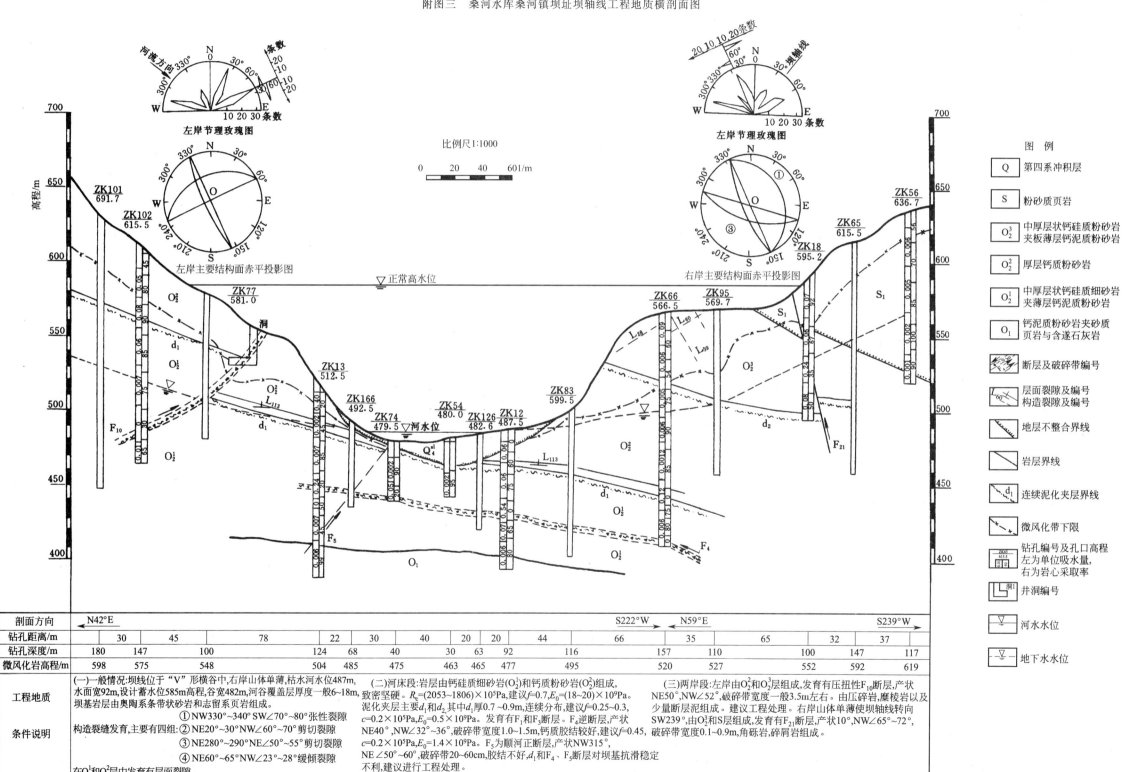

附图三　桑河水库桑河镇坝址坝轴线工程地质横剖面图

比例尺1:1000

图　例

Q	第四系冲积层
S	粉砂质页岩
O_2^3	中厚层状钙硅质粉砂岩夹板薄层钙泥质粉砂岩
O_2^2	厚层钙质粉砂岩
O_2^1	中厚层状钙硅质细砂岩夹薄层钙泥质粉砂岩
O_1	钙泥质粉砂岩夹砂质页岩与含遂石灰岩
	断层及破碎带编号
L_{60}	层面裂隙及编号构造裂隙及编号
	地层不整合界线
	岩层界线
d_1	连续泥化夹层界线
	微风化带下限
	钻孔编号及孔口高程左为单位吸水量,右为岩心采取率
洞1	井洞编号
▽	河水水位
▽	地下水水位

剖面方向	N42°E											S222°W	N59°E			S239°W
钻孔距离/m		30	45	78	22	30	40	20	20	44	66		35	65	32	37
钻孔深度/m	180	147	100	124	68	40	30	63	92	116		157	110	100	147	117
微风化岩高程/m	598	575	548	504	485	475	463	465	477	495		520	527	552	592	619

| 工程地质条件说明 | (一)一般情况:坝线位于"V"形横谷中,右岸山体单薄,枯水河水位487m,水面宽92m,设计蓄水位585m高程,谷宽482m,河谷覆盖层厚度一般6～18m,坝基岩层由奥陶系条带状砂岩和志留系页岩组成。
　①NW330°～340°SW∠70°～80°张性裂隙
构造裂缝发育,主要有四组:②NE20°～30°NW∠60°～70°剪切裂隙
　③NE280°～290°NE∠50°～55°剪切裂隙
　④NE60°～65°NW∠23°～28°缓倾裂隙
在O_2^1和O_2^2层中发育有层面裂隙。 | (二)河床段:岩层由钙硅质细砂岩(O_2^1)和钙质粉砂岩(O_2^2)组成,致密坚硬。R_c=(2053～1806)×10⁵Pa,建议f=0.7,E_0=(18～20)×10⁹Pa。泥化夹层主要d_1和d_2,其中d_1厚0.7～0.9m,连续分布,建议f=0.25～0.3,c=0.2×10⁵Pa,E_0=0.5×10⁹Pa。发育有F_1和F_3断层。F_4逆断层,产状NE40°,NW∠32°～36°,破碎带宽度1.0～1.5m,钙质胶结较好,建议f=0.45,c=0.2×10⁵Pa,E_0=1.4×10⁹Pa。F_5为顺河正断层,产状NW315°,NE∠50°～60°,破碎带20～60cm,胶结不好,d_1和F_4、F_5断层对坝基抗滑稳定不利,建议进行工程处理。 | (三)两岸段:左岸由O_2^2和O_2^3层组成,发育有压扭性F_{10}断层,产状NE50°,NW∠52°,破碎带宽度一般3.5m左右。由压碎岩,糜棱岩以及少量断层泥组成。建议工程处理。右岸山体单薄使坝轴线转向SW239°,由O_2^1和S层组成,发育有F_{21}断层,产状10°,NW∠65°～72°,破碎带宽度0.1～0.9m,角砾岩,碎屑岩组成。 |

附图四 桑河水库桑河镇坝址河床工程地质纵剖面图

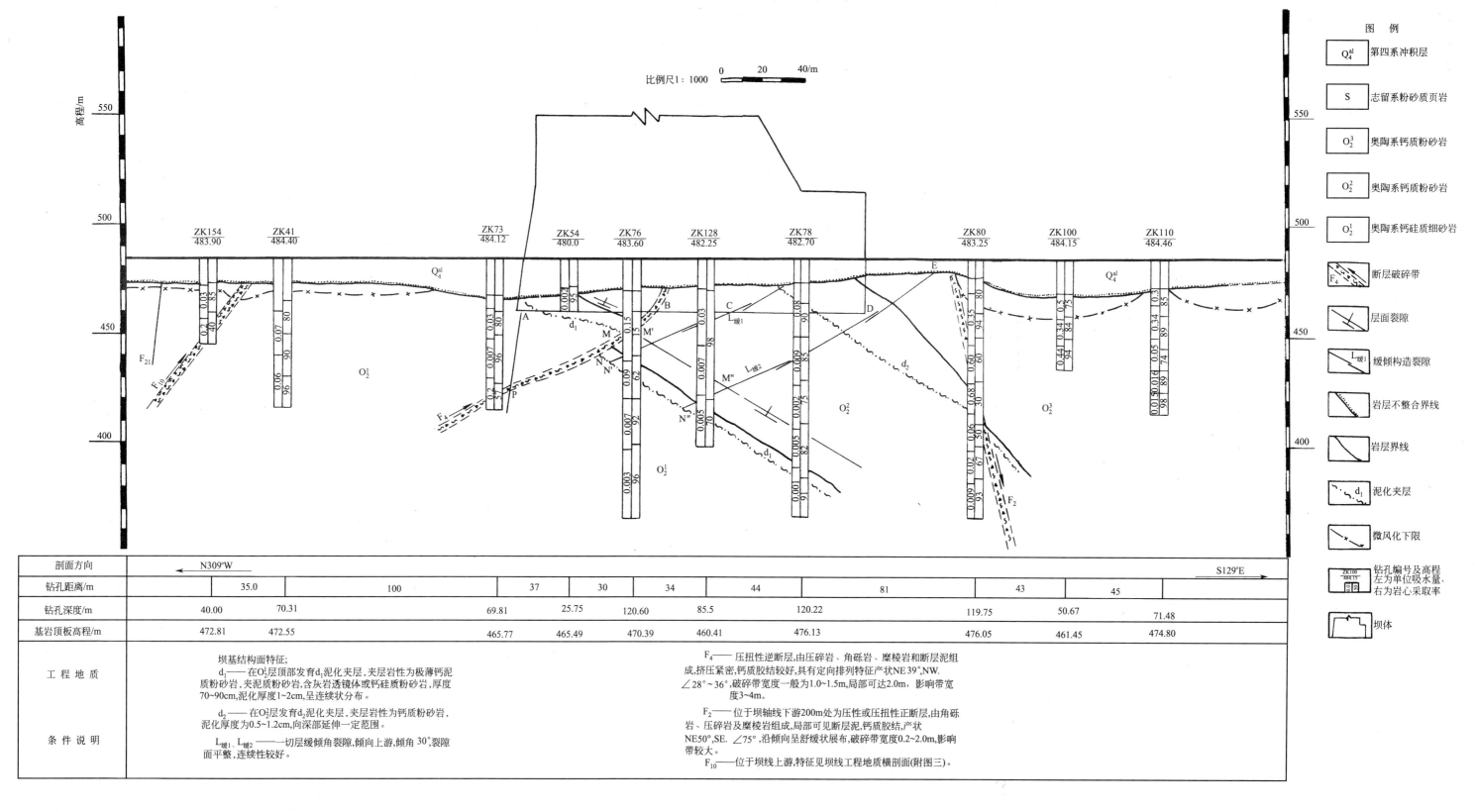

图 例

Q₄^{al} 第四系冲积层

S 志留系粉砂质页岩

O₂^3 奥陶系钙质粉砂岩

O₂^2 奥陶系钙质粉砂岩

O₂^1 奥陶系钙硅质细砂岩

F₄ 断层破碎带

层面裂隙

L缓1 缓倾构造裂隙

岩层不整合界线

岩层界线

d₁ 泥化夹层

微风化下限

ZK100 钻孔编号及高程
484.15 左为单位吸水量,
右为岩心采取率

坝体

剖面方向	←N309°W							S129°E→		
钻孔距离/m	35.0	100	37	30	34	44	81	43	45	
钻孔深度/m	40.00	70.31	69.81	25.75	120.60	85.5	120.22	119.75	50.67	71.48
基岩顶板高程/m	472.81	472.55	465.77	465.49	470.39	460.41	476.13	476.05	461.45	474.80

工程地质 条件说明	坝基结构面特征; d₁——在O₂^{1}层顶部发育d₁泥化夹层,夹层岩性为极薄层钙泥质粉砂岩,夹泥质粉砂岩,含灰岩透镜体或钙硅质粉砂岩,厚度70~90cm,泥化厚度1~2cm,呈连续状分布。 d₂——在O₂层发育d₂泥化夹层,夹层岩性为钙质粉砂岩,泥化厚度为0.5~1.2cm,向深部延伸一定范围。 L缓1、L缓2——切层缓倾角裂隙,倾向上游,倾角30°,裂隙面平整,连续性较好。	F₄——压扭性逆断层,由压碎岩、角砾岩、糜棱岩和断层泥组成,挤压紧密,钙质胶结较好,具有定向排列特征产状NE39°,NW.∠28°~36°,破碎带宽度一般为1.0~1.5m,局部可达2.0m,影响带宽度3~4m。 F₂——位于坝轴线下游200m处为压性或压扭性正断层,由角砾岩、压碎岩及糜棱岩组成,局部可见断层泥,钙质胶结,产状NE50°,SE.∠75°,沿倾向呈舒展状展布,破碎带宽度0.2~2.0m,影响带较大。 F₁₀——位于坝线上游,特征见坝线工程地质横剖面(附图三)。